国家社科基金项目"现代科技伦理的应然逻辑研究"（12BZX078）结项成果

江苏高校优势学科建设工程三期项目资助

现代科技伦理的
应然逻辑与治理机制

陈爱华　著

中国社会科学出版社

图书在版编目(CIP)数据

现代科技伦理的应然逻辑与治理机制／陈爱华著.
北京：中国社会科学出版社，2025.4. --（东大伦理科技伦理系列）. -- ISBN 978-7-5227-5023-1

Ⅰ．B82-057

中国国家版本馆 CIP 数据核字第 2025UK0952 号

出 版 人	赵剑英
责任编辑	郝玉明
责任校对	谢　静
责任印制	戴　宽

出　　版	中国社会科学出版社
社　　址	北京鼓楼西大街甲 158 号
邮　　编	100720
网　　址	http://www.csspw.cn
发 行 部	010-84083685
门 市 部	010-84029450
经　　销	新华书店及其他书店

印刷装订	北京君升印刷有限公司
版　　次	2025 年 4 月第 1 版
印　　次	2025 年 4 月第 1 次印刷

开　　本	710×1000　1/16
印　　张	18.75
字　　数	285 千字
定　　价	116.00 元

凡购买中国社会科学出版社图书，如有质量问题请与本社营销中心联系调换
电话：010-84083683
版权所有　侵权必究

总　　序

东南大学的伦理学科起步于20世纪80年代前期，由著名哲学家、伦理学家萧焜焘教授、王育殊教授创立，90年代初开始组建一支由青年博士构成的年轻的学科梯队，至90年代中期，这个团队基本实现了博士化。在学界前辈和各界朋友的关爱与支持下，东南大学的伦理学科得到了较大的发展。自20世纪末以来，我本人和我们团队的同仁一直在思考和探索一个问题：我们这个团队应当和可能为中国伦理学事业的发展作出怎样的贡献？换言之，东南大学的伦理学科应当形成和建立什么样的特色？我们很明白，没有特色的学术，其贡献总是有限的。2005年，我们的伦理学科被批准为"985工程"国家哲学社会科学创新基地，这个历史性的跃进推动了我们对这个问题的思考。经过认真讨论并向学界前辈和同仁求教，我们将自己的学科特色和学术贡献点定位于三个方面：道德哲学；科技伦理；重大应用。

以道德哲学为第一建设方向的定位基于这样的认识：伦理学在一级学科上属于哲学，其研究及其成果必须具有充分的哲学基础和足够的哲学含量；当今中国伦理学和道德哲学的诸多理论和现实课题必须在道德哲学的层面探讨和解决。道德哲学研究立志并致力于道德哲学的一些重大乃至尖端性的理论课题的探讨。在这个被称为"后哲学"的时代，伦理学研究中这种对哲学的执著、眷念和回归，着实是一种"明知不可为而为之"之举，但我们坚信，它是我们这个时代稀缺的学术资源和学术努力。科技伦理的定位是依据我们这个团队的历史传统、东南大学的学科生态，以及对伦理道德发展的新前沿而作出的判断和谋划。东南大学最早的研究生培养方向就是"科学伦理学"，当年我本人就在这个方向下学习和研究；而东南大学以科学技术为主体、文管艺医综合发展的学科生态，也使我们这些90年代初成长起来的"新生代"再次认识到，选择科技伦理为学科生长点是明智之举。如果说道德哲学与科技伦理的定位与我们的学科传统有关，那么，重大应用的定位就是基于对伦理学的现实本性以及为中国伦理道德建设作出贡献的愿望和抱负而作出的选择。定位"重大应用"而不是一般的"应用伦理学"，昭明我们在这方面有所为也有所不为，只是试图在伦理学应用的某些重大方面和重大领域进行我们的努力。

基于以上定位，在"985工程"建设中，我们决定进行系列研究并在长期积累的基础上严肃而审慎地推出以"东大伦理"为标识的学术成果。"东大伦理"取名于两种考虑：这些系列成果的作者主要是东南大学伦理学团队的成员，有的系列也包括东南大学培养的伦理学博士生的优秀博士论文；更深刻的原因是，我们希望并努力使这些成果具有某种特色，以为中国伦理学事业的发展作出自己的贡献。"东大伦理"由五个系列构成：道德哲学研究系列；科技伦理研究系列；重大应用研究系列；与以上三个结构相关的译著系列；还有以丛刊形式出现并在20世纪90年代已经创刊的《伦理研究》专辑系列，该丛刊同样围绕三大定位组稿和出版。

"道德哲学系列"的基本结构是"两史一论"。即道德哲学基本理论；中国道德哲学；西方道德哲学。道德哲学理论的研究基础，不仅在概念上将"伦理"与"道德"相区分，而且从一定意义上将伦理学、道德哲学、道德形而上学相区分。这些区分某种意义上回归到德国古典哲学的传统，但它更深刻地与中国道德哲学传统相契合。在这个被宣布"哲学终结"的时代，深入而细致、精致而宏大的哲学研究反倒是必须而稀缺的，虽然那个"致广大、尽精微、综罗百代"的"朱熹气象"在中国几乎已经一去不返，但这并不代表我们今天的学术已经不再需要深刻、精致和宏大气魄。中国道德哲学史、西方道德哲学史研究的理念基础，是将道德哲学史当作"哲学的历史"，而不只是道德哲学"原始的历史"、"反省的历史"，它致力探索和发现中西方道德哲学传统中那些具有"永远的现实性"的精神内涵，并在哲学的层面进行中西方道德传统的对话与互释。专门史与通史，将是道德哲学史研究的两个基本纬度，马克思主义的历史辩证法是其灵魂与方法。

"科技伦理系列"的学术风格与"道德哲学系列"相接并一致，它同样包括两个研究结构。第一个研究结构是科技道德哲学研究，它不是一般的科技伦理学，而是从哲学的层面、用哲学的方法进行科技伦理的理论建构和学术研究，故名之"科技道德哲学"而不是"科技伦理学"；第二个研究结构是当代科技前沿的伦理问题研究，如基因伦理研究、网络伦理研究、生命伦理研究等等。第一个结构的学术任务是理论建构，第二个结构的学术任务是问题探讨，由此形成理论研究与现实研究之间的互补与互动。

"重大应用系列"以目前我作为首席专家的国家哲学社会科学重大招标课题和江苏省哲学社会科学重大委托课题为起步，以调查研究和对策研究为重点。目前我们正组织四个方面的大调查，即当今中国社会的伦理关系大调查；道德生活大调查；伦理—道德素质大调查；伦理—道德发展状况及其趋向大调查。我们的目标和任务，是努力了解和把握当今中国伦理道德的真实状况，在此基础上进行理论推进和理论创新，为中国伦理道德建设提出具有战略意义和创新意义的对策思路。这就是我们对"重大应用"的诠释和理解，今后我们将沿着这个方向走下去，并贡献出团队和个人的研究成果。

"译著系列"、《伦理研究》丛刊，将围绕以上三个结构展开。我们试图进行的努力是：这两个系列将以学术交流，包括团队成员对国外著名大学、著名学术机构、著名学者的访问，以及高层次的国际国内学术会议为基础，以"我们正在做的事情"为主题和主线，由此凝聚自己的资源和努力。

马克思曾经说过，历史只能提出自己能够完成的任务，因为任务的提出表明完成任务的条件已经具备或正在具备。也许，我们提出的是一个自己难以完成或不能完成的任务，因为我们完成任务的条件尤其是我本人和我们这支团队的学术资质方面的条件还远没有具备。我们期图通过漫漫兮求索乃至几代人的努力，建立起以道德哲学、科技伦理、重大应用为三元色的"东大伦理"的学术标识。这个计划所展示的，与其说是某些学术成果，不如说是我们这个团队的成员为中国伦理学事业贡献自己努力的抱负和愿望。我们无法预测结果，因为哲人罗素早就告诫，没有发生的事情是无法预料的，我们甚至没有足够的信心展望未来，我们唯一可以昭告和承诺的是：

我们正在努力！

我们将永远努力！

樊 浩

谨识于东南大学"舌在谷"

2007 年 2 月 11 日

序

陈爱华教授完成了新著《现代科技伦理的应然逻辑与治理机制研究》，来信嘱咐写序，我没有犹豫就接受了，不仅因为她是我们团队的老大姐，为团队作了重要的学术贡献，我有义务尽力，更因为一直以来，我由衷地感佩她的精神、她的品质。然而忙乱之际把这事忘了，很长时间以来自己几乎每天都处于写作状态，不是学术研究，就是接踵而至的各种学术材料和学术文件的起草修改，直到陈老师再次来信提醒，顿时心生愧疚，于是放下手中一切，写几句话聊表心意和敬意。

我们相识至今已有44年。按辈分，她是我的老师。1978年我进入东南大学哲学师资班学习，她是我们数学课的助理教授。那年我们46位同学作为东南大学时隔半个世纪以来的第二批文科生极富戏剧性地被录取到师资班，系主任萧焜焘先生要将大家培养成理想中的大学教师，于是从全国聘请名家授课，并设立了严格的课程体系，其中最令我们这些文科生望而生畏的就是高等数学。我们刚修完两本东大工科生的高等数学，萧先生马上发话说工科数学不足以满足哲学训练的要求，又请来南京大学数学系的老师给我们讲授理科数学。大学的前两年，我仅数学作业就做了大概10本练习簿，这些知识现在当然都还给了老师，但仔细反思，自己哲学思维的能力，尤其是哲学的那种绵延之美和融会之力，与当年的数学训练总是不可捉摸地如影随形。陈爱华教授当年刚刚留校任教，因为对数学的畏惧，我们对这位年轻的辅导老师格外在意，但她总是非常谦逊宽容地对待我们，不仅耐心地释疑解惑，而且从批改作业到评定考分，都能看出她的认真态度和善意。

若干年后，我们成了同事，不仅是教学上的同事，而且是管理工作中的搭档，我做系主任、院长时我们曾长期合作。在学科创业的艰苦岁月的漫长时期，大家都是同道，但正因为这种实体感也似乎从来没机会对相拥并进的同仁进行某种瞭望，直到有一天，猛然发现在陈爱华教授的身上，集中了一代人十分宝贵的优秀品质，乃至不仅是现代年轻学者们稀缺，也是我们恢复高考以后一代学者稀缺的品质。

关于治学尤其是从事科技伦理研究的经历，陈爱华教授已经如数家珍般地在这本书的后记中作了检阅，我要说的是，其实她在人生的每个阶段，在同代人中都十分优秀。在青春岁月的特殊年代，她响应国家号召上山下乡，做大队团支部书记。也许在现代学者看来这个"村官"不算什么，然而在那个年代，一个知青"团支书"，也是当时年轻人学习的楷模。由此便可以理解，为什么在大学资源那么稀缺的背景下她能进入被称为南方清华的南京工学院（今日东南大学）学习。很多人会把这段经历当作人生苦难诉说，但几十年的共事，我觉得这种"广阔天地，大有作为"的人生经历，成了她后来一辈子的人生财富，成为她后来的品质构造和人生基因。她的大学专业是自动控制，但留校从事的教学科研工作是自然辩证法即现在的科技哲学，从工科跨到了文科。当时萧先生与著名自动控制专家原南京工学院院长、新中国最早的一代院士钱钟韩先生共同创立了东南大学的自然辩证法学科，陈老师是最早的师资之一，也是最年轻的专业教师。几年后，王育殊教授在江苏开创伦理学，科技伦理学是东大特色，陈老师又服从学科需要，转行做科技伦理研究，并成为最早的科技伦理方向的硕士研究生之一，这一做就是三十多年。在此过程中，有一件事让我感佩也让我每每不安。我做人文学院院长后，为推进学科发展，大力提升师资队伍的博士化水平，当时正值世纪之交，东大四校合并，推进的难度非常大，于是我提出了一个不合实情也不近情理的几乎极端的口号："消灭硕士"，要求所有没有博士学位的中青年教师都必须在职攻读博士学位。有天一位老师神秘地对我说：今天看到陈爱华老师拎着一个布口袋到南大报考博士去了！每每想起，总是心生不安，因为当时给大家带来太大压力，尤其是像陈老师这种年龄和资历的老师。但是，陈老师以她不屈不挠的坚忍毅力考上了，而且以优良的成绩完成了学业。由此我常想，在这些知青身上，集中了一代人的优秀品质，不只是吃苦耐劳，而且是那种坚定不移的执着和不屈的意志力，是那种无条件服从国家需要的宝贵伦理品质，这种品质现在似乎已经离我们渐行渐远，但正因为如此，它才成为我们应当珍藏的宝贵财富。我与陈老师算是同一年代一中一尾的同代人，从她身上看到自己的差距，也许部分原因是，当她做"铁姑娘"在农村"滚一身泥巴"时，我在农村中学做民办教师，继而在乡政府做机关干部。经受的锤炼不同，"金刚"之身当然有了差距。

很长时间以来，"东大伦理"以道德哲学、科技伦理、重大应用为三元色，其中科技伦理是最体现东大学科背景的特色方向。东南大学哲学系的创始人萧焜焘教授将系名定为"哲学与科学系"，已经申言哲学与科学交叉的学科元色。诚如陈老师在后记中所言，东大伦理学科的创立者王育殊教授曾经组织编写了国内第一本《科学伦理学》教材，后来集中精力做科技伦理尤其是科技道德哲学研究的主要是陈爱华教授，她是东大伦理学团队中科技伦理方向的带头人，出了大量成果，也培养了大批高层次人才，为学科建设和学术发展作了重要贡献，我们都有义务，为她的付出，为她的精神，为她的贡献点赞。也许在这个以"名片"论人才、以"证书"论英雄的时代，陈老师并未脱颖而出，然而正如鲁迅先生所说，那些默默奉献的人，正是中华民族的脊梁。茫茫宇宙，大千世界，人生只是一种经历，也许今天我们可以摆出一堆"名头"，摊开一地"证书"，显示自己的成功和荣耀，然而时过境迁，将猛然发现它们既不是奖赏，甚至也不是承认，我们并没有任何理由为此沾沾自喜。在文明进展中留下记忆和痕迹的也许只是那些为人类知识创造和历史进步作出独特贡献的文化英雄，众人的努力只是以自己的汗水汇成一条不息的河流，让文明之舟中流击水，扬帆远航。然而如果没有汗水，没有汗水汇成的海洋，文化便不能传承，文明便难以延绵。水位决定承载，海洋造就辽阔，学者们贡献和奉献的价值也许就在于此。

我虽写过几篇关于科技伦理的文章，但总体上贡献无几，对陈爱华教授这本书不敢妄加评论，只是想说研究现代科技伦理的"应然"逻辑是一件非常有意义的不可或缺的努力。人类文明从来没有像今天这样放任自己，科技发展造福人类，但科学家和技术专家可怕的任性也会毁灭世界。在这个基因技术已经可以将人类从"诞生"异化为"制造"的时刻，在这个人工智能在服务人类的同时也可能征服人类的时刻，科技发展既是时机也是危机，如果丧失伦理的指引和规约，一旦突破伦理的底线，那将是一场人类文明的灾难：今天地球上的所有人将沦为"原始人"，迄今为止所有的一切人类文明将沦为原始文明。放任科技的"自然"逻辑，迎来的将是整个人类文明的终结。为此，探讨科技发展的"应然"逻辑，就具有文明史的重大意义。在现代科技发展面前，伦理学的任务，人文科学的使命，不是做盲目喝彩的啦啦队，更不是做随波逐流的庸众，而是要通过伦理的辩证互动，使科技发展由其"自然"而归于"应然"。无疑，这需要担当，需要胆识，更需要坚守，毕竟在大众意识中，科技似乎已经成为"文明"尤其是"现代文明"的同义语。然而，在科技洪流面前，伦理，伦理学家绝不能渎职；伦理学的使命，不只是参与，而且是干预。因为，不是科技，而是科技与伦理的合理生态，才能创造人类文明的未来，追求苏格拉底所说的"好的生活高于生活本身"。这，就是陈爱华教授著作的意义所在。

是为序。

樊　浩

于东南大学"舌在谷"

2023 年 11 月 9 日

目 录

导 论 …………………………………………………………（1）

第一篇 现代科技伦理的"应然"底蕴

第一章 现代科技伦理解析 ……………………………………（9）
  第一节 科技与现代科技 ………………………………（10）
  第二节 伦理与现代科技伦理 …………………………（17）
  第三节 伦理实体与现代科技伦理实体 ………………（27）

第二章 现代科技伦理实体的生成与特征 ……………………（38）
  第一节 传统"人伦"伦理实体的生成 ………………（39）
  第二节 现代科技伦理实体的生成 ……………………（46）
  第三节 两种伦理实体的异同性 ………………………（54）

第三章 现代科技伦理的三重逻辑及其辩证本性 ……………（60）
  第一节 现代科技伦理的本然逻辑及辩证本性 ………（60）
  第二节 现代科技伦理的实然逻辑及辩证本性 ………（64）
  第三节 现代科技应然逻辑的辩证规律 ………………（66）

第二篇 现代科技伦理的"应然"实践

第四章 现代科技发展的三重伦理困境 …………………… （77）
- 第一节 现代科技的伦理效应及其类型 …………………… （77）
- 第二节 现代科技发展的伦理悖论 ………………………… （81）
- 第三节 现代科技发展的伦理风险 ………………………… （101）

第五章 现代科技发展的伦理价值协同 ………………………… （110）
- 第一节 现代科技发展的伦理价值协同的必要性 ………… （110）
- 第二节 现代科技发展的伦理价值协同何以可能 ………… （120）
- 第三节 现代科技伦理发展如何进行伦理价值协同 ……… （130）

第三篇 现代科技伦理治理的"应然"机制

第六章 现代科技伦理实体伦理评价治理机制的构建 ………… （143）
- 第一节 构建基于伦理评价的治理机制何以必要 ………… （143）
- 第二节 伦理评价原则 ……………………………………… （150）
- 第三节 构建伦理评价的依据 ……………………………… （155）
- 第四节 如何构建基于伦理评价的治理机制 ……………… （162）

第七章 现代科技伦理实体伦理监督治理机制的构建 ………… （168）
- 第一节 构建基于伦理监督的治理机制何以必要 ………… （168）
- 第二节 构建伦理监督的原则 ……………………………… （174）
- 第三节 如何构建基于伦理监督的治理机制 ……………… （183）

第八章 现代科技伦理实体伦理问责治理机制的构建 ………… （186）
- 第一节 构建基于伦理问责的治理机制何以必要 ………… （187）
- 第二节 构建伦理问责的原则 ……………………………… （194）
- 第三节 如何构建基于伦理问责的治理机制 ……………… （198）

结语　现代科技伦理应然逻辑的生命德性 …………………（210）

附录1　当前我国科技伦理现状调查研究报告 ……………（224）
　　第一部分　调查研究的组织与实施 ……………………（224）
　　第二部分　现状·问题·原因·对策 ……………………（228）

附录2　科技伦理调查问卷 …………………………………（257）

主要参考文献 ………………………………………………（264）

后　记 ………………………………………………………（274）

导　　论

现代科技伦理的应然逻辑何以可能？

　　现代科技伦理的应然逻辑之所以可能，包括三个方面，即现代科技伦理应然逻辑的理论可能性、实践必要性与现实合理性。其中，现代科技伦理应然逻辑的理论可能性体现了其内在的理论逻辑，主要表现为其在主体向度上，回归生命德性的理论运思；现代科技伦理应然逻辑的实践必要性则体现为其在客体向度上，直面现实的现代科技伦理三重困境：科技伦理的多重效应、多重悖论、多重伦理风险，探寻其解决的方略；而现代科技伦理应然逻辑的现实合理性则体现了其主体向度与客体向度的统一，即如何解决现实的现代科技伦理的三重困境，回归生命德性的理论—实践逻辑——科技伦理三重治理机制的建构。因而，在此意义上，可以说现代科技伦理应然逻辑体现了现代科技伦理实体[①]的生命德性觉醒和科技伦理觉悟，陈独秀曾经指出，"伦理的觉悟，为吾人最后觉悟之最后觉悟"[②]。正是由于现代科技伦理实体有了科技伦理觉悟，才能自觉担当起历史赋予的"推动科技向善、造福人类"[③]的神圣使命。

　　[①]　"现代科技伦理实体"包括科技伦理共同体及其成员或者科技伦理共同体及其科学活动个体，本书主要从道德哲学的视域探讨"现代科技伦理实体"的内涵，具体详见本书第一章第三节"伦理实体与现代科技伦理实体"。
　　[②]　陈独秀：《吾人最后之觉悟》，《青年杂志》1916年2月15日1卷6号。
　　[③]　《关于加强科技伦理治理的意见》，《人民日报》2022年3月21日第1版。

一 研究的缘起及意义

21世纪，生物科学与基因技术、计算机科学与人工智能及网络技术、材料科学与纳米技术日益凸显，尤其是人工智能异军突起；此外，能源环境科学与技术、建筑交通科学与技术发展势头迅猛。这些现代科学技术的发展，不仅改变了人们衣、食、住、行的空间生产模式，也在一定程度上，颠覆了原有的衣、食、住、行的观念。人们前所未有地享有现代科技带来的增益，同时也面临着前所未有的伦理风险。人们越来越感受到现代科技发展到今天，已不仅关乎社会的产业格局、人们的利益格局，而且直接关乎人类社会与自然发展的前景、人的生命品质和情感价值；尤其是在全球化背景下，科技、经济与伦理的悖论与伦理风险日益凸显并困扰着人类，因而超越现代科技的伦理悖论，规避其伦理风险，不仅成为一种全球性的伦理认同，而且成为一种具有深远意义同时也是举步维艰的伦理实践。[①]

现代科技伦理作为当代科学、技术高度发展又相互渗透而生成的一种新伦理形态，蕴含两类殊异的现象形态与理论形态：一是科技形态，一是伦理形态；其中蕴含两种不同的理论运作逻辑：一是实然逻辑，即"是什么"和"能做什么"，一是应然逻辑，即"应是什么"和"应做什么"。前者是现代科技伦理生成的现实基础，后者则是其运作的意义域，离开这两者，现代科技伦理合理性和必要性将有颠覆之虞。这就决定了现代科技伦理的应然逻辑与传统伦理即"人伦"伦理的应然逻辑存在着诸多差异。如何分析这些差异？如何理解现代科技伦理中应然逻辑与实然逻辑的内在关系？如何探寻现代科技伦理的生成与发展机制？如何把握当代人—社会—自然多重利益相互冲突的背景下，现代科技伦理应然逻辑运作的轨迹与对其主体行为尤其是集体行动进行调控的现代科技伦理治理机制？这是现代科技伦理作为一种新型伦理形态何以可能、何以必要，亟须研究的理论问题。

[①] 参见陈爱华《全球化背景下科技—经济与伦理悖论的认同与超越》，《马克思主义与现实》2011年第1期。

本研究的理论意义在于，从道德哲学的视域系统地研究和阐发现代科技伦理的应然逻辑，把握其内涵、特征和运作规律，丰富科技伦理的理论内容，其中包括现代科技伦理的三重逻辑研究、价值论研究、现代科技伦理的三重困境研究、现代科技伦理的三重治理机制研究等。

本研究的实践意义在于通过对我国科技伦理状况进行实证调查与哲学辨析，探索现代科技伦理的应然逻辑运作机制，为分析和解决我国当前凸显的科技—经济—社会—自然和人的发展等多元伦理冲突的"中国问题"，提出具有前瞻性的相关对策，增强科技伦理治理的实践效能，以引领科技伦理实体的集体行动及其个体行为，"推动科技向善、造福人类"。

二 基本思路和方法

为了探索现代科技伦理的应然逻辑何以可能，主要基于道德哲学视域揭示现代科技伦理的理论合理性与实践必要性以及现实可能性，在研究过程中，主要采取了以下的基本思路与方法（参见图 0-1）。

（一）运用思想构境论、症候阅读和文本解释学等方法，以再现文本的语境，解读马克思、恩格斯相关原著，解读与科技伦理应然逻辑研究相关的东西方代表性著作和文献，为科技伦理应然逻辑研究提供文本依据、理论与文化资源。

（二）运用历史与逻辑相统一的方法分析科技伦理生成的三重逻辑即本然逻辑—实然逻辑—应然逻辑，揭示现代科技伦理应然逻辑生成的历史必然性与现代科技伦理应然逻辑的辩证规律。

（三）运用历史构境论方法和比较法分析科技伦理实体生成与传统"人伦"伦理实体生成及其特征的殊异性。

（四）运用概念辨析法与阿尔都塞的症候阅读及问题式方法，解析现代科技发展的三重伦理困境，即多维度的正负伦理效应、多重伦理悖论与伦理风险，从价值论视角分析现代科技发展凸显的科技—经济—社会—自然的一系列伦理价值困境，在此基础上，探讨现代科技伦理的价值协同之可能性，由此，进一步探讨现代科技伦理应然逻辑的三重治理机制,其中包括基于科技伦理实体的伦理评价、伦理监督与伦理问责的治理机制,以引领和约束现代科技共同体集体行动和科技个体的认知和行为。

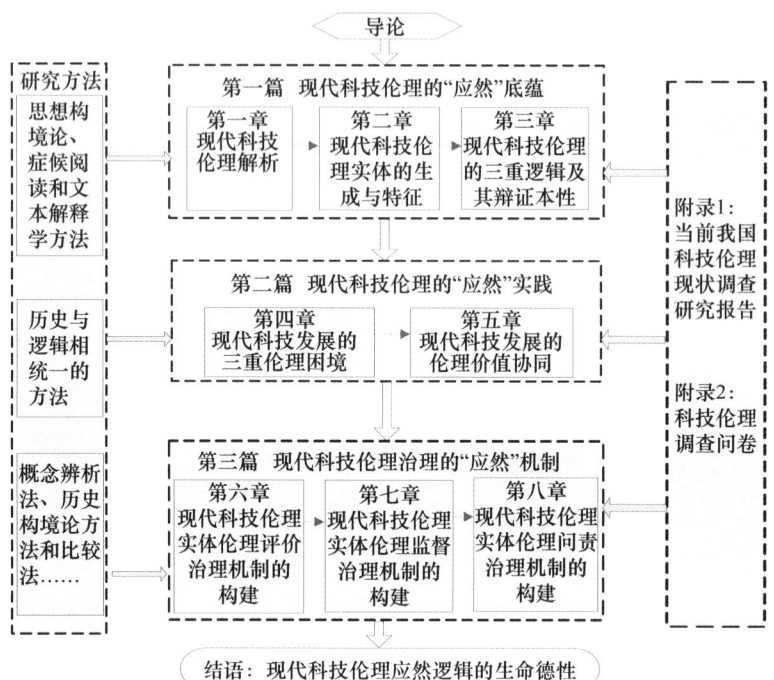

图 0-1 基本思路和方法框图

三 研究的主要内容

本研究内容包括导论、正文和结语三个部分。其中正文包括三篇八章。

(一)现代科技伦理的"应然"底蕴。本篇包括第一章至第三章,旨在从道德哲学的视域解析现代科技伦理应然逻辑的理论可能性,体现了现代科技伦理的主体向度。为此,一是从词源学和道德哲学的视角,解读与现代科技伦理应然逻辑相关的概念内涵,如"科技"与"现代科技"、"伦理"与"现代科技伦理"、"伦理实体"与"现代科技伦理实体";二是从历史与逻辑的统一,揭示现代科技伦理实体的生成与特征；三是从理论形态与逻辑形态揭示现代科技伦理内蕴的科技—伦理的双重理论形态和本然—实然—应然的三重逻辑维度及其辩证本性与规律。

（二）现代科技伦理的"应然"实践。本篇包括第四章至第五章，着重探索现代科技伦理应然逻辑研究的实践必要性，体现了现代科技伦理的客体向度：本篇是在实证调研[①]的基础上，直面当代高技术日新月异发展的条件下，由于资本逻辑逐利倾向的误导，产生的现代科技三重伦理困境，从跨学科的多重视域探寻这些伦理困境生成及其类型。在此基础上，从道德哲学和价值论视域探讨现代科技发展的伦理价值协同何以必要、何以可能以及如何协同。

（三）现代科技伦理治理的"应然"机制。本篇包括第六章至第八章，着重探讨现代科技伦理应然逻辑的现实合理性，体现了其主体向度与客体向度的统一，旨在从制度层面探索如何建构现代科技伦理的"应然"治理机制，其中包括：基于科技伦理实体伦理评价—伦理监督—伦理问责的三重治理机制，以引导与约束现代科技伦理实体的集体行动及其个体的道德认知和伦理行为，回归现代科技伦理应然逻辑的生命德性。

结语，探讨了现代科技伦理应然逻辑蕴含的善的三重形态，即"特殊意志的善""特殊规定的善"和"善本身的规定"，揭示其生命德性的本质，进一步提高现代科技伦理主体的伦理觉悟，厚植其科技向善的德性，担负起历史赋予的造福人类、促进人与自然生命共同体的和谐与可持续发展的神圣使命。

---

① 参见本书附录"当前我国科技伦理现状调查研究报告"，第224—263页。

第一篇 现代科技伦理的"应然"底蕴

本篇"现代科技伦理的'应然'底蕴"旨在从道德哲学的视域解析现代科技伦理应然逻辑的理论可能性（包括第一章至第三章），体现了现代科技伦理的主体向度——围绕"现代科技伦理实体"内涵的解读，展开对现代科技伦理应然逻辑的历史逻辑形态与理论逻辑形态的追问。

首先，从词源学和道德哲学的视角，解读与现代科技伦理应然逻辑相关的概念及其内涵。这些概念包括"科技"与"现代科技"、"伦理"与"现代科技伦理"、"伦理实体"与"现代科技伦理实体"，因为只有厘清这些概念的科技—伦理内涵，才能进一步追问现代科技伦理应然逻辑、历史逻辑形态与理论逻辑形态。

其次，从历史逻辑来看，现代科技伦理不同于传统"人伦"伦理。因为现代科技伦理内蕴着科技—伦理的双重理论形态和本然—实然—应然的三重逻辑维度，这就决定了现代科技伦理的应然逻辑与传统"人伦"伦理的应然逻辑在生成的逻辑始点、伦理关系实体类型、运作机制、发展机理等方面存在着诸多差异。

最后，从理论逻辑来看，现代科技伦理是对科技活动的工具理性思维定式的反思、批判和否定，因而它具有解蔽性——对一直以来被遮蔽的科学、技术所具有的社会性和人性的伦理本质加以解蔽并向人们敞开。将近代以来去魅的科学形态返魅。进而在科学观、伦理观的哲学层面引发多重维度的嬗变。为此，须探索现代科技伦理应然逻辑蕴含的三重逻辑样态之辩证本性及其规律。

本篇之所以从道德哲学视域解读解析现代科技伦理的应然逻辑，正如莫泽克所说，"唯有从哲学上阐明科学的本质，才能使人们不至于忽略科学对现有全部精神文化的贡献"[①]。与之相关，解读现代科技伦理的本然逻辑和现代科技伦理的实然逻辑这两重逻辑，只有从道德哲学视域，才能理解现代科技伦理的应然逻辑的生成——其与现代科技发展及现代科技伦理的生成密切相关。从生成论的逻辑来看，现代科技发展及现代科技伦理形态有其本然形态—实然形态—应然形态，其中现代科技发展及现代科技伦理的本然形态具有原生性，其实然形态具有现存性，其应然形态具有反思性即在对其实然形态的现存性及其困境进行反思的基础上，超越其现存性的困境，在回归其原生性本然形态的过程中升华其辩证本性。[②]

[①] [德]赖·莫泽克：《论科学》，孟祥林等译，武汉大学出版社1997年版，序言第11页。

[②] 现代科技伦理的"本然逻辑"和"实然逻辑"是"现代科技伦理的应然逻辑"蕴含的逻辑形态。因为"应然逻辑"总是相对于"实然逻辑"而言的，即没有"实然逻辑"就没有"应然逻辑"；而"实然逻辑"作为一种现象形态有其生成的"本然逻辑"，也就是通常所说的"初心""初衷""本心""本意"。应该说，"本然逻辑"更接近"应然逻辑"，但是不能等同于"应然逻辑"。因为当作为原初形态的"本然逻辑"演化为"实然逻辑"以后，其原来的"本然性"在外界的诸种因素的作用下变异，而可能与"初心""初衷""本心""本意"相违，而"应然逻辑"则通过对可能有违"初心""初衷""本心""本意"而变异的"实然逻辑"的反思，重新回归"初心""初衷""本心""本意"。在此意义上，"应然逻辑"是对"实然逻辑"有违"初心""初衷""本心""本意"而变异地扬弃，回归"本然逻辑"又高于"本然逻辑"。

科学作为一个精神世界的王冠,也决不是一开始就完成了的。新精神的开端乃是各种文化形式的一个彻底变革的产物,乃是走完各种错综复杂的道路并作出各种艰苦的奋斗努力而后取得的代价。①

——黑格尔

第一章

现代科技伦理解析

解读现代科技伦理应然逻辑的内涵首先必须弄清何谓现代科技伦理。从词源学视角看,"现代科技伦理"包含了两个词或者两个概念:"现代科技"与"现代科技伦理"。无论是"现代科技"与"现代科技伦理"都关涉相关的主体,与"现代科技"相关的主体通常称为"现代科技共同体"或者"现代科技活动主体"(其中的主体包括共同体与个体);与"现代科技伦理"相关的主体,通常称为"现代科技伦理实体"或者"现代科技伦理活动主体"(其中的主体包括该伦理实体及该伦理实体中的个体)。本章主要从词源学、逻辑学和道德哲学的三重视角,解读上述相关概念的理论内涵。其中包括"科技"与"现代科技"的理论内涵、"伦理"与"现代科技伦理"的道德哲学内涵;在此基础上解读"伦理实体"与"现代科技伦理实体"的道德哲学内涵。这样,为进一步探索现代科技伦理应然逻辑的历史生成及其伦理特质与其内蕴的三重理论逻辑及其辩证本性奠定基础。

---

① [德]黑格尔:《精神现象学》上卷,贺麟、王玖兴译,商务印书馆1979年版,第7页。

第一节　科技与现代科技

解读"现代科技"的内涵，首先，从词源学的视角看，"现代科技"是"现代"与"科技"的合成词。其次，从逻辑学的视角看，"现代科技"是"科技"的种概念，或者说，"科技"是"现代科技"的属概念。因此，解读"现代科技"的内涵，必须先解读"科技"的内涵，因为解读"科技"的内涵有助于解读"现代科技"的内涵。

一　科技释义

"科技"是科学技术的简称，其中包括"科学"与"技术"两个概念。

就科学而言，不同学者从不同的学科视域出发，对其内涵进行了不同的阐释。[①] 比如，《辞海》将科学界定为："运用范畴、定理、定律等思维形式反映现实世界各种现象的本质和规律的的知识体系。"[②] "按研究对象的不同，可分为自然科学、社会科学和思维科学，以及总括和贯穿于三个领域的哲学和数学。按与实践的不同联系，可分为理论科学、技术科学、应用科学等。"[③] 而 J. D. 贝尔纳（J. D. Bernal，1901—1971，英国著名物理学家、杰出思想家和社会活动家）作为科学学创始人之一，他认为，由于当代人类历史已发生了重要的变化[④]，以至于

[①] 参见陈爱华《科学与人文的契合——科学伦理精神历史生成》，吉林人民出版社 2003 年版，第 1—2 页。

[②] 夏征农、陈至立等主编：《辞海》（第六版　彩图本），上海辞书出版社 2009 年版，第 1234 页。

[③] 夏征农、陈至立等主编：《辞海》（第六版　彩图本），上海辞书出版社 2009 年版，第 1234 页。

[④] 贝尔纳所说的"重要变化"与科技革命相关。人类历史上第一次科技革命是 18 世纪下半叶首先在英国发生的，它是一场以机器为主体的工厂代替手工工场的革命，因此，也称为"技术革命"或"工业革命"。它宣告人类进入了工业时代。第二次科技革命发生于 19 世纪 20 年代初，首先发生在美国，它以电力、电力机械、内燃机、钢铁冶炼技术和化学工业技术为代表。它标志着人类进入了电气时代。第三次科技革命是当代以计算机和通信技术为基础的信息革命，正在形成全球规模的人体外的神经系统，它储存、加工、传输信息具有无限的发展潜力。这场革命含有五大核心技术：半导体技术、信息传输技术、多媒体技术、数据库技术、数字压缩技术，此外还辅之以现代生物技术、纳米制造技术和能源技术等。这场信息革命促使工业经济向知识经济转变。它标志着人类进入了信息时代。（参见陈爱华《科学与人文的契合——科学伦理精神历史生成》，吉林人民出版社 2003 年版，第 157—158 页）

对科学下一个定义"并不严格适用"①。他认为，科学可作为一种建制、一种方法、一种积累知识的传统、一种维持或发展生产的主要因素、构成我们诸信仰和对宇宙与人类的诸态度的最强大势力之一。②他还从科学史的研究视角指出，科学不是能用一个定义一劳永逸地固定下来的单一体。科学是一种有待研究和叙述的程序。科学作为一种人类活动，并非孤立进行的，而是"联系到所有其他种种人类活动，并且不断地和它们相互作用着"③。伯纳德·巴伯（Bernard Barber，1918—2006，美国社会学家）则从科学社会学的视域揭示了科学的本质。他指出，科学并不是要素与活动的杂乱无章的组合，而是一个具有凝聚性的结构，其各个部分在功能上有相互依存的关系，因而如果要对科学有一种系统的理解，就不能把科学仅仅看作一条条零散的经过确证的知识，也不能仅仅把科学看作得到一系列知识的逻辑方法。而首先应该从根本上把科学看作"一种社会活动"，看作"发生在人类社会中的一系列行为"。④因此，科学发展会受到各种不同社会因素的影响，并且科学与其他社会要素之间的影响具有相互性，与此同时，科学亦有其变化性与相对自主性。⑤与巴伯的思想相通，罗伯特·K. 默顿（Robert King Merton，1910—2003，美国著名社会学家）不仅把科学看成一种特殊的社会活动，还把科学看作一种社会建制。路易斯·卡鲁阿纳（Louis Caruana，英国）则从美德伦理学和美德认识论中汲取灵感，认为科学不仅是一个知识体系，也是决定一种生活方式的重要因素。⑥莫泽克（Reinhard Mocek，德国）从哲学与科学的关系阐述了科学，他指出，"科学是塑造社会过程的日益重要的因素，但是它没有感

---

① ［英］贝尔纳：《历史上的科学》，伍况甫等译，科学出版社1959年版，导言第6页。
② 参见［英］贝尔纳《历史上的科学》，伍况甫等译，科学出版社1959年版，导言第6页。
③ ［英］贝尔纳：《历史上的科学》，伍况甫等译，科学出版社1959年版，第684页。
④ ［美］伯纳德·巴伯：《科学与社会秩序》，顾昕等译，生活·读书·新知三联书店1991年版，第2页。
⑤ 参见［美］伯纳德·巴伯《科学与社会秩序》，顾昕等译，生活·读书·新知三联书店1991年版，第28页。
⑥ 参见 Louis Caruana, *Science and Virtue: an Essay on the Impact of the Scientific Mentality on Moral Character*, Ashgate Publishing Limited, 2006。

知自身的'触角'。哲学对科学本质的认识为科学本身提供一面'科学的镜子'"①。因此，科学的成果既是哲学的研究领域，也让哲学思维有用武之地。也"唯有从哲学上阐明科学的本质，才能使人们不至于忽略科学对现有全部精神文化的贡献"②。他认为，把科学定义为"活动"或者"一般劳动"则或多或少忽视了科学总体和科学职能制度化的若干方面。科学是全世界1.5亿人所从事的职业③，对社会行为产生广泛的影响；科学作为精神文化是人类的一种具有显著特征的质④。让·拉特利尔（Jean Ladriere，法国）在肯定了科学是当代科学知识的总和，是一种研究活动，或者是获得知识的方法的基础上，进一步从其科学哲学的视域揭示了当代科学的特性。他指出，当代由于科学的社会组织的程度越来越高，这已成为其最显著的特征，因而，现在科学是"极为重要的社会文化现象"，它"向我们提出了极为严重的问题"并"决定现代社会的全部命运"⑤。马丁·海德格尔（Martin Heidegger，1889—1976，德国哲学家）则从存在论视域指出，科学是所有的存在之物"借以展现自身的一种方式"，而且是"一种决定性的方式"⑥。威廉·莱斯⑦（William Leiss）指出，"作为现代意义上的精密科学与控制自然的期望越来越紧密地统一起来"⑧。由此可见，科学具有丰富的内涵，其中既有广义的，又有狭义的。科学的狭义内涵，既有传统意义上的，又有现代意

---

① ［德］赖·莫泽克：《论科学》，孟祥林等译，武汉大学出版社1997年版，第11页。
② ［德］赖·莫泽克：《论科学》，孟祥林等译，武汉大学出版社1997年版，序言第11页。
③ 当代与莫泽克所处年代相比，从事科学包括技术职业的人数又有更大的增长，科学技术对社会的影响更为广泛。
④ 参见［德］赖·莫泽克《论科学》，孟祥林等译，武汉大学出版社1997年版，第82页。
⑤ ［法］让·拉特利尔：《科学和技术对文化的挑战》，吕乃基等译，商务印书馆1997年版，第2页。
⑥ ［德］海德格尔：《海德格尔选集》（下），孙周兴选编，生活·读书·新知三联书店1996年版，第955页。
⑦ 威廉·莱斯（William Leiss，1939— ），生态学马克思主义者，加拿大著名社会政策研究学者，曾在纽约大学、多伦多大学、渥太华大学等多所大学的环境与社会学院任教授和系主任职务，并于1999—2001年担任皇家加拿大学会主席一职。因其在环境及危机交往领域的突出贡献被授予加拿大勋章。
⑧ ［加拿大］威廉·莱斯：《自然的控制》，岳长龄、李建华译，重庆出版社1993年版，第71页。

上的。在传统意义上，科学是关于自然现象的系统化、理论化的知识，同时也是关于自然现象之间众多关系存在的合理性研究；因而"Science"更多是在"自然科学"的意蕴下使用的。而在现代意义上，科学不仅是系统化和理论化的知识体系，而且是创造知识的社会活动，同时还是一种社会建制，这三者位于一个统一体中。其中作为创造知识的社会活动亦即科学活动是核心。因为作为科学活动的结果和智慧的结晶就是作为系统化、理论化的知识体系的科学和作为科学活动发展组织化的要求的一种社会建制。就科学的外延来看，它是基础科学和应用科学以及开发研究的统一体。在这个统一体中，既含科学，又含技术。而广义的科学，则是一种社会文化现象，正如海德格尔所说，科学作为"一种决定性的方式"，是所有存在之物"借以展现自身的一种方式"。它不仅能满足人类的求知欲和好奇心，而且能给人展现一种理性美，因而不仅对人们的思想观念、思维方式，而且对政治、经济、社会制度，同时还对意识形态、文化传统乃至人类的日常生活等方面"产生了巨大冲击和动力"[①]；其外延就不仅仅包括科学技术，还包括社会科学。

再就技术而言，广义的技术是人类为了满足自身的需求和愿望，遵循自然规律，在长期利用和改造自然的过程中，积累起来的知识、经验、技巧和手段，是人类利用自然改造自然的方法、技能和手段的总和，但是也须在实际中多多练习才能掌握。不但包括根据自然科学原理和生产实践经验发展而成的各种工艺操作方法与技能，还包括相应的生产工具、其他物质设备和生产的工艺过程或作业程序与方法等。而高技术是指建立在最新科技成就基础上，在全体雇员中，科技人员所占比例高，知识与技术高度密集，研究与开发投资在产品销售额中占比高的技术。目前国际上公认的高技术领域主要包括：信息技术、新材料技术、生物技术、空间技术、新能源技术、海洋技术等。此外，20世纪70年代，人工智能崛起；21世纪以后，人工智能极速发展，并在很多学科领域获得了广泛应用，取得了丰硕的成果，成为当代三大尖端技术（基因工程、纳米科学、人工智能）之一，进一步推进高技术日新月异。它不仅迅速地改变

[①] 张继武、张之沧：《科学发展机制论》，河北人民出版社1994年版，第1页。

着世界，改变着人类的生产方式、生活方式，同时还改变了人们的思维方式、教育方式和交往方式。随着人工智能及高技术的进一步发展，将会有更多的创新，取得更大的突破，其发展前景广阔。与此同时，将有更多道德选择的可能性，也将出现更多人工智能及高技术的伦理风险。

二 现代科技

"现代科技"是一个历史范畴，即"现代科技"是相对于历史上所产生的科学和技术而言的。而历史上的科学和技术均萌发于古代，但是如同R. J. 弗伯斯、E. J. 狄克斯特霍伊斯合著的《科学技术史〈序言〉》中所说，"无论现在科学与技术联系得如何紧密，但是历史上它们是沿着完全独立的途径发展的。在很长的一个时期，科学对其成果的实际应用漠不关心，技术又必须在没有科学帮助的情况下发展，而且正当技术能从这种帮助中得到好处的时候，却不止一次地嘲笑了科学。在十七世纪初，有少数人（如英国的弗兰西斯·培根、法国的勒奈·笛卡儿和荷兰的西蒙斯合文）认识到科学和技术二者可能并应该合作，他们宣传这种看法，但这种思想直到十八世纪才开始付诸实践"。"科学与技术之间的紧密联系主要是在二十世纪才首次建立起来的。"①

而真正意义上的科学发端于近代。因为"从此自然研究便开始从神学中解放出来……科学的发展从此便大踏步地前进，而且很有力量，可以说同从其出发点起的（时间）距离的平方成正比"②。不过，正如黑格尔（Georg Wilhelm Friedrich Hegel, 1770—1831，德国著名哲学家）所说，"科学作为一个精神世界的王冠，也决不是一开始就完成了的。新精神的开端乃是各种文化形式的一个彻底变革的产物，乃是走完各种错综复杂的道路并作出各种艰苦的奋斗努力而后取得的代价"③。科学是人类探索、

---

① ［荷兰］R. J. 弗伯斯、E. J. 狄克斯特霍伊斯：《科学技术史》，刘珺珺等译，求实出版社1985年版，序言第2—3页。
② 《马克思恩格斯全集》第26卷，人民出版社2014年版，第467页。
③ ［德］黑格尔：《精神现象学》上卷，贺麟、王玖兴译，商务印书馆1979年版，第7页。

研究、感悟宇宙万物变化规律的知识体系，从科学发展史来看，其经历了三次科技革命，现代科学的内涵与外延已发生了巨大的变化，它已不仅仅是关于自然界、社会、思维领域的系统化和理论化的知识体系，而且是创造知识的社会活动，同时还是一种社会建制；它是基础科学和应用科学以及开发研究的统一体。在这个统一体中，不仅包含了科学，也包含了技术的要素。

技术发端于人类的生产活动。而人类最早的生产活动及其技术与制造和使用生产工具密切相关。① 如同恩格斯所说，"劳动是从制造工具开始的"②。根据所发现的史前时期的人的遗物和最早历史时期的人和现在最不开化的野蛮人的生活方式来判断，最古老的工具是"打猎的工具和捕鱼的工具，而前者同时又是武器"③。制造和使用生产工具就生成了制造技术和使用生产工具的技术，比如，打猎技术和捕鱼技术也是最古老的技术。在有了这样的技术以后，人类又学会了火的使用和动物的驯养，即有了使用火的技术和驯养动物的技术。"前者更加缩短了消化过程，因为它为嘴提供了可说是已经半消化了的食物；后者使肉食更加丰富起来。"④ 此外，"还提供了奶和奶制品之类的新的食品，而这类食品就其养分来说至少不逊于肉类"⑤。同时，也生成了与之相关的新技术。这些技术的形成和进步"就直接成为新的解放手段"⑥。尤其对于人类和社会的发展来说，这具有非常重大的意义：一方面，使人真正与猿区别开来，人不仅学会了吃一切可以吃的东西，而且学会了在任何气候下生活，分布在所有可以居住的地方；另一方面，"就产生了新的需要：要有住房和衣服来抵御寒冷和潮湿"⑦，这样又生成了建筑、纺纱、织布、制衣等新的技术。由此，随着技术的不断发展，人的能力不断提高，能从事越来

---

① 参见陈爱华《把握恩格斯的劳动—技术观》，《中国社会科学报》2020年11月24日第6版。
② 《马克思恩格斯全集》第26卷，人民出版社2014年版，第765页。
③ 《马克思恩格斯全集》第26卷，人民出版社2014年版，第765页。
④ 《马克思恩格斯全集》第26卷，人民出版社2014年版，第765页。
⑤ 《马克思恩格斯全集》第26卷，人民出版社2014年版，第765页。
⑥ 《马克思恩格斯全集》第26卷，人民出版社2014年版，第765页。
⑦ 《马克思恩格斯全集》第26卷，人民出版社2014年版，第766页。

越复杂的活动，提出和达到的目的也越来越高，技术门类越来越多。"除打猎和畜牧外，又有了农业……纺纱、织布、冶金、制陶和航海"①，相应的技术也进一步发展。由此可见，技术在近代以前有其相对独立的发展样态。然而，经历了三次科技革命，尤其是基于当代最新科学成就的高技术的发展，现代技术的内涵与外延亦已发生了巨大的变化，如上所述，高技术亦蕴含了科学的要素。正是这样，人们常常将科技并提，不加区分。② 科技之所以并提，还与科学成果应用于技术的周期不断缩短密切相关。近代科学成果应用于技术的周期一般是100—150年，而现代几

---

① 《马克思恩格斯全集》第26卷，人民出版社2014年版，第766页。
② 事实上，科学与技术不仅有"同"，而且具有一定的"异"，从伦理维度看存在着以下三个方面的差异：合规律性与合目的性的相异、智德慧德彰显的差异、真与善契合的殊异。首先，科学与技术在合规律性与合目的性方面具有相异性。就科学而言，其显层面的目的是探索真理，寻求自然现象"是其所是"的内在规律，而其隐层面的目的性即其伦理价值导向——"因何探求"则决定了科学"探求什么"，并且"怎么探求"即合规律性服务于"因何探求"即合目的性。就技术而言，其合目的性即伦理价值导向"因何创造（发明）"处于显层面，始终引领技术"创造（发明）什么""怎么创造（发明）"。因为"技术本质上是人类生存与发展的方式，它从诞生之初，就体现出推进人类物质文明进步、保障人类生存和发展的价值。火的发明，使人类掌握了抵御寒冷的武器，扩大了人类的活动时空；农耕技术的发明，使人类开始有了相对稳定的衣食来源，并进而带动物质交换、社会组织等文明形态的出现，由此，自然人开始演变成社会人"。（路甬祥：《科学的价值》，《科技日报》2005年8月21日）"技术及其活动是人的主观能动性、行为目的性的集中表现；是人类社会实践活动的核心部分。"（萧焜焘：《自然哲学》，江苏人民出版社2004年版，第390页）技术是在制造和使用工具的过程中形成的，"自觉的能动的行为目的性，是技术的内在实质"。（萧焜焘：《自然哲学》，江苏人民出版社2004年版，第388页）与此同时，技术"创造（发明）什么"，"怎么创造（发明）"也须遵守科学规律，进而达到合规律性与合目的性的统一。其次，科学与技术的诉求在智德慧德彰显上，存在着一定的差异。这里所说的智德与亚里士多德所说的理智德性具有一定的相通性，但其内涵更为丰富，其中包括学习认知德性、辩证思维德性、勇于探索创新德性等。其中认知德性是基础，因为只有"学而不厌"（《论语·述而》，《四书五经》（上册），陈戍国点校，岳麓书社1991年版，第28页），"敏而好学，不耻下问"（《论语·公冶长》，《四书五经》（上册），陈戍国点校，岳麓书社1991年版，第25页），好学、善学、乐学，才能无自欺之蔽，进而达到博学、审问、慎思、明辨、笃行。而慧德不仅包括亚里士多德所说的理智德性，还具有其道德德性的内涵，不仅能己欲立而立人，己欲达而达人，"己所不欲，勿施于人"（《论语·颜渊》，《四书五经》（上册），陈戍国点校，岳麓书社1991年版，第39页），而且有"爱人利物"（《外篇·天地第十二》，《庄子》，孙海通译注，中华书局2016年版，第201页）之仁德；不仅"温故而知新"，海纳百川，而且立足当下，统筹长远，不辱使命，敢于担当。科学由于其对于真理的诉求，在其显层面彰显了智德，慧德则处于隐性的引领层面；而面对充满风险的当代高科技发展和资本逻辑的强制，技术作为人这一生命体对环境的适应的自觉性、能动性、目的性体现，其慧德处于显层面，进而才能统摄智德既能尊德性而道问学，又能致广大而尽精微（《礼记·中庸》，《四书五经》（上册），陈戍国点校，岳麓书社1991年版，第630页）。最后，科学与技术在真与善契合上的殊异性，主要表现为，科学在真与善的契合上表现为以真储善，以善求真，进而超越事实与价值二元性；而技术则是以善引真，以真达善，进而超越技术发展的"杰文斯悖论"，这样，才能尽人之性，则能尽物之性，则可以赞天地之化育，则可以与天地参（《礼记·中庸》，《四书五经》（上册），陈戍国点校，岳麓书社1991年版，第630页）。在这里，着重强调科学与技术之"同"所呈现的科学技术的一体化（陈爱华：《科学与技术伦理维度的异同》，《中国社会科学报》2016年10月18日第2版，文中进行了一定的增删）。

乎是读秒式的即科技一体化了。因此，E. 舒尔曼（Dr. Egbert Schuurman，荷兰）认为，现代技术的基本结构是"由技术活动者、科学基础以及技术—科学方法构成其特性的"①。现在虽然自然科学仍然有其独立的形态，但是无论其研究课题，还是其研究手段，直至其成果鉴定，都须借助于现代化的技术及手段。威廉·莱斯认为，"自然科学历史发展的各个阶段已经愈益清楚地展现出自然现象运动的图景"②。但是自然科学的研究成果"不能直接地进入人类实践生活领域"，只有通过技术应用才能够与"社会生活世界结合起来"③，或者说"科学只能通过它的技术应用使得某一新的实用领域成为可能"④。因此，海德格尔指出，科学理性的实质是技术理性。不仅如此，科学方式的基本特征亦具有控制论的技术特征。

由此可见，"现代科技"特指经历了三次科技革命以后的，已经形成一体化态势的科学技术。因为现代科技的社会化、组织化的程度越来越高，所以现代科技不再是少数个人的事业，已经成为包含多行业、多部类、多层次的产学研一条龙的集体行动和庞大的社会职业体系。

第二节　伦理与现代科技伦理

解读现代科技伦理，须在上述解读"现代科技"的内涵的基础上，解读"现代科技伦理"的内涵。同样，从词源学的视角看，"现代科技伦理"是"现代""科技"与"伦理"三者的合成词。再从逻辑学的视角看，"现代科技伦理"是"伦理"的种概念，或者说，

---

① ［荷兰］舒尔曼：《科技文明与人类未来：在哲学深层的挑战》，李小兵等译，东方出版社1995年版，第18页。
② ［加拿大］威廉·莱斯：《自然的控制》，岳长龄、李建华译，重庆出版社1993年版，第106页。
③ ［加拿大］威廉·莱斯：《自然的控制》，岳长龄、李建华译，重庆出版社1993年版，第107页。
④ ［加拿大］威廉·莱斯：《自然的控制》，岳长龄、李建华译，重庆出版社1993年版，第117页。

"伦理"是"现代科技伦理"的属概念。因此，解读"现代科技伦理"的内涵，必须先解读"伦理"的内涵，因为解读"伦理"的内涵有助于解读"现代科技伦理"的内涵。与此同时，从历史辩证法的视域看，解读"现代科技伦理"的内涵可以通过现代科技伦理的历史发展进行探究，这样可以进一步深入解读"现代科技伦理"的内涵。

一　伦理释义

伦理一词，在我国古代典籍中，应用十分广泛，含义极为丰富。《尚书·舜典》曰"八音克谐，无相夺伦"[①]；《论语·微子》曰"言中伦"[②]；《中庸》里有"行同伦"[③]；《孟子·滕文公上》曰"教以人伦"[④]，"学则三代共之，皆所以明人伦也"[⑤]；《礼记·乐记》曰"乐者，通伦理者也"[⑥]，因而"乐行而伦清"[⑦]；《荀子·解蔽》篇曰"圣也者，尽伦者也"[⑧] 等。由上可知，"伦"的意蕴丰富：声音有伦，语言有伦，事物有伦，行为有伦。因此，伦在当初并非专指人们之间的关系。人们常常是把"伦"同"和"相联系来看待的。而"和"即和谐，"和，故百物皆化"（《礼记·乐记》）[⑨]，故乐理之通于伦理也在于"和"。由于"和"内蕴着一定的秩序、位次，后来人们就将"伦"用于人与人的交往之中，其含义大致有三种：东汉郑玄曰"伦，犹类也"，这里类是对动物而言；"伦，辈也"，"类""比""序""等"，皆由"辈"字之义引出，即人群类而相比，等而相序，皆是指人与人之间的关系；"伦者，轮也"，军发车百两为辈，一车两轮，故称两。两由耦也，所认协耦万民；亦

[①] 《四书五经》（上册），陈戍国点校，岳麓书社1991年版，第218页。
[②] 《四书五经》（上册），陈戍国点校，岳麓书社1991年版，第57页。
[③] 《四书五经》（上册），陈戍国点校，岳麓书社1991年版，第13页。
[④] 《四书五经》（上册），陈戍国点校，岳麓书社1991年版，第88页。
[⑤] 《四书五经》（上册），陈戍国点校，岳麓书社1991年版，第86页。
[⑥] 《四书五经》（上册），陈戍国点校，岳麓书社1991年版，第566页。
[⑦] 《四书五经》（上册），陈戍国点校，岳麓书社1991年版，第570页。
[⑧] 邓汉卿：《荀子绎评》，岳麓书社1994年版，第457页。
[⑨] 《四书五经》（上册），陈戍国点校，岳麓书社1991年版，第565页。

指人群之交往。①"理"的本义为治玉，即通过加工以显示其本身纹理之意。如果加以引申，就有所谓区别条理和秩序的意思。因而，伦与理合一即为人与人的伦理关系。在宋明以后，伦理不仅指人与人之间的关系及其规范，还有道德理论的内涵。在西方，"伦理"一词源于古希腊文"ετηος"，即风俗、风尚、思想方式、性格等，亦主要是指人与人之间的关系及与之相关的伦理规范。因此，在传统意义上的"伦理"主要关涉的伦理关系是人与人、人与社会、人与自身，而人与自然的伦理关系在中国传统文化中，被称为"天人关系"，亦强调"天人合一"，但是人们对其的关注度远没有前三者那么高。比如孔子的弟子子夏将天人关系或对自然的奥秘的探索看作小道，其曰："虽小道，必有可观焉，志远恐泥，是以君子不为也。"（《论语·子张》）② 荀子对于那些关于"天人关系"的"万物之怪书"，则认为是"无用之辩，不急之察"，因此可以"弃而不治"；而关于"君臣之义""父子之亲""夫妇之别"则主张，"则日切磋而不舍也"。（《荀子·天论》）③ 当代，由于科学技术或"现代科技"的迅猛发展，使人干预自然的能力越来越强，人不仅能干涉人以外的自然，大至宇观世界，中至中观世界即人直接生活的世界，小至微观的纳米世界都打上了人的印记，而且还能干涉人自身的世界：从身体到器官再到基因等，诸如克隆、能力增强、人工智能等。与此同时人的问题和环境的问题日益凸显，从而不仅影响人与自然的关系，而且制约和影响了人与社会的关系及其发展。这样，原来主要作为科学研究对象的自然，可以"弃而不治"，人与自然的关系即"天人关系"已成为现代重要的伦理关系之一，亦成为伦理学研究的主要对象之一。再就伦理本质来看，一是从其产生的历史逻辑而言，伦理的出现，意味着人意识到人自身与动物之间的区别，进而关注人之所以为人的特性；与此同时，意味着人对个体与

---

① 参见魏英敏主编《新伦理学教程》，北京大学出版社2003年版，第110页。
② 《四书五经》（上册），陈成国点校，岳麓书社1991年版，第57页。
③ 邓汉卿：《荀子绎评》，岳麓书社1994年版，第353—354页。

个体、个体与群体、群体与群体之间关系所具有的一定的社会秩序的意识。因而伦理是人们对共同发展、共同生活的客观社会秩序的需求，亦是对人自身完善的需求。二是从其形态逻辑而言，伦理有社会形态和实践形态及理论形态。就社会形态的伦理而言，是人类在一定的认知基础上，即人对自身需要和满足需要条件之间关系的认知。也就是当意识到一定社会满足每个人无止境的需要的条件极其有限（不仅在原始社会而且在现代社会）的情况下，若每个人或群体都从一己的需要出发，不顾其他人或其他群体的需要，最终只能归于毁灭。荀子对于"礼"的产生及"礼"与争关系的阐述有助于我们理解理论的生成。荀子曰：人生而有欲，"欲而不得，则不能无求"，但"求而无度量分界，则不能不争"。而"争则乱，乱则穷"。先王便制礼义以分之，"以养人之欲，给人以求"。这样就使"欲必不穷乎物，物必不屈于欲"，两者相持而长。（《荀子·礼论》）[1] 由此，伦理亦可称为人伦之理，即指人类社会中人与人关系和行为的秩序规范。因而，作为社会形态的伦理包括两个方面：一是指人与人、人与社会、人与自然关系的一种秩序；二是指调整这些关系和人的行为的规范之总和。而作为实践形态的伦理亦是指道德活动，这包括两个相互联系的过程。其一是一定社会的伦理规范的个体化（即把伦理规范内化为个体的内心信念），这实际上是道德他律性的体现。因为一定社会的伦理规范总是外在于个体，是一定社会对于社会成员处理人与人、人与社会、人与自然伦理关系的伦理行为引领与制约，作为社会成员的个体只有了解并且履践这些伦理规范，才能将其内化为社会成员个体自己的内心信念。其二是个体的道德化（即个体道德社会化过程），这实际上是个体道德自律的过程。作为规范的伦理即社会现象形态的伦理，须通过个体自觉履践这些伦理规范——道德活动，才能使其在社会生活中真正发挥作用。可见，无论是一定社会的伦理规范的个体化，还是个体的道德化都离不开道德活动。道德活动包括道德教育、道德践行、道

---

[1] 邓汉卿：《荀子绎评》，岳麓书社1994年版，第397页。

德评价和个体道德修养等。通过这一系列的道德活动才能实现上述的两个过程。作为理论形态的伦理即伦理学，它一方面要研究人—社会—自然伦理关系的社会、生态伦理秩序及其伦理规范，以及伦理规范的历史发展、伦理规范的本质；另一方面，还要研究人们履行伦理规范的活动——道德活动及其规律和本质。随着科学的发展，作为理论形态的伦理不仅要深入地探讨人与人、人与社会伦理关系的内在秩序与伦理规范，而且要着重探讨人与自然伦理关系的内在秩序及其伦理规范。由此可见，伦理范畴也可以分为广义和狭义。狭义的伦理主要是指传统的伦理范畴，其更多关涉的伦理关系是人与人、人与社会、人与自身；而广义的伦理范畴，关涉的伦理关系不但有人与社会、人与人、人与自身，也有人与自然。

二 现代科技伦理

"现代科技伦理"，从词源学的视角看，不仅要了解何谓"伦理"，而且须厘清何谓"科技伦理"。关于"科技伦理"一般有以下几种观点。[1] 一是认为科技伦理学是伦理学的一个新的分支。因而把科技伦理或科学伦理学看作把伦理学的基本原理"应用于科学和科学活动领域的伦理关系及行为准则的研究"[2]。二是认为科学伦理与研究其他职业的伦理一样，也是一种职业伦理，即关于科学研究的伦理。主要研究有关科学活动应该遵循相关的伦理规范问题，其中包括科学研究的各个环节、各个方面以及科学奖励等方面的学术道德规范等，因为科研伦理规范是"以科学职业的目标为基础的"[3]。三是认为科学伦理是科学技术伦理学，是关于"科学技术与伦理道德的研究"[4]。科学技术伦理学包括理论与实践两个方面：其一作为一种道德学说，是科学和技术发展及其成果运用的道德研究；其二作为道德

---

[1] 参见陈爱华《法兰克福学派科学伦理思想的历史逻辑》，中国社会科学出版社2007年版，第24—25页。
[2] 王育殊主编：《科学伦理学》，南京工学院出版社1988年版，第1页。
[3] 卢风、肖巍主编：《应用伦理学导论》，当代中国出版社2002年版，第223页。
[4] 余谋昌：《高科技挑战道德》，天津科学技术出版社2001年版，第7页。

实践，它则是科学技术发展的"道德原则和行为规范的总和"①。因而科学技术伦理学是应用伦理学的分支。四是认为科学伦理是科学精神与人文精神的结合。在《2009科学发展报告〈序言〉》中，路甬祥指出，科学精神与人文精神的结合，必将在发展科学技术的同时发展新的人类伦理准则。五是认为"科技伦理"绝非源于科技与伦理这两个词的简单组合，而是人们对当代科技发展特点的认识；由于当代科学研究与技术发展有着与古代科技明显不同的特性，所以有研讨科技伦理的必要性。因此，科技伦理与政治伦理不同，它的产生有其当代的社会历史背景。② 六是认为"科技伦理"即科学的伦理学问题涉及科学的日常活动，尽管这关系到科学家对于社会的责任，成为培养和造就科学家的标准，但是不应该把科学伦理学仅仅理解为一门专为科学家个人的职业道德需要而设立的特殊科学。科学伦理学也是一定社会对科学的重视与评价。因而科学伦理学是与科学有关的道德关系的表达。③ 由此可见，"科技伦理"并不是一门古老的科学，而是在科学研究、技术探索过程中的伦理。④

以上诸多学者分别从科技（科学）与伦理的关系、与职业伦理的关系、与道德实践的关系或者从行为论的视角，解读了科技伦理的内涵。那么何谓现代科技伦理？以笔者之管见，所谓现代科学伦理是从伦理学的视域透视科学发展与科学活动中的伦理关系，科学伦理关系的内在秩序、科学活动（包括科技发展及成果运用：科技决策、研究过程、成果评价等一系列环节）的伦理原则和道德规范以及伦理价值等的总和。这里所说的科学活动中的伦理关系具有三重维度，即宏观维度、中观维度和微观维度。在宏观维度上，有科学与自然、科学与社会、科学与人的伦理关系；在中观维度上，有科学与经济、政治、文化的伦理关系；在微观维度上，有科学活动个体之间、科学活动群

---

① 余谋昌：《高科技挑战道德》，天津科学技术出版社2001年版，第7页。
② 参见甘绍平《应用伦理学前沿问题研究》，江西人民出版社2002年版，第105页。
③ 参见［德］赖·莫泽克《论科学》，孟祥林等译，武汉大学出版社1997年版，第237—238页。
④ 参见甘绍平《应用伦理学前沿问题研究》，江西人民出版社2002年版，第106页。

体与个体之间、科学活动群体之间的伦理关系。正如莫泽克所说,只有以与科学有关的道德关系为基础,才能把握全部与科学有关的道德活动的内容和方向。① 因此,从科学活动论视域看,有其相互连接的诸环节,在这些环节中也蕴含了亟须协调和处理的诸伦理关系,主要包括科学决策、科学规划、科学研究过程、工程运作过程、科学评价或检验过程等方面的伦理关系。从道德哲学的形上维度看,关涉了自然与社会的互维性、事实与价值的互维性、真与善的互维性以及科学自由与意志自由的互维性。这里的"互维性"是从道德哲学视域揭示了上述两两关系之间的相互关联、相互依存、相互制约的伦理张力与伦理关系。②

三 现代科技伦理的历史演进

解读现代科技伦理的内涵不仅须从概念论视角界定,还须从科技伦理历史的发展中来把握。正如恩格斯所说:"每一时代的理论思维,包括我们这个时代的理论思维,都是一种历史的产物,它在不同的时代具有完全不同的形式,同时具有完全不同的内容。因此,关于思维的科学,也和其他各门科学一样,是一种历史的科学,是关于人的思维的历史发展的科学。"③ 对于科技伦理而言,也同样是"历史发展的科学"。因而,我们有必要简要回顾一下现代科技伦理的发展历程。科技伦理发展的历史(如表2-1所示)正如马克思所说的那样,自然史和人类史"这两方面是密切相联的",因为"只要有人存在,自然史和人类史就彼此相互制约"。④ 科技伦理的发展过程中充分体现了自然史和人类史的相互制约性,而且随着现代科技的发展,这种自然史和人类史的相互制约性表现得越来越明显。

---

① 参见[德]赖·莫泽克《论科学》,孟祥林等译,武汉大学出版社1997年版,第238页。
② 参见陈爱华《科技伦理的形上维度》,《哲学研究》2005年第11期。
③ 《马克思恩格斯全集》第26卷,人民出版社2014年版,第499页。
④ 《马克思恩格斯全集》第3卷,人民出版社1960年版,第20页注①。

表 2 - 1　　　　　　　　　　科技伦理发展简史①

发展阶段	年（年代）	科技及其相关事件	科技伦理意义
第一阶段 科学共同体规范的初步建构	1645 年	英国出现了"无形学院"，在此基础上，成立了英国皇家学会。起草学会章程的是当时著名的科学家胡克②	科学成为一种有明确目标的社会建制
第二阶段 反对战争、反对使用生化武器	20 世纪 20—30 年代	第一次世界大战爆发以后，科学研究的成果被用于战争，特别是化学方面的成果被制成了毒气弹等化学生物武器，被用于屠杀无辜的人民	科学家与人民一起反对战争，反对将科学成果用于屠杀人类。积极倡导科学应当为人道作贡献，主张拓展和推进国际主义，维护世界和平
第三阶段 反对核武器的和平运动	1945 年	美国在日本的广岛与长崎上空投下了原子弹，造成了 20 多万人伤亡，由此，激起了科学家们强烈的反战呼声	爱因斯坦在 1945 年 12 月 10 日发表了演讲，题为"赢得战争不等于赢得和平"，以表达科学家应尽的道义责任
	1946 年	包括美国和中国等 14 个国家的代表，在伦敦成立了世界科学工作者协会，并提出了科学的宗旨是"促进和平和人类幸福"	
	1948—1949 年	制定与通过了《科学家宪章》	以明确科学家的权利和责任
	1954 年	罗素发表声明指出，要防止大规模具有毁灭性的武器造成严重危险	
	1955 年	康普顿声明，科学应该成为人类生活趋于完善的途径之一，因而要避免使科学为人们提供自我毁灭的工具	

---

① 参见金吾伦《百年科学伦理的演进与当前的论争》，《求是》2003 年第 22 期。

② 在该章程中，明确了皇家学会的任务主要是：以实验改进关于自然界诸事物的知识，还包括一切有用的艺术、制造、发动机和新发明。默顿作为科学社会学的创始人，他以结构功能理论研究科学建制的规范结构，由此提出了被称为科学的精神气质（ethos）的科学社会规范。默顿认为，现代科学的精神气质包括普遍性、公有性、无私利性与有条理的怀疑主义等。而科学建制的理想型规范结构正是由这些科学的精神气质决定的（参见金吾伦《百年科学伦理的演进与当前的论争》，《求是》2003 年第 22 期）。

续表

发展阶段	年（年代）	科技及其相关事件	科技伦理意义
第四阶段 直面环境问题和生态危机	1962 年	雷切尔·卡逊《寂静的春天》发表	人们开始反思"征服大自然""向大自然宣战"这些提法和做法，与自然和谐相处日益受到关注
	1972 年	在斯德哥尔摩举行了联合国第一次人类环境会议，发表了《人类环境宣言》。《宣言》指出，"只有一个地球"。如果人类不重视环境问题，必将对地球造成灾难性的后果	人类必须担负起明智地管理好地球的责任
	1983 年	出版了世界环境与发展委员会所著的《我们共同的未来》一书	"可持续发展"的新理念问世
	1987 年	发表了《东京宣言》	
	1989 年	科学家发表了《关于21世纪生存的温哥华宣言》。该《宣言》提出：当人类面临新的环境、新的危机和新的转折时，要把"更新思想""改变世界观""建立星球意识"等作为科学家的首要责任	这表明，科学家们意识到，对于人类文明进步，科学家的责任至关重要
第五阶段 应对新科技革命的伦理挑战	20 世纪 60 年代至今	随着新科技革命的到来，高新技术大量涌现，信息技术率先崛起，接着生物技术迅速发展	一方面给经济发展带来了新的繁荣，另一方面亦带来了诸多新的伦理问题
	20 世纪 60 年代至今	由于信息网络技术的发展，通过互联网人们可以轻易地获取他人的相关信息，其中有些是允许的，而有些则属于个人隐私	保护隐私权成为现代社会必须直面的新的人际关系的伦理问题
	1974 年	在现代生物技术发展的过程中，美国科学家建议，在国际会议未订出适当的安全措施期间，须暂停重组 DNA（脱氧核糖核酸）的研究	这一建议的提出，引起了科技共同体和公众对现代生物技术发展的伦理问题的关注，因而对其利弊得失进行了全面权衡，并制定了相关的研究准则
	1997 年	由英国科学家成功地克隆了多莉羊	人们开始讨论克隆人的伦理问题

续表

发展阶段	年（年代）	科技及其相关事件	科技伦理意义
	1990 年	纳米技术问世。纳米器件的微型化，纳米技术在国防、医学和社会治安等方面被广泛运用①	一是纳米技术运用会威胁到他人的隐私与国家安全 二是纳米技术应用于脑科学，即将纳米器件植入人脑中，进而可以操纵、控制人的行动 三是纳米粒子具有"无孔不入"的特点，在其研发、生产、储存、运输及后处理的过程中，可能进入人体内和环境中，因而可能给人的健康和生态带来危害
	20 世纪 50 年代至今	在 1956 年的达特茅斯学院夏季研讨会上第一次提出"人工智能"的概念 第一阶段：1955—1974 年。主要成果有：计算机可以解决代数应用题、证明几何定理、学习和使用英语 第二阶段：1980—1987 年。主要成果有：专家系统的诞生；发现智能可能需要建立在对分门别类的大量知识的多种处理方法之上；BP 算法实现了神经网络训练的突破；首次提出机器为了获得真正的智能，必须具有躯体，它需要有感知、移动、生存，以及与这个世界交互的能力 第三阶段：1993 年至今。计算机运算处理能力及其性能不断突破，云计算、大数据、机器学习、自然语言和机器视觉等领域发展迅速②	阿西莫夫③的《我，机器人》（1950）提出了《机器人学的三大法则》： 第一定律：机器人不得伤害人类个体，或者目睹人类个体将遭受危险而袖手不管； 第二定律：机器人必须服从人给予它的命令，当该命令与第一定律冲突时例外； 第三定律：机器人在不违反第一、二定律的情况下要尽可能保护自己的生存 后来又出现了补充的"机器人零定律"：机器人必须保护人类的整体利益不受伤害，其他三条定律都是在这一前提下才能成立的

---

① 参见王国豫《纳米技术的伦理挑战》，《中国社会科学报》2010 年 9 月 21 日第 1 版。

② 参见陈爱华《多维审思人工智能现象》，《中国社会科学报》2022 年 9 月 15 日第 4 版；尼克《人工智能简史》，人民邮电出版社 2017 年版，第 1—176 页。

③ 艾萨克·阿西莫夫（Isaac Asimov，1920—1992），美国著名科幻小说家、科普作家、文学评论家，美国科幻小说黄金时代的代表人物之一（参见《阿西莫夫简介》，《京华时报》2002 年 3 月 28 日第 A17 版）。

由此可见，所谓"现代科技伦理"，其发轫可追溯到20世纪60年代即第三次科技革命以计算机和通信技术为基础的信息革命的兴起，推进了高技术的发展，进而现代科技伦理问题日益凸显，其风险日益增大，生态环境、能源、人口、食品安全等现代科技伦理问题日益困扰人类。康德的道德哲学追问："我们能够认识什么？""我们应当想什么？""我们能够期望什么？""人是什么？"再次成为我们追问和反思现代科技及其本质的问题式。进而生成关于现代科技伦理三重逻辑形态亦即现代科技伦理的"本然逻辑""实然逻辑"与"应然逻辑"。①

第三节　伦理实体与现代科技伦理实体

为了探究"现代科技伦理的应然逻辑"的概念论的理论基础，不仅要解析"现代科技伦理"及与之相关概念的内涵，还须解析与之密切相关的另一个重要概念就是"现代科技伦理实体"。因为无论是现代科技的发展，还是现代科技伦理的建构，乃至现代科技伦理的应然逻辑的探究，都与承载其使命的主体即现代科技伦理实体密切相关。

对于现代科技的发展而言，从科技社会学的视域看，承载其使命的主体被称为现代科技共同体及其个体；对于现代科技伦理的建构与现代科技伦理的应然逻辑的探究而言，从道德哲学的视域看，承载其使命的主体被称为现代科技伦理实体，与此同时，现代科技伦理实体不仅在推进现代科技发展的过程中，担负着构建现代科技伦理与探究现代科技伦理的应然逻辑的使命，而且亦是遵守和履践现代科技伦理原则与规范、践行现代科技伦理的应然逻辑的伦理实体。换言之，现代科技伦理实体既是现代科技伦理原则与规范及其应然逻辑的构建者，亦是现代科技伦理原则与规范及其应然逻辑的被规约者。为此，只有进一步探索"现代科技伦理实体"的内涵，才能更深刻地解读

---

① 参见陈爱华《现代科技三重逻辑的道德哲学解读》，《东南大学学报》（哲学社会科学版）2014年第1期。

现代科技伦理的应然逻辑的理论可能性，即内在的理论逻辑及其主体向度，以推进科技伦理治理及其机制的构建。

从词源学和概念论的视域看，"现代科技伦理实体"亦包括两个层面的概念：一是其属概念"伦理实体"；二是作为"伦理实体"种概念的"现代科技伦理实体"。

一 伦理实体释义

解析"伦理实体"概念，首先要解析其上位概念即属概念"实体"。实体一般是指客观存在的，并可以相互区别的事物。因而实体可以是具体的人、事、物，也可以是抽象的概念，或是事物或者概念之间的联系，还可以是存在并起作用的组织机构，如，经济实体、政治实体等。① 实体作为哲学范畴，在古代中国哲学中已被使用，比如，《中庸章句》第一章曰："首明道之本原出于天，而不可易；其实体备於己，而不可离。"② 张岱年先生认为，中国古代也有实体等名词，其实体含义有二，一是指客观的实在，二是指永恒的存在。③ 陈来则认为，中国哲学在宋明理学中已经广泛使用了"实体"的概念，其内涵与中世纪及近代西方哲学的实体概念有接近之处。④ 比如，湛甘泉答王阳明的"本体即实体也"的断定时指出："本体即实体也，天理也，至善也，物也，而谓求之外，可乎？"（《论学书》第三十七卷《甘泉学案一》）⑤ 在他看来，本体是实体，也是天理，仅仅把本体理解为主体的内心，就太狭窄了。⑥ 在西方哲学史中，一般是指基础与本原性的东西。亚里士多德将实体分为两类：第一性实体和第二性实体。他认为，第一性实体是一切事物的主体或基质，因而如果没有第

---

① 参见《辞海》，上海辞书出版社1999年版，第1527页。
② （宋）朱熹撰：《四书章句集注》，中华书局2012年版，第18页。
③ 参见陈来《中国哲学中的"实体"与"道体"》，《北京大学学报》（哲学社会科学版）2015年第3期。
④ 参见陈来《中国哲学中的"实体"与"道体"》，《北京大学学报》（哲学社会科学版）2015年第3期。
⑤ （清）黄宗羲：《明儒学案》（下册），沈芝盈点校，中华书局1985年版，第887页。
⑥ 参见陈来《中国哲学中的"实体"与"道体"》，《北京大学学报》（哲学社会科学版）2015年第3期。

一性实体存在，就不可能有其他事物的存在。① 在第二性实体中，属比种更真正的是实体，因为，属与第一性实体更为接近。② 笛卡儿在《第一哲学沉思集》中谈到了实体的两种形式，即作为物体性的实体，其具有广延、形状、地位、变动等；作为精神的实体或者思维，因为思维（它是各理智性行为彼此一致的共同理由）与广延（它是各物体性行为彼此一致的共同理由）全然不同。③ 斯宾诺莎则认为，实体是在自身内并通过自身而被认识的东西。换言之，形成实体的概念，可以无须借助于他物的概念。④ 黑格尔作为西方近代哲学的集大成者，他认为，"实体就是在一切有中的有，既不是不反思的直接物，又不是一个抽象的、站在存在和现象背后的东西，而是直接的现实本身，并且这个现实是作为绝对自身反思的有，作为自在自为之有的长在"⑤。因为在黑格尔看来，实体作为有与反思的统一，其本质是有及其映现。这里的映现是有自身的映现，而有则是作为实体的实体。⑥ 由此可见，黑格尔对于实体范畴的阐释不同于以往的哲学家。在他看来，实体不仅仅是存在之有，而且是指作为绝对自身反思的有，是现实的有与反思的统一。这与他在《精神现象学》中从绝对精神的视域提出"实体在本质上即是主体"⑦的思想密切相关。因为黑格尔认为，无论是真理、精神还是实体，"它必须是它自己的对象，但既是直接的又是扬弃过的、自身反映了的对象"⑧。接着他又从普遍精神方面，阐释了实体，"既然普遍精神就是实体，那么这个发展过程就不是别的，只是实体赋予自己以自我意识，实体使它自己发展并在自

---

① 参见［古希腊］亚里士多德《范畴篇 解释篇》，方书春译，商务印书馆1959年版，第13页。
② 参见［古希腊］亚里士多德《范畴篇 解释篇》，方书春译，商务印书馆1959年版，第13页。
③ 参见［法］笛卡尔《第一哲学沉思集》，庞景仁译，商务印书馆1986年版，第177页。
④ 参见［荷兰］斯宾诺莎《伦理学》，贺麟译，商务印书馆1983年版，第3页。
⑤ ［德］黑格尔：《逻辑学》下卷，杨一之译，商务印书馆1976年版，第211页。
⑥ 参见［德］黑格尔《逻辑学》下卷，杨一之译，商务印书馆1976年版，第211页。
⑦ ［德］黑格尔：《精神现象学》上卷，贺麟、王玖兴译，商务印书馆1979年版，第15页。
⑧ ［德］黑格尔：《精神现象学》上卷，贺麟、王玖兴译，商务印书馆1979年版，第15页。

身中反映"①。如果我们扬弃其客观唯心主义的绝对精神，那么实际上，黑格尔关于实体的阐释是对实体形成与发展及其本质的最好诠释，即作为哲学范畴的实体不仅是"有"或者存在，而且能够赋予自己以自我意识，使其自己发展并在自身中反映。因而其本质是主体，是现实的有与反思的统一。实体作为主体还有其更为深刻的本质，如同黑格尔所揭示的："不仅把真实的东西或真理理解和表述为实体，而且同样理解和表述为主体。同时还必须注意到，实体性自身既包含着共相（或普遍）或知识自身的直接性，也包含着存在或作为知识之对象的那种直接性。"② 对于活的实体而言，"只当它是建立自身的运动时，或者说，只当它是自身转化与其自己之间的中介时，它才真正是个现实的存在"③，换言之，这个存在才真正是主体。

伦理实体作为实体的种概念，亦属于哲学范畴，具体而言，伦理实体属于道德哲学范畴。因而"伦理实体"不仅具有其属概念"实体"的属性，还具有其种概念的特性即种差，进而如同其他的诸如"经济实体""政治实体"的概念或者范畴有其自身的内涵一样，亦有其特殊的内涵。

作为道德哲学范畴的伦理实体，首先是诸多伦理关系的集合，进而形成不同层次的伦理实体。如前所述，在中国传统伦理关系中就有"五伦"关系，即君臣、父子、夫妇、兄弟、朋友等伦理关系，分别形成了家庭、家族、国家、民族等伦理实体。其次，伦理实体一经形成，不仅有其内在的伦理结构和伦理秩序，而且有维系这一伦理结构与伦理秩序的相关的伦理原则与伦理规范亦可将其称为伦理范式。比如，中国古代社会为了维系基于血缘伦理关系家国一体的传统"五伦"关系的伦理实体，就有仁、义、礼、智、信五大德的伦理要求，与此同时，还有关于"五伦"关系伦理实体的相应的道德规范，比

---

① [德] 黑格尔：《精神现象学》上卷，贺麟、王玖兴译，商务印书馆1979年版，第18页。

② [德] 黑格尔：《精神现象学》上卷，贺麟、王玖兴译，商务印书馆1979年版，第10页。

③ [德] 黑格尔：《精神现象学》上卷，贺麟、王玖兴译，商务印书馆1979年版，第11页。

如，君惠臣忠、父慈子孝、夫义妇顺、兄友弟恭、长幼有序、朋友有信等。黑格尔针对中国古代基于血缘伦理关系社会伦理实体的伦理范式曾作过这样的论述，"这个国家就是以家族关系为基础的"①，"中国实在是最古老的国家；它的原则又具有那一种实体性"②。因为"中国纯粹建筑在这一种道德的结合上，国家的特性便是客观的'家庭孝敬'。中国人把自己看作是属于他们家庭的，而同时又是国家的儿女"③。伦理实体的这些特征，正如黑格尔在《法哲学原理》中所指出的，"伦理性的实体包含着同自己概念合一的自为地存在的自我意识，它是家庭和民族的现实精神"④。这就是说，在伦理实体中，不仅有客观层面的诸多伦理关系，制度层面的（柔性的非强制的）伦理要求与伦理原则及规范，而且有精神层面的基于自为地存在的自我意识的伦理精神。因而在《精神现象学》中，黑格尔强调，伦理实体具有精神性的本质，而"精神本身则是伦理现实"⑤。这就是说，不仅有一定的自为地存在的自我意识，进而形成制度层面的（柔性的非强制的）伦理要求与伦理原则及规范和精神层面的伦理精神，而且还将这种伦理精神呈现为"伦理现实"，即在实践层面成为该伦理实体中每个个人的行动目标、出发点与行动准则。如同黑格尔所说，"精神既然是实体，而且是普遍的、自身同一的、永恒不变的本质，那么它就是一切个人的行动的不可动摇和不可消除的根据地和出发点——而且是一切个人的目的和目标，因为它是一切自我意识所思维的自在物。——这个实体又是一切个人和每一个人通过他们的行动而创造出来作为他们的同一性和统一性的那种普遍业绩或作品，因为它

---

① [德] 黑格尔：《历史哲学〈东方世界·中国〉》，王造时译，上海书店出版社1999年版，第112页。
② [德] 黑格尔：《历史哲学〈东方世界·中国〉》，王造时译，上海书店出版社1999年版，第122—123页。
③ [德] 黑格尔：《历史哲学〈东方世界·中国〉》，王造时译，上海书店出版社1999年版，第127页。
④ [德] 黑格尔：《法哲学原理》，范扬、张企泰译，商务印书馆1961年版，第173页。
⑤ [德] 黑格尔：《精神现象学》下卷，贺麟、王玖兴译，商务印书馆1979年版，第2页。

是自为存在，它是自我，它是行动"①。因此，伦理实体是履践伦理以实践—精神的方式把握世界的实体。与此同时，作为伦理实体还须通过对其成员进行伦理教化，使其认识到，单独的个人，"只在他是体现着［一切］个别性的普遍的众多时才是真实的；离开这个众多，则孤独的自我事实上是一个非现实的无力量的自我"②。进而使其从单一物（单一的个体）生成为普遍物——融入伦理实体，成为其中的一员。与此同时，还须对其行为通过一系列的科技伦理治理机制，如伦理评价、伦理监督、伦理问责的机制进行伦理规约，使得善成为其"意志的本质"，即"我应该为义务本身而尽义务，而且我在尽义务时，我正在实现真实意义上的我自己的客观性。我在尽义务时，我心安理得而且是自由的"。③ 不仅如此，伦理实体作为现实的有与反思统一的主体，对其自身的使命及履行状况进行反思，体现了其作为完整主体的意志自律精神。

二　现代科技伦理实体

正如黑格尔所说，"科学作为一个精神世界的王冠，也决不是一开始就完成了的"④。同样伦理实体作为以实践—精神的方式把握世界的实体，也随着人们活动方式及由此产生的组织结构与组织方式的改变，不断地呈现新的伦理实体样态。现代科技伦理实体正是在现代科技发展的过程中生成的。

如前所述，现代科技发端于近代科学与技术的发展。因为在近代以前还没有独立形态的科学与技术，一方面，就科学而言，进行研究仅仅由于少数人的一种"只在很少情况下才能同别人进行直接联系

---

① ［德］黑格尔：《精神现象学》下卷，贺麟、王玖兴译，商务印书馆1979年版，第2页。
② ［德］黑格尔：《精神现象学》下卷，贺麟、王玖兴译，商务印书馆1979年版，第36页。
③ ［德］黑格尔：《法哲学原理》，范扬、张企泰译，商务印书馆1961年版，第136页。
④ ［德］黑格尔：《精神现象学》上卷，贺麟、王玖兴译，商务印书馆1979年版，第7页。

的"① 的某种业余爱好，因而取得的成果也是零散的，非系统化的理论。即使在黑格尔所处的时代，科学也"才刚开始，在内容上还不详尽，在形式上也还不完全"，因而科学只是以其知性形式"向一切人提供"，进而"为一切人铺平了通往科学的道路"②。另一方面，就近代以前的技术而言，狭义的仅仅是指工匠的一种技巧、技艺、经验；广义的，如同亚里士多德在《尼各马可伦理学》中所说，"医术的目的是健康，造船术的目的是船舶，战术的目的是取胜，理财术的目的是财富。几种这类技艺可以都属于同一种能力"③。这里的技艺包括医术、战术、理财术等。在中国的传统技艺中，包括中国武术、中药、按摩、针灸、茶道、刺绣、剪纸等。这些技术或者技艺以经验为主，远未达到系统性、科学性。即使在近代，随着科学与技术的发展，两者的关系日趋密切，但是科学与技术亦遵循各自的特点在一定程度上独立进行。④ 科学的"首要目标是发现事物和事件的本质和规律，以便我们能够理解和解释它们"⑤。因而，科学是对自然现象与规律的研究，重点在于认识世界，主要回答"是什么"与"为什么"的问题，进而有所发现，有所概括，以增加人类的知识宝库，其成果形式主要表现为，提出概念或者定律等，发表论文或者出版著作等；而技术旨在满足人类的基本需求，诸如，食品、住处、衣服等。⑥ 因而，技术主要关心"做什么"与"怎么做"的问题，进而有所发明，有所创造，以丰富人类及其社会的物质与精神文化生活，其成果形式主要表现为，制定工艺流程，设计图纸，确立操作方法以及申请专利

---

① 《马克思恩格斯全集》第3卷，人民出版社2002年版，第301页。
② [德] 黑格尔：《精神现象学》上卷，贺麟、王玖兴译，商务印书馆1979年版，第8页。
③ [古希腊] 亚里士多德：《尼各马可伦理学》，廖申白译注，商务印书馆2003年版，第4页。
④ 参见 [英] 亚·沃尔夫《十八世纪科学、技术和哲学史》（下册），周昌忠等译，商务印书馆1991年版，第583页。
⑤ [英] 亚·沃尔夫：《十八世纪科学、技术和哲学史》（下册），周昌忠等译，商务印书馆1991年版，第582页。
⑥ 参见 [英] 亚·沃尔夫《十八世纪科学、技术和哲学史》（下册），周昌忠等译，商务印书馆1991年版，第582页。

等。尽管18世纪以来，科学与技术的关系愈益密切，但是真正使得两者关系发生根本性转变的是20世纪。① 正如贝尔纳在《历史上的科学》中，从科学史的视域描述了这一转变：1895—1916年工业科学的大扩展即工业向科学的渗透已初见端倪；1919—1939年工业技术和组织初次大规模地进入物理学，一方面科学家们与大工业研究实验室密切联系，物理学研究开始为无线电电视与控制机械等服务，另一方面20世纪30年代，科学开始为战争服务，物理学、化学的领军人物与工业和政府研究机构关系密切；1938—1948年（第二次世界大战期间）科学上的进步直接关涉工业化军备上的进步。② 这种科学与技术（大工业）的关系，如同莱斯所指出的那样，"现代科学方法……所发现的一切物质过程都具有一个统一的隐蔽的结构，以及物质运动的原则是普遍有效的并可以用数学公式表达，确实是它与技术进行交互作用中的巨大的生产能力的源泉"③。

随着科学与技术（大工业）的关系愈益密切和研究领域的日益扩展，从事科学工作的队伍日益庞大，工业已经给养不起，必须通过国家给予强有力的支持。④ 有关数据表明，1896年世界上从事传统科学研究的约有5万人；到20世纪50年代，从事科学研究的至少40万人，而从事工业、政府和教育方面的科学工作者的总数接近200万人。⑤ 由此可见，从事科学研究和科学工作的，不仅仅是科学家共同体，还有一般的科学工作者、工程师、技术工作者等，进而形成了科学家—科学工作者—工程师—技术工作者共同体。与之相关，科学经费，从不到50万磅增加到20亿磅以上，而用于军事及其研究的费用还要远远高于此费用（因为科研费用仅是军事支出的12%）。⑥ 丹尼

---

① 参见［荷兰］R. J. 弗伯斯、E. J. 狄克斯特霍伊斯《科学技术史》，刘珺珺等译，求实出版社1985年版，序言第3页。
② 参见［英］贝尔纳《历史上的科学》，伍况甫等译，科学出版社1959年版，第413—415页。
③ ［加拿大］威廉·莱斯：《自然的控制》，岳长龄、李建华译，重庆出版社1993年版，第117页。
④ 参见［英］贝尔纳《历史上的科学》，伍况甫等译，科学出版社1959年版，第414页。
⑤ 参见［英］贝尔纳《历史上的科学》，伍况甫等译，科学出版社1959年版，第403页。
⑥ 参见［英］贝尔纳《历史上的科学》，伍况甫等译，科学出版社1959年版，第403页。

尔·贝尔揭示了科学研究与政府的关系，"在外部，依靠政府来提供财政支持……并且要求科学从属于'国家需要'，不论是武器研究、发展技术、净化环境等"；科学研究"不是靠自我定向"，而是由国家"制定了'科学政策'"，进而使科学成为"规划"。①

科学与技术（大工业）的关系愈益密切，不仅推动了科学与技术的发展，促进了科学与技术的相互渗透，而且加大了科学与技术对于人—社会—自然系统的影响。正如贝尔纳所说，"科学有力量影响人类生活，不论是利是害，已不再有人认真怀疑了"②。这种影响主要表现为，这一时期科学从两重维度影响社会的经济发展与日常生活。其一，科学有意识地向工业和农业生产过程伸展，正如马克思在《资本论》中所说："现代工业通过机器、化学过程和其他方法，使工人的职能和劳动过程的社会结合不断地随着生产的技术基础发生变革。"③此外，无论在工厂车间的工作台上，还是在田野里耕作、收割，人们都在使用科学仪器。其二，向日常生活伸展——人们的衣食住行，包括日常的烹饪、洗涤及其日用品都离不开各种科学精巧的设备与产品。不仅科学的理念已为人们所熟知，而且社会各界对科学的兴趣与日俱增。④更值得注意的是科学对战争的影响，比如，第一次世界大战助长了轰炸机、坦克车和毒气的发展，增强了战争的残酷性，使生灵涂炭；第二次世界大战不仅诞生了无线电、雷达、电视，有了喷气机和火箭，最让人惊心动魄的是原子弹的生产——从1938年原子裂变的科学发现，到1945年使生灵涂炭的恐怖事件——第一颗原子弹在广岛爆炸，这一事实表明，"一个在哲学摇篮中哺育、在纸上涂涂写写的科学理论，最终竟能顷刻间毁灭数万人的生命"⑤。1945年，在纽伦堡对纳粹战犯医生的审判中，人们再次发现，只注重客观事实研究的科学，对人体的实验，竟然可以用"如此惨无人道

---

① ［美］丹尼尔·贝尔：《后工业社会的来临——对社会预测的一项探索》，高铦等译，新华出版社1997年版，第418页。
② ［英］贝尔纳：《历史上的科学》，伍况甫等译，科学出版社1959年版，第405页。
③ 《马克思恩格斯全集》第44卷，人民出版社2001年版，第560页。
④ 参见［英］贝尔纳《历史上的科学》，伍况甫等译，科学出版社1959年版，第407页。
⑤ 邱仁宗：《科学技术伦理学的若干概念问题》，《自然辩证法研究》1991年第11期。

的方式进行……残害了许多无辜人的生命"①,这不仅破坏了科学在人们心目中的形象,而且破坏了基本人权。值得指出的是,在两次世界大战中,使用科学与技术都是按计划有意为其当前的利益牺牲未来的利益,以巨大的科学技术力量造成毁灭性的灾难。② 另外,农药的滥用造成了"无以计数的城镇的春天之音沉寂下来了"③,这不但影响了自然界物种的繁衍生息,而且危及了人类的生命与生存。

当代科技活动无论从其规模,还是从其范围和内容都较近代发生了质的飞跃,同时导致人们生活方式及各种文化形式的变革,与此同时,人—社会—自然系统可持续发展面临前所未有的危机即存在诸多伦理风险及负效应。因而现代科技伦理实体生成是人类对"走完各种错综复杂的道路并作出各种艰苦的奋斗努力而后取得的代价"④ 的反思,亦是当代人—社会—自然系统可持续发展的内在需要、现代科技发展的内在需求,同时也是从事现代科技活动的主体——科学家、工程师及一般科技工作者共同体生命德性的觉醒——伦理觉悟。

以上从科技发展史的视域探讨了现代科技伦理实体生成的过程,然而作为现代科技活动的主体——科学家、工程师及一般科技工作者共同体何以成为现代科技伦理实体,即成为具有对现代科技发展的现实的有伦理觉悟的主体,能对其自身的使命及履行状况进行反思,并且体现其作为完整主体的意志自律精神吗?换言之,作为现代科技活动的主体——科学家、工程师及一般科技工作者共同体,仅仅在其科技活动中遵循科学技术规范,或者仅仅遵循科技共同体的范式能否成为现代科技伦理实体?或者仅仅履行相关的伦理原则规范即伦理范式能否成为现代科技伦理实体?显然两者都有缺憾。前者,现代科技活动虽然遵循了科学技术规范,或者遵循了科技共同体的范式,但是缺少相关的伦理原则规范即伦理范式的规约,未对其自身的使命及履行

---

① 邱仁宗:《科学技术伦理学的若干概念问题》,《自然辩证法研究》1991 年第 11 期。
② 参见 [英] 贝尔纳《历史上的科学》,伍况甫等译,科学出版社 1959 年版,第 415 页。
③ [美] 蕾切尔·卡逊:《寂静的春天》,吕瑞兰、李长生译,吉林人民出版社 1997 年版,第 3 页。
④ [德] 黑格尔:《精神现象学》上卷,贺麟、王玖兴译,商务印书馆 1979 年版,第 7 页。

状况进行反思，因而不能体现其作为完整主体的意志自律精神。上面提及的科技研究及其成果运用于战争与科技成果的滥用造成生灵涂炭，在一定程度上，正是由于对这些科技研究及其成果运用缺少相应的伦理规约。后者，亦即现代科技工作者共同体在其科技活动中仅仅履行相关的伦理原则规范即伦理范式，由于忽略了对于科学技术规范的遵循，同样无法履行自身的使命。现代科技共同体要成为现代科技伦理实体，只有当它建立了对于自身科学活动的科技—伦理范式时，或者说，只有当它将自身转化为履行科技—伦理范式中介并且有相应的科技伦理治理机制规约时，才是真正的现实的科技伦理实体，因为唯有构建了科技—伦理范式及其科技伦理治理机制，现代科技共同体才具有与其自身的同一性或在科技活动中反思其自身的使命及履行状况[①]，因而成为真正的和现实的科技伦理实体。

不仅如此，作为现代科技伦理实体还须通过对其成员进行科技—伦理范式教化，使其认识到，单独的科技个人，"只在他是体现着[一切]个别性的普遍的众多时才是真实的；离开这个众多，则孤独的自我事实上是一个非现实的无力量的自我"[②]。进而使其从单一物（单一的科技个体）生成为普遍物——融入现代科技伦理实体中，即把个人的兴趣爱好与专业特长与该伦理实体的科技—伦理目标统一。与此同时，还须对其科技活动中的行为通过一系列的科技伦理治理机制，比如科技伦理评价、科技伦理监督、科技伦理问责的机制进行伦理规约，使得科技造福人类之善成为其"意志的本质"。进而规避现代科技的伦理风险及负效应，让现代科技的研究及其成果真正造福人类，促进人—社会—自然系统和谐、可持续发展。

[①] 参见［德］黑格尔《精神现象学》上卷，贺麟、王玖兴译，商务印书馆1979年版，第11页。
[②] ［德］黑格尔：《精神现象学》下卷，贺麟、王玖兴译，商务印书馆1979年版，第36页。

> 自然因素的应用……是同科学作为生产过程的独立因素的发展相一致的。生产过程成了科学的应用，而科学反过来成了生产过程的因素即所谓职能。每一项发现都成了新的发明或生产方法的新的改进的基础。①
>
> ——马克思

第二章

现代科技伦理实体的生成与特征

如上一章所述，一旦从理论逻辑的视域探究现代科技伦理内蕴的应然逻辑，我们就会发现其中蕴含了两类殊异的现象形态：一是科技形态，一是伦理形态。前者重实然，后者重应然。相应地也蕴含了两类殊异的理论形态：一是科技理论形态，一是伦理理论形态。由此，现代科技伦理便蕴含了两种不同的理论运作逻辑：一是实然逻辑——"是什么"和"能做什么"，一是应然逻辑——"应是什么"和"应做什么"。前者是科技伦理生成的实证基础，后者则是其运作的现实意义域，离开了这一意义域，科技伦理的合理性、必要性将有颠覆之虞。这就决定了科技伦理的应然逻辑与传统伦理即"人伦"伦理的应然逻辑存在着诸多差异。如何分析这些差异？如何理解科技伦理中应然逻辑与实然逻辑的关系？如何解析当代科技伦理蕴含的科学观与伦理观的变革？如何探寻现代科技伦理实体的生成与特征？如何把握其应然逻辑运作的轨迹与发展机制？

---

① 《马克思恩格斯全集》第37卷，人民出版社2019年版，第202页。

这是现代科技伦理作为一种新型的伦理形态何以可能、何以必要且亟须研究的理论逻辑。

探索现代科技伦理作为一种新型的伦理形态及其应然逻辑何以可能、何以必要，首先须探寻现代科技伦理及其实体的生成与特征，才能把握其应然逻辑运作的轨迹与发展机制。有道是"有比较才有鉴别"，现代科技伦理作为一种新型的伦理形态总是相对于传统伦理形态即"人伦"伦理形态而言的，只有通过两者的比较，才能发现和解析其生成及其特征的异同，才能把握现代科技伦理作为一种新型伦理形态的应然逻辑。

第一节 传统"人伦"伦理实体的生成

传统"人伦"伦理形态及其伦理实体的生成不仅与民族和家庭及其多重伦理关系的生成密切相关，而且与之生成的相关伦理实体的结构及其运作规律密切相关。

一 传统"人伦"伦理实体何以生成？

关于传统"人伦"伦理实体的生成，黑格尔在《精神现象学》中，从理性—精神—伦理实体的相互关系中进行了深刻的阐述。黑格尔在《精神现象学》的一开始就指出，"当理性之确信其自身即是一切实在这一确定性已上升为真理性，亦即理性已意识到它的自身即是它的世界、它的世界即是它的自身时，理性就成了精神"[1]。这种精神"既认识到自己即是一个现实的意识同时又将其自身呈现于自己之前［意识到了其自身］的那种自在而又自为地存在着的本质"，"它的精神性的本质……被叫做伦理实体；但精神本身则是伦理现实"[2]。为了了解"人伦"伦理实体的

---

[1] ［德］黑格尔：《精神现象学》下卷，贺麟、王玖兴译，商务印书馆1979年版，第1页。

[2] ［德］黑格尔：《精神现象学》下卷，贺麟、王玖兴译，商务印书馆1979年版，第2页。

生成，还须解读黑格尔这一论述的相关意蕴。正如马克思在《资本论》的跋中所说，"在黑格尔看来，思维过程，即甚至被他在观念这一名称下转化为独立主体的思维过程，是现实事物的创造主，而现实事物只是思维过程的外部表现。我的看法则相反，观念的东西不外是移入人的头脑并在人的头脑中改造过的物质的东西而已"①。因为"在他那里，辩证法是倒立着的。必须把它倒过来，以便发现神秘外壳中的合理内核"②。因此，我们在解读黑格尔在阐述"人伦"伦理实体生成中所关涉的"精神"——"伦理实体"——"伦理现实"之间的关系时，也必须把其倒立着的"精神""倒过来"，以便发现其神秘外壳中的"合理内核"。实际上，在黑格尔的叙述中，我们可以看到，"精神本身则是伦理现实"，而精神性的本质则是"伦理实体"。这样，我们通过"精神"这一中介，就可以得出"伦理现实"的本质是"伦理实体"。由此可知，只有生成了"人伦"伦理实体才有伦理的现实、伦理世界与伦理精神。而"人伦"伦理实体的伦理本质正如黑格尔所指出的，"各普遍的伦理本质都是作为普遍意识的实体，而实体则是作为个别意识的实体；诸伦理本质以民族和家庭为其普遍现实，但以男人和女人为其天然的自我和能动的个体性"③。由此可见，传统"人伦"伦理实体生成与民族和家庭、男人和女人及其多重伦理关系的生成密切相关，由此亦形成了传统"人伦"伦理实体的结构。

二 传统"人伦"伦理实体的结构

民族和家庭、男人和女人是传统"人伦"伦理实体结构中的"原素"。因此，"人伦"伦理实体的应然逻辑始点是自然人（男人和女人）及其家庭，由此衍生出与此相关的一系列的伦理关系，进而形

---

① 《马克思恩格斯全集》第44卷，人民出版社2001年版，第22页。
② 《马克思恩格斯全集》第44卷，人民出版社2001年版，第22页。
③ [德]黑格尔：《精神现象学》下卷，贺麟、王玖兴译，商务印书馆1979年版，第17页。

成诸如家庭—民族—国家等不同层级的伦理关系实体。①

就家庭而言,"家庭之以共体为其普遍实体和持续存在那样,共体则反过来以家庭为它的现实性之形式原素,以神的规律为它的力量和证实"②。由此可见,家庭作为最基础层级的"人伦"伦理实体,其应然逻辑,在黑格尔看来是一种"神的规律"并且主宰着家庭③,然而,其中亦蕴含着差别,"它的现实的活的运动就是由这些差别之间的关系构成的"④。马克思则从人的再生产的视角更为清晰地指出,"每日都在重新生产自己生活的人们开始生产另外一些人,即增殖。这就是夫妻之间的关系,父母和子女之间的关系,也就是家庭"⑤。因而在家庭中,有丈夫与妻子、父母与子女、兄弟与姐妹这三种交互关联的伦理关系。

首先,就夫与妻的关系而言,黑格尔认为,夫与妻的关系是夫与妻双方既在各自意识之中的直接的自我认识,又是相互承认

---

① [德] 黑格尔:《精神现象学》下卷,贺麟、王玖兴译,商务印书馆1979年版,第6页。(但是与黑格尔描述的西方家庭—民族—国家等不同层级的伦理关系实体不同,中国传统人伦伦理实体是以农业型自然经济为基础的宗法血缘关系。正如恩格斯所说,"劳动愈不发展,劳动产品的数量、从而社会的财富愈受限制,社会制度就愈是在较大程度上受血族关系的支配"。(《马克思恩格斯全集》第21卷,人民出版社1965年版,第30页)尽管中国古代的社会格局发生过种种变迁,但农耕型的自然经济与血缘关系有着一种天然的适应性,因而在社会格局的变迁中,不是以奴隶制国家去取代由氏族血缘纽带联系起来的宗法社会,而是由家族而国家,以血缘纽带维系奴隶制,形成了"家国一体"的社会格局。因此,血缘关系在社会格局的变迁中,非但没有被削弱,反而被扩大和强化了,在封建社会更是如此。这种由氏族社会遗留下来的,以父家长为中心,以嫡长子继承制为基本原则的宗法社会格局延续数千年,又经过历代思想家的加工改造,使之理论化、系统化,形成了一整套宗法意识。对此,黑格尔曾作过这样的论述:"中国纯粹建筑在这一种道德的结合上,国家的特性便是客观的'家庭孝敬'。中国人把自己看作是属于他们家庭的,而同时又是国家的儿女。"([德] 黑格尔:《历史哲学〈东方世界·中国〉》,王造时译,上海书店出版社1999年版,第127页)因此,重血缘、重祖先、重传统、重人伦成为中国传统人伦伦理文化的重要特征。(参见陈爱华《科学与人文的契合——科学伦理精神历史生成》,吉林人民出版社2003年版,第21—24页)

② [德] 黑格尔:《精神现象学》下卷,贺麟、王玖兴译,商务印书馆1979年版,第17页。

③ 参见 [德] 黑格尔《精神现象学》下卷,贺麟、王玖兴译,商务印书馆1979年版,第13页。

④ [德] 黑格尔:《精神现象学》下卷,贺麟、王玖兴译,商务印书馆1979年版,第13页。

⑤ 《马克思恩格斯全集》第3卷,人民出版社1960年版,第32页。

的认识。由于这个自我认识是自然的,"夫与妻的相互怜爱混杂着有自然的联系和情感,而且夫妻关系的自我返回并不实现于其自身"①,因而不是伦理的。因为"它只是精神的意象和表象,不是现实的精神本身"②。夫妻关系生成为一种伦理关系必须"在一种不同于它自身的他物中得到它的现实",即不是在夫妻关系的自身中而是"在子女中得到它的现实"。③ 因为子女是一种他物,夫妻关系本身就是形成这种他物,并在这种他物的形成中归于消逝。由于这种生成—消逝世代交替地持续存在,而"它的持续存在就是民族"④。

其次,父母与子女的"相互怜爱"关系生成为一种伦理关系,父母对子女之所以慈爱,是因为他们意识到他们是以他物〔子女〕为其现实,眼见着他物成长为自为存在而不返回他们〔父母〕自身;他物反而永远成了一种异己的现实、一种独自的现实;而子女对他们父母的孝敬,则出于相反的情感:他们看到自己是在一个他物〔即父母〕的消逝中成长起来的,并且他们之所以能达到自为存在和形成自我意识,完全是由于他们与根源〔父母〕的分离,而根源经此分离就趋于枯萎。⑤ 因而,在黑格尔看来,上述两种关系,双方总是互相过渡,总是不相平衡。

最后,兄弟与姐妹之间的关系,在黑格尔看来,是不同于上述两种关系的伦理关系。从生成的视角看,他们同出于一个血缘,而这同一血缘在他们双方之中达到了安静和平衡。"他们并不象夫妻那样互相欲求,他们的这种自为存在既不是由一方给与另一方,也不是一方

---

① 〔德〕黑格尔:《精神现象学》下卷,贺麟、王玖兴译,商务印书馆1979年版,第14页。
② 〔德〕黑格尔:《精神现象学》下卷,贺麟、王玖兴译,商务印书馆1979年版,第14页。
③ 〔德〕黑格尔:《精神现象学》下卷,贺麟、王玖兴译,商务印书馆1979年版,第14页。
④ 〔德〕黑格尔:《精神现象学》下卷,贺麟、王玖兴译,商务印书馆1979年版,第14页。
⑤ 参见〔德〕黑格尔《精神现象学》下卷,贺麟、王玖兴译,商务印书馆1979年版,第14页。

得之于另一方,他们彼此各是一个自由的个体性"①。作为姐妹的女性,"对伦理本质具有最高度的预感,但并不对它具有意识,并没使它达到现实,因为家庭的规律对她来说是自在存在着的、内含着的本质",始终是一种内在的情感和"摆脱了现实的神圣事物"②。因此,女性"与这些家庭守护神联系着"③。其一作为女儿,眼看着父母日渐消逝,她不能无所感动,处之泰然,因为,她从她父母身上看出她自己的自为存在。其二作为母亲和妻子,黑格尔认为,"女性的伦理关系一部分是以属于快感的某种自然的东西为其个别性,一部分是以只会在此关系中趋于消逝的某种否定的东西为其个别性"④。在伦理的家庭里,女性的这两种关系并不是建立在这个丈夫、这个孩子身上,而是建立在一个一般的丈夫、一般的孩子身上,不是建立于情感,而是建立于普遍。女性的伦理跟男性的伦理不同,其差别就在于:"女性,按其规定来说,是为个别性的,是涉及快感的,但她又始终保有直接的普遍性。"⑤ 男性则与之相反,上述提及的这两个方面即个别与普遍,是互相分离的,而且男性作为公民,"既然拥有属于普遍性的那种有自我意识的力量,他就以此为资本替自己谋取欲求的权利,而同时对此欲求又保持自己的自由"⑥。显然,这里黑格尔对于女性的评价是褒贬都有,一方面,他看到了女性对于维系家庭的不可或缺的作用,女性"与这些家庭守护神联系着";另一方面,又

---

① [德] 黑格尔:《精神现象学》下卷,贺麟、王玖兴译,商务印书馆1979年版,第14页。
② [德] 黑格尔:《精神现象学》下卷,贺麟、王玖兴译,商务印书馆1979年版,第14页。
③ [德] 黑格尔:《精神现象学》下卷,贺麟、王玖兴译,商务印书馆1979年版,第14页。
④ [德] 黑格尔:《精神现象学》下卷,贺麟、王玖兴译,商务印书馆1979年版,第15页。
⑤ [德] 黑格尔:《精神现象学》下卷,贺麟、王玖兴译,商务印书馆1979年版,第15页。
⑥ [德] 黑格尔:《精神现象学》下卷,贺麟、王玖兴译,商务印书馆1979年版,第15页。

认为女性"对伦理本质具有最高度的预感，但并不对它具有意识"①，因为家庭之于女性，始终是一种内在的情感和摆脱了现实的神圣事物。黑格尔对于女性评价的偏颇，与其所处的时代有关。正如马克思所说，"甚至人们头脑中模糊的东西也是他们的可以通过经验来确定的、与物质前提相联系的物质生活过程的必然升华物"②。因此，"不是意识决定生活，而是生活决定意识"③。显然，黑格尔也不例外。因为自奴隶社会到封建社会，一直到黑格尔所处的时代，女性始终在家庭之中，没有参与公共事务的权利。

三 "神的规律"与"人的规律"

传统"人伦"伦理实体结构中的各"原素"，比如家庭如何运作？在黑格尔看来，在家庭中，由于姐妹将像妻子那样也"变成家庭的主宰和神圣规律的维护人"④，因此，要越过自身封闭着的家庭这条界限，实现"神的规律与人的规律双方互相过渡"⑤，就要通过弟兄这一伦理关系。因为家庭精神通过弟兄这个否定的伦理关系"实现为一种个体性"，并"朝向着另外一个领域发展，过渡成为对普遍性的意识"⑥。这样，"弟兄抛弃了家庭的这种直接的、原始的因"，"取得和创造有自我意识的、现实的伦理"，"从他本来生活于其中的神的规律向着人的规律过渡"⑦。这样，"男女两性就克服了他们自然的本质而按照伦理实体具有的不同形式表现出两性的两种不同的伦理性

---

① [德]黑格尔：《精神现象学》下卷，贺麟、王玖兴译，商务印书馆1979年版，第14页。
② 《马克思恩格斯全集》第3卷，人民出版社1960年版，第30页。
③ 《马克思恩格斯全集》第3卷，人民出版社1960年版，第30页。
④ [德]黑格尔：《精神现象学》下卷，贺麟、王玖兴译，商务印书馆1979年版，第16页。
⑤ [德]黑格尔：《精神现象学》下卷，贺麟、王玖兴译，商务印书馆1979年版，第16页。
⑥ [德]黑格尔：《精神现象学》下卷，贺麟、王玖兴译，商务印书馆1979年版，第16页。
⑦ [德]黑格尔：《精神现象学》下卷，贺麟、王玖兴译，商务印书馆1979年版，第16页。

质来"①。伦理世界的这两种普遍的本质就以自然不同的两种自我意识作为兄弟与姐妹各自特定的个体性,因为在黑格尔看来,"伦理精神是[伦理]实体与自我意识直接的统一体"②。

与上述相关,黑格尔进一步指出,尽管男性被家庭精神赶到共体即社团生活中去,并在那里找到他的有自我意识的本质,同样,家庭也是以共体为其普遍实体和持续存在,但是共体却是"以家庭为它的现实性之形式原素,以神的规律为它的力量和证实"③。由此,黑格尔认为,"人的规律,当其进行活动时,是从神的规律出发的,有效于地上的是从有效于地下的出发的,有意识的是从无意识的出发的,间接的是从直接的出发的,而且它最后还同样要返回于其原出发地"④。同样,神的规律在运作中,要得到它的现实,成为有效活动,亦须"通过意识而成为特定存在",因此,"两种规律的任何一种,单独地都不是自在自为的,都不自足"⑤。在黑格尔晦涩的阐释中,叙述了家庭与社会,家庭、男人、女人与民族和国家之间的交互作用的伦理关系,家庭作为最基础层级的"人伦"伦理实体与民族、国家这些"人伦"伦理实体的应然逻辑表现为"神的规律"与"人的规律"的相互关联性。

由此可见,正是由于传统"人伦"伦理实体的生成基于家庭的血缘关系,进而生成了家庭—民族—国家等不同层次的伦理实体、伦理现实与伦理精神。而现代科技伦理实体的生成过程则完全不同于传统"人伦"伦理实体生成的过程。

---

① [德]黑格尔:《精神现象学》下卷,贺麟、王玖兴译,商务印书馆1979年版,第16页。
② [德]黑格尔:《精神现象学》下卷,贺麟、王玖兴译,商务印书馆1979年版,第16页。
③ [德]黑格尔:《精神现象学》下卷,贺麟、王玖兴译,商务印书馆1979年版,第17页。
④ [德]黑格尔:《精神现象学》下卷,贺麟、王玖兴译,商务印书馆1979年版,第17页。
⑤ [德]黑格尔:《精神现象学》下卷,贺麟、王玖兴译,商务印书馆1979年版,第17页。

第二节 现代科技伦理实体的生成

如上所述,现代科技伦理实体的生成与三次科技革命①密切相关。因为三次科技革命对于现代科技伦理实体的生成产生了以下影响。其一科技革命使现代科技伦理实体的人与自然的关系生成为一种伦理关系,其伦理本质日益彰显。其二随着科学与技术走向一体化,生成了组织化—社会化的程度越来越高、层次多元、多样的现代科技的伦理关系实体。

一 人与自然的关系何以生成为现代科技伦理关系实体形态?

首先,就人与自然的关系而言,在黑格尔阐述的西方传统"人伦"伦理实体形态,即包含诸如家庭—民族—国家等不同层级的伦理关系实体中,人与自然关系未列入伦理关系实体之中,或者换言之,人与自然关系作为伦理关系实体一直处于被遮蔽的状态。与西方传统"人伦"伦理实体形态形成鲜明对照,在中国传统"人伦"伦理实体形态中,蕴含了天人合一的精神。这种天人合一的精神蕴含了以人与人的伦理关系为原型,直观并建构的天人合一关系,与此同时,古人还以直观的方法体悟和推测天人关系的种种特征。② 其一,具有"与天地合德"的思想。我国古代哲人不仅看到了天(自然)与人的一致性,而且在长期的实践中体悟到自然规律的先在性和对人的行为的制约性。如《周易·乾》曰:"夫大人者,与天地合其德,与日月合其明,与四时合其序,与鬼神合其吉凶,先天而天弗违,后天而奉天时。"所谓"先天"即为天之前导,在自然变化未发生以前加以引导;所谓"后天"即遵循天的变化,尊重自然规律。若不尊重自然规律即"动不以道,静不以理,则自夭而不寿,妖孽数起,神灵不见,风雨不时,暴风水旱并兴,人民夭死,五谷不滋,六畜不蕃息"

---

① 参见本书第 10 页注④。
② 参见陈爱华《科学与人文的契合——科学伦理精神历史生成》,吉林人民出版社 2003 年版,第 31—33 页。

(《大戴礼记·易本命》)①，总之，会有种种灾难降临。因此，人须体天意，循天理，遵天命。在《礼记·祭义》中，有这样一说，"断一树，杀一兽，不以其时，非孝也"②。这就把人与人之道德规范推至自然领域，以制约人们滥伐树木、滥杀生灵的行为。其二，这种天人合一观十分强调天与人在基质上的同一性。如《管子·内业》认为，"精也者，气之精也"③，"人之生也，天出其精，地出其形，合此为人"④。《尚书·泰誓上》则强调："惟天地，万物之母，惟人，万物之灵。"⑤ 即人虽然是自然的一部分，但又不同于其他万物。因此，人就须兼爱万物。其三，在天人相谐的基础上，提出了"制天命而用之"的思想。如荀子认为，尽管"天行有常，不为尧存，不为桀亡"（《荀子·天论》）⑥，但是人可以通过主观努力改变自然，给人类造福。他指出，"大天而思之，孰与物畜而制之；从天而颂之，孰与制天命而用之"（《荀子·天论》）⑦。他还指出，"天有其时，地有其财，人有其治，夫是谓能参"（《荀子·天论》）⑧。然而，由于自然经济条件的限制，人对自然的干预与控制能力相当微弱，因而天人关系处于相对稳定的状态，与之相比，人们更加关注"人伦"伦理实体的诸伦理关系诸如君臣、父子、夫妇、兄弟、长幼、朋友等，而探索天人关系或自然的奥秘往往被视为"小道"，不予以重视。如孔子的弟子子夏曰："虽小道，必有可观焉，志远恐泥，是以君子不为也。"（《论语·子张》）⑨ 荀子则说得更加明确："万物之怪书不说，无用之辩，不急之察，弃而不治；若夫君臣之义、父子之亲、夫妇之别，则日切磋而不舍也。"（《荀子·天论》）⑩ 显然，在中国传统"人伦"

---

① （清）王聘珍撰：《大戴礼记解诂》，王文锦点校，中华书局1983年版，第260页。
② 《四书五经》（上册），陈戍国点校，岳麓书社1991年版，第608页。
③ 《管子》，李山译注，中华书局2016年版，第272页。
④ 《管子》，李山译注，中华书局2016年版，第278页。
⑤ 《四书五经》（上册），陈戍国点校，岳麓书社1991年版，第242页。
⑥ 邓汉卿：《荀子绎评》，岳麓书社1994年版，第347页。
⑦ 邓汉卿：《荀子绎评》，岳麓书社1994年版，第355页。
⑧ 邓汉卿：《荀子绎评》，岳麓书社1994年版，第348页。
⑨ 《四书五经》（上册），陈戍国点校，岳麓书社1991年版，第57页。
⑩ 邓汉卿：《荀子绎评》，岳麓书社1994年版，第353—354页。

伦理实体形态中，人与自然的关系作为伦理关系实体尽管未被遮蔽，但是也未成为其伦理实体形态中被关注的主要方面。正如马克思所指出的，"人们对自然界的狭隘的关系制约着他们之间的狭隘的关系，而他们之间的狭隘的关系又制约着他们对自然界的狭隘的关系，这正是因为自然界几乎还没有被历史的进程所改变"①。

与之相比，在现代科技伦理实体形态中，人与自然的关系则生成为重要的、不可或缺的伦理关系实体。② 由于三次科技革命不仅凸显了自然的社会—历史性，而且一次比一次突显人与自然伦理关系的互通性、互制性。从现代科技的产生和发展来看，每一新的进展都与人对自然的奥秘取得新的认知或者新的突破密切相关。借助三次科技革命，自然已不再是古代农业社会的、人与之和谐相处的、相对稳定而少有变化的、自身具有相对独立性（常常被称为"外在于人"）的自然，而是成为人对其进行改造，甚至征服和控制的对象。③ 在一次又一次的科技革命中，人类让自然释放出巨大的潜能。人类近乎贪婪地不断地向自然索取自己想获得的资源与能源。为此，人类不仅向其直接能涉足的自然大动干戈：移山填海、大兴土木、开采矿山和油田，而且向其不能直接涉足的自然进行间接的干涉，使自然人化。与此同时，人类通过利用自然资源制作物品，为自己构筑起一个生存环境。特别在高技术的条件下，工业日益发达，人们的生活环境几乎全都依赖这种人造物品，打造了一个前所未有的人造物世界，这就是所谓的人化自然。因此，人类现在所面对的自然，是已经打上了人的、社会的、时代的印记的自然。然而，现代科技伦理实体形态中，人与自然的关系成为越来越重要的、不可或缺的伦理关系实体并不是由于人的上述主体性日益彰显，而是出现了一系列困扰人类的环境问题，如城市的热岛效应，粉尘、污水、废气与垃圾直接污染了人们生存的环境

---

① 《马克思恩格斯全集》第 3 卷，人民出版社 1960 年版，第 35 页。
② 参见陈爱华《论人与自然关系的伦理之维》，《上海师范大学学报》（哲学社会科学版）2006 年第 2 期。
③ 参见陈爱华《科学与人文的契合——科学伦理精神历史生成》，吉林人民出版社 2003 年版，第 158 页。

(水体、土壤、大气)等；还有生态问题，如灾害性的气候，诸如挥之不去的雾霾，灾害性的暴雨引发的海啸、地震、泥石流等让人们猝不及防，防不胜防；另外，新发现的病毒及其变异直接威胁人的存在及其生命。尤其是近几年出现的席卷全球的新冠病毒，其变异之快，传染力之强，影响面之广，无与伦比。它不仅危害人们的健康甚至生命，而且影响了全球经济及相关方面的发展。科恩指出，与19世纪相比，"20世纪则是另一种意义上的革命时代，因为革命发生得更为频繁且影响更加深远。它们不仅使人类及其社会以及社会制度受到震动，而且还撼及自然界本身"①。因而研究环境伦理问题、生态伦理问题和生命伦理问题成为现代科技伦理实体形态中，人与自然的关系这一伦理关系实体必须面对和亟须解决的伦理问题。

二 现代科技伦理关系实体形态何以生成？

就现代科技伦理关系的实体形态生成而言，由于近代与现代无论在科技发展的程度还是在科技活动形态方面都有巨大的殊异性，因而现代科技伦理关系的实体形态生成与近代具有巨大的差异。

关于近代科学发展②的样态，恩格斯在《自然辩证法·导言》中，作了这样的叙述，在数学方面笛卡儿制定了解析几何，由耐普尔制定了对数，由莱布尼茨、牛顿制定了微积分③；牛顿提出了力学的三定律；在太阳系的天文学中，开普勒发现了行星运动的规律，而牛顿提出了万有引力；"化学刚刚借燃素说从炼金术中解放出来。

---

① [美]科恩：《科学中的革命》，鲁旭东等译，商务印书馆1998年版，第464页。

② 在文艺复兴时期，自然科学还是哲学的一个分支，但它已经找到了自己的观察与实验的方法，还得到数学分析的帮助（[英]W.C.丹皮尔：《科学史及其与哲学和宗教的关系》，李珩译，商务印书馆1975年版，第215—216页）。直到1850年，工程学和一般工业上的技术革新并不都依赖当时具体的科学知识，只是科学方法对工业发展产生了一定的影响。1850年以后，把科学应用到工程技术上，就成为工业发展的一个日益重要的因素；到了20世纪，大多数卓越的技术发明主要都来自科学研究（[英]斯蒂芬·F.梅森：《自然科学史》，上海外国自然科学哲学著作编译组译，上海人民出版社1977年版，第473页）。

③ 制定微积分并非莱布尼茨和牛顿共同合作的成果，而是他们各自进行的研究。对此，丹皮尔这样描述道："不幸牛顿与莱布尼茨各自发明微分学以后，符号既不相同，又在发明先后问题上发生争执，因此事情就复杂化了。"（[英]W.C.丹皮尔：《科学史及其与哲学和宗教的关系》，李珩译，商务印书馆1975年版，第256页。）

地质学还没有超出矿物学的胚胎阶段;因此古生物学还完全不可能存在。最后,在生物学领域内,人们主要还是从事搜集和初步整理大量的材料,不仅是植物学和动物学的材料,而且还有解剖学和本来意义上的生理学的材料。至于对各种生命形态的相互比较,对它们的地理分布以及对它们在气候学等方面的生活条件的研究,则还几乎谈不上。在这里,只有植物学和动物学由于林耐而接近完成"①。尽管在近代(1560—1666)学会或学院纷纷成立,会员常常聚会,以讨论新问题并推进新学术②,但是具体的科学研究还是由科学家独立完成的。不仅如此,许多在科学上有所发现的科学家也非职业科学工作者。比如,1842年迈尔(医生)在海尔布朗,焦耳(在经营父亲留下的啤酒厂的同时进行科学研究)在曼彻斯特,"都证明了从热到机械力和从机械力到热的转化"③。还有,格罗夫不是职业的自然科学家,而是英国的一个律师,"通过单纯地整理物理学上已经取得的各种成果就证明了这样一个事实:一切所谓物理力,即机械力、热、光、电、磁,甚至所谓化学力,在一定的条件下都可以互相转化,而不会损失任何力。这样,他就用物理学的方法补充证明了笛卡儿的原理:世界上存在着的运动的量是不变的"④。因此,这一时期生成的科学活动⑤的伦理关系实体及其科学活动(无论在学会或学院中探讨,还是个体独立研究)主要是个体与个体的关系。其活动一是源于"对世界惊异"的好奇心;二是与当时科学的发展和生产力的发展有关。因为从文艺复兴以后,"才真正发现了地球,奠定了以后的世界贸易以及从手工业过渡到工场手工业的基础,而工场手工业则构成现代大工业的起点"⑥。恩格斯对此这样描

---

① 《马克思恩格斯全集》第26卷,人民出版社2014年版,第468—469页。
② 参见[英]W. C. 丹皮尔《科学史及其与哲学和宗教的关系》,李珩译,商务印书馆1975年版,第220—221页。
③ 《马克思恩格斯全集》第26卷,人民出版社2014年版,第473页。
④ 《马克思恩格斯全集》第26卷,人民出版社2014年版,第473页。
⑤ 这里之所以以"科学活动"而不是以"科技活动"来描述,是因为这一时期科学家并没有大规模的职业化,那些科学家的研究领域主要与自然科学研究相关。
⑥ 《马克思恩格斯全集》第26卷,人民出版社2014年版,第466页。

述道:"这是人类以往从来没有经历过的一次最伟大的、进步的变革,是一个需要巨人并且产生了巨人的时代,那是一些在思维能力、激情和性格方面,在多才多艺和学识渊博方面的巨人。"① 马克思则从资本主义生产方式生成对其加以揭示,"自然因素的应用——在一定程度上自然因素并入资本——是同科学作为生产过程的独立因素的发展相一致的。生产过程成了科学的应用,而科学反过来成了生产过程的因素即所谓职能。每一项发现都成了新的发明或生产方法的新的改进的基础。只有资本主义生产方式才第一次使自然科学[XX-1262]为直接的生产过程服务,同时生产发展反过来又为从理论上征服自然提供了手段"②。此后,科技发展及科技的伦理关系实体的生成都与社会政治、经济、文化发展需求密切相关。

值得指出的是,经历了三次科技革命,无论在科技发展形态、科技活动形态,还是在伦理关系实体形态方面,都呈现出多元化、多样化、多变化的丰富样态。

就现代科技的发展形态而言,与科技革命对社会生产力的促进密切相关。正如马克思所指出的,只有应用机器的大规模协作才"第一次使自然力,即风、水蒸汽、电大规模地从属于直接的生产过程,使自然力变成社会劳动的因素"③。自1945年以来,科学在社会诸多因素的相互作用下,以迅猛的速度向前发展,正像恩格斯所指出的那样:"科学的发展从此便大踏步地前进……这种发展仿佛要向世界证明:从此以后,对有机物的最高产物即人的精神起作用的,是一种和无机物的运动规律正好相反的运动规律。"④ 现代科技的生成与科技革命促进了科学与技术的互动与发展密切相关:科技革命使科学运用于技术的周期不断缩短,使自然科学与技术科学的相互渗透性不断加强。技术科学尤指高技术是基于科学的技术。这正如E.舒尔曼对现代技术的基本结构所作的概括那样:"现代技

---

① 《马克思恩格斯全集》第26卷,人民出版社2014年版,第466页。
② 《马克思恩格斯全集》第37卷,人民出版社2019年版,第202页。
③ 《马克思恩格斯全集》第37卷,人民出版社2019年版,第201—202页。
④ 《马克思恩格斯全集》第26卷,人民出版社2014年版,第467页。

术的基本结构是由技术活动者、科学基础以及技术—科学方法构成其特性的。"① 一方面，自然科学无论从研究课题，还是研究手段，直至成果鉴定，都要借助于现代化的技术及其手段；另一方面，"现代科学与支配事物的力量，与支配人类自身的力量紧密结合在一起"②，或者说，借助于科学发展的最新成果，"人的技术能力与他们满足自己需要的能力之间有着直接的联系"③。这样，科学和技术显得彼此不可区分。由此，海德格尔认为，科学理性的实质是技术理性，科学方式的基本特征是控制论的亦即技术特征。因而现代科技发展不仅对社会生产力的发展产生了极大的影响，推进了社会发展的进程，而且对人们的生活方式和观念产生了深刻的影响，导致了人们生活方式和观念的变革，并且正在改变着人们的工作方式、思维方式和教育模式以及交往方式。

再就现代科技活动形态而言，由于科技活动的规模迅速扩展，即从原来以基础研究（包括理论和实验两个方面的工作）为主的科学活动，迅速向应用研究和开发研究发展，因此，科技活动不再是一种仅仅作用于自然的研究活动，而是对社会、自然和人自身都有深刻影响的社会活动。当代科学活动无论从规模，还是从范围和内容，都较近代发生了质的飞跃，它不仅仅是源于"对世界惊异"的好奇心，也"不再局限于个别科学家自发的认识过程，而表现为一种精神生产形态，表现为科学家、科学工作者的共同活动"。④ 而这种研究活动"越来越多地旨在不是解决严格意义上的科学问题，而是利用科学知识、方法和技艺（know-how）来创造新的工业过程，为经济建设提供新的资源，制造新式军事武器，或者服务于区域的或国家的发展规划"⑤。如，发

---

① ［荷兰］舒尔曼：《科技文明与人类未来：在哲学深层的挑战》，李小兵等译，东方出版社1995年版，第18页。
② ［法］让·拉特利尔：《科学和技术对文化的挑战》，吕乃基等译，商务印书馆1997年版，第12页。
③ ［加拿大］威廉·莱斯：《自然的控制》，岳长龄、李建华译，重庆出版社1993年版，第130页。
④ 刘大椿：《科学活动论》，人民出版社1985年版，第5页。
⑤ ［法］让·拉特利尔：《科学和技术对文化的挑战》，吕乃基等译，商务印书馆1997年版，第11页。

展技术、净化环境等。① 因而"研究已成为一种或者是经济方面的、或者直接就是政治方面的权力因素"②。第二次世界大战以来，科学研究之所以成为所有国家都极为关注的政治因素，是因为使用科学资源的能力已经成为一个国家经济和政治力量的主要组成部分。而通过制定科学政策和建立相应的国家机构，科学研究组织越来越趋向于集中，进而完全被置于国家的直接或间接的控制之下。因此，科技活动亦成为社会化、专业化、职业化的活动。包括科学家在内的科技工作者，其研究活动不再是游离于研究机构之外的少数个人的事业，而是成为"重要的、在某些方面是决定性的社会活动的部分"③。

由于现代科技的发展形态和科技活动的形态的变化，科技伦理关系实体形态的社会组织的程度越来越高，并且是高度计划的。其研究活动"在公立的或私人的机构中进行，这些机构往往是按照官僚政治的模式组织起来的。它按照明确的科研规划发展，而这些规划经常受到外在的而不是严格意义上的科学的动机所支配"④。丹尼尔·贝尔将这种高度组织化的科技共同体称为"职业社团"，其内部"具有官僚科层体制化的共同特点：规模，区分，和专业化"；在外部则"依靠政府来提供财政支持"。⑤ 就我国的科技伦理关系实体而言，其形态多种多样：其一，按照功能属性有研究院（所）和高校；其二，按照行政隶属有国家级研究院（所）、省级和市级研究院（所）等，教育部直属高校，省属、市属院校等；其三，作为学术社团组织，有全国或省、市科协所属的各类学会、协会等；其四，按照国家或省、市科技规划项目、重大招标项目、委托项目等形成的专业类的或跨行业

---

① 参见［美］丹尼尔·贝尔《后工业社会的来临——对社会预测的一项探索》，高铦等译，新华出版社1997年版，第418页。
② ［法］让·拉特利尔：《科学和技术对文化的挑战》，吕乃基等译，商务印书馆1997年版，第11页。
③ ［法］让·拉特利尔：《科学和技术对文化的挑战》，吕乃基等译，商务印书馆1997年版，第10页。
④ ［法］让·拉特利尔：《科学和技术对文化的挑战》，吕乃基等译，商务印书馆1997年版，第10—11页。
⑤ ［美］丹尼尔·贝尔：《后工业社会的来临——对社会预测的一项探索》，高铦等译，新华出版社1997年版，第418页。

的、跨学科的、学术性的、阶段性研究而生成的科技伦理实体；其五，从科技研究活动的类型来看，有基础研究、应用研究与开发研究等。就基础研究而言，其中不仅生成了科技共同体的个体之间、科技共同体与个体之间、相关科技共同体之间协同集体行动等诸伦理关系实体形态，而且生成了人与自然之间认知—控制的伦理关系实体；再就应用研究而言，其中不仅生成了如同上述的科技共同体内等诸伦理关系实体形态，而且生成了应用方与被应用方之间即以供—需为基础的利益相关性的伦理关系实体形态；还有开发研究，其所生成的伦理关系实体形态不仅包括基础研究、应用研究中的伦理关系实体形态，而且还包括在开发研究进程中生成的跨行业、跨学科的伦理关系实体形态。

上述诸科技伦理关系实体形态，在其运作中，不仅要遵循科技自身的发展规律、自然的规律，还须遵循一定的科技共同体的范式、行规、院规、校规和一定的社会一般道德规范与法律法规等，前者（科技自身的发展规律、自然的规律）是不以人的意志为转移的客观规律，后者，既有黑格尔所述的"人的规律"（具有普遍意义的契约与规则），也有如同康德所说"人自己为自己立法"（道德原则与道德规范）。因之，为了协调多元、多重的科技伦理关系实体形态的科技活动，促进科技造福人类，科技伦理治理及相关机制的构建呼之欲出。

第三节　两种伦理实体的异同性

正如解析科技伦理实体的生成须与传统"人伦"伦理实体的生成相比较，同样，要把握科技伦理实体的特征，亦需要在上述解析两者生成的基础上，探索两者特征的异同性。

科技伦理实体与传统"人伦"伦理实体的相通之处就在于，作为伦理实体，其中蕴含多重伦理关系，这些伦理关系的生成都与一定的社会经济、政治、文化发展水平密切相关。正如，马克思在《德意志意识形态》中指出的那样："人们是自己的观念、思想等等的生产者，但这里所说的人们是现实的，从事活动的人们，他们受着自己的生产力的一定发展以及与这种发展相适应的交往（直到它的最遥远的形式）的制约。意识在任何时候都只能是被意识到了的存在，而人们的存在就是他们的实际生活过程。"① 这些伦理关系的运作机制都以相应的伦理原则、伦理规范为引领，在此基础上，建构相应的伦理评价机制与伦理协调机制，调节人们的道德观念、人们之间的利益关系和行为的价值取向。然而，作为两种不同伦理形态的伦理关系实体还存在以下诸多方面的殊异性。

一 关于"人"内涵的殊异性

这里所关涉的现代科技伦理实体中的"人"与传统"人伦"伦理实体关涉的"人"有一定的区别，主要表现为以下三个层面。

首先，在人与自然的关系方面，现代科技伦理实体中的"人"是指与自然相对应的人类。在这一伦理关系实体及语境中，"自然"是被人（类）观察、实验、改造、利用，甚至控制的对象。如前所述，现代科技取得的一系列成就，比如登月、宇宙飞船遨游太空、发射并回收人造卫星；现代化都市的建构，网络虚拟世界的建构，航母的打造，基因的发现，新能源、新材料、人工智能的研究与开发等，无一不是建立在对"自然"的观察、实验、改造、利用，甚至控制的基础之上的。这样，也就打破了传统"人伦"伦理实体中的"人"与自然的关系的和谐或者平衡。而传统"人伦"伦理实体中的"人"与自然的关系或者是（中国文化中的）"天人合一"关系，人的宿命只在于"遵天命、体天意、循天理"，或者（西方文化中的）把自然看作与人对立的方面。这如同马克思所说，"自然界起初是作为一种完全异己的、有无限威力的和不可制服的力量与人们对立的，人们同它的关系完全像动物同它的关系一样，人们就像牲畜一样服从它的权力，因而，这是对自然界的一种纯粹动物式的意识（自然宗教）"②。

---

① 《马克思恩格斯全集》第 3 卷，人民出版社 1960 年版，第 29 页。
② 《马克思恩格斯全集》第 3 卷，人民出版社 1960 年版，第 35 页。

其次，从人在伦理关系实体形态中所担当的角色方面，现代科技伦理实体中的"人"主要是指从事科技活动的主体及其服务对象，而传统"人伦"伦理实体中的"人"是家庭—民族—国家等不同层级的伦理关系实体中的人。

就传统"人伦"伦理实体中的"人"而言，首先是家庭这一伦理关系实体中的人。如前所述，黑格尔指出，"人的规律，当其进行活动时，是从神的规律出发的，有效于地上的是从有效于地下的出发的，有意识的是从无意识的出发的，间接的是从直接的出发的，而且它最后还同样要返回于其原出发地"①。其运作的轨迹是由家庭（民族②）到国家。国家则以其政府为表征，"是以政府为它的现实的生命之所在，因为它在政府中是一整个个体。政府是自身反思的、现实的精神，是全部伦理实体的单一的自我"。而"家庭就是它赖以成为特定存在的原素"。③ 在中国传统"人伦"伦理实体中的"人"则是以血缘关系为基础的"家国一体"宗法社会中的人。值得指出的是，无论是中国还是西方的传统"人伦"伦理实体中的"人"，女性都处于与男性不平等的地位。在中国的传统"人伦"伦理实体中，女性受到"三纲五常"和"三从四德"束缚，处于社会的底层；在西方的传统"人伦"伦理实体中，女性仅仅与"家庭守护神联系着"。两者均被禁锢在家庭中。

就现代科技伦理实体中的科技活动的主体而言，首先是在男女平等的条件下，从事科技活动。尽管现代科技伦理实体中的科技活动的主体也是一定的家庭—民族—国家伦理实体中的人，但是在科技伦理实体中，主要关注的不是科技活动的主体在家庭伦理实体中的角色，而是其在科技伦理实体中的角色、分工和职责。因为不同行业，从事不同科技活动的主体须遵循不同的科技活动规范，履行不同的职责，

---

① ［德］黑格尔：《精神现象学》下卷，贺麟、王玖兴译，商务印书馆1979年版，第17页。

② 因为在黑格尔看来，民族是家庭生成消逝世代交替地持续存在的（参见［德］黑格尔《精神现象学》下卷，贺麟、王玖兴译，商务印书馆1979年版，第14页）。

③ ［德］黑格尔：《精神现象学》下卷，贺麟、王玖兴译，商务印书馆1979年版，第12—13页。

才能保证各项科技活动完成相应的规划、目标，并得以有序进行。

最后，就现代科技伦理实体中的科技服务的对象——"人"而言，不仅包括需要接受科技服务的个体，而且包括需要接受科技服务的共同体（企事业单位）。这是因为现代的科技活动，如前所述，一方面，主要须为经济建设提供新的资源，制造新式军事武器，或者服务于区域的或国家的发展规划，因此，使用科技资源的能力现在已经成为一个国家经济和政治力量的主要组成部分；另一方面，在当代高度信息化、网络化、智能化的社会，无论作为人们基础性生存的衣、食、住、行，还是作为发展性消费的工作、学习和享受性消费的旅游、娱乐等都依赖科技服务。总之，科技服务已成为社会发展、人的生存与发展不可或缺的"原素"。

二 两种伦理实体生成及其关系属性的殊异性

首先，从这两种伦理实体生成的原生性关系属性来看，具有殊异性。就"人伦"伦理实体生成的关系属性而言，其生成的基础是血缘关系，即以血缘关系为基础而生成伦理关系实体。而科技伦理实体生成的关系则基于非血缘关系，其中包括基于趣缘关系即研究兴趣的一致性而形成的科技伦理关系实体，或者是基于业缘关系即专业、职业或者是行业的相同而形成的科技伦理关系实体，或者是基于供—需的利益关系，即如上所述，提供科技服务的主体和接受科技服务的主体，一般是通过招标和投标而形成的科技伦理关系实体。

其次，从这两种伦理实体生成的次生性关系属性来看，亦具有殊异性。传统"人伦"伦理实体是基于本体论意义上"如何存在"的伦理实体，其生成主要是基于近距离的、情感型的熟人圈层伦理关系实体；而科技伦理是基于认识论意义上的"如何生存"的伦理实体，因而是遵循适者生存、优胜劣汰的竞争性与博弈性的非情感型或契约式的伦理实体。由此便生成了与传统"人伦"伦理关系实体不同质的三类伦理关系实体：一是人与自然认知—控制的伦理关系实体；二是科技共同体的个体—共同体协同集体行动的伦理关系实体；三是以供—需为基础的利益相关性的伦理关系实体。

三 两种伦理实体运作机制的殊异性

就传统"人伦"伦理实体而言，在其运作中，其道德主体对于其伦理实体具有一种向心力和归属感，在应然逻辑的伦理规范的运作中，传统"人伦"伦理实体十分强调道德主体对于应然逻辑的伦理规范的自知、自觉，对于自身道德行为的自律、自省。就其内在的伦理关系而言，具有相对稳定性，其伦理风险具有一定的可预测性，其伦理规范体系相对稳定，其变化亦较小。

而现代科技伦理实体，在其运作中不仅要求科技伦理主体须遵循应然逻辑的科技伦理规范，还须遵循实然逻辑的科技伦理规范。后者强调"能做"，须探询"物理"即万物之理——对于自然界与科技发展的客观规律的探索与遵循；而前者则强调"应做"，要求现代科技伦理主体在科技活动中须遵循科技伦理规范，有所为，有所不为。对于"物理"的探询的"能做"，体现了科技伦理主体敢于探索、勇于开拓的创新精神，是其理智德性的表现；而对于科技伦理规范遵循的"应做"，是对其"能做"的反思，体现了科技伦理主体尊重生命、珍爱生命的道德德性，因而会有所为，有所不为。因此，科技伦理实体在"能做"与"应做"的运作与博弈中：其一，充满了"物理"—伦理的双重风险，这些风险既有可预测性的方面，又有难以预测的变数；其二，较之于传统"人伦"伦理实体相对稳定的伦理关系，科技伦理实体伦理关系则具有动态变化性。一方面对于相对稳定的科技伦理实体而言，其中既有梯度效应的吸收—淘汰制，又有招聘—退休制，人员总是处于流动中，正所谓"铁打的营盘，流水的兵"；另一方面，就随机集成的现代科技伦理实体而言，动态变化性是其主要特征，往往因项目（立项）的需要而聚，因项目（结项）的完成而散。然而，由于现代科技伦理实体在其实然逻辑即现实的运作中，关涉多元的利益主体的多样性的利益，因而需要协调众多利益关系。同时，由于各种利益的诱惑、冲突甚多，在多元利益的博弈中，其科技伦理主体的行为趋于多样，因而其对于现代科技伦理实体的向心力减弱，其行为的结果往往是正负效应并举，而且对人—自然—社会的影响巨大（这将在第二篇进一步探究），因此，仅仅强调科技伦理实体对于应然逻辑的伦理规范的自知、自觉，对于自身道德行为的自律、自省还不够，还须制定相关的具有道德他律性的科技伦理治理机制，以引导和约束科技伦理实体及其个体的认知和行为（这将在第三篇进一步探究）。

> 人乃是唯一的自然物，其特别的客观性质可以是这样的……在他里面又看到因果作用的规律和自由，能够以之为其最高目的的东西，即世界的最高的善。[1]
>
> ——康德

第三章

现代科技伦理的三重逻辑及其辩证本性

现代科技伦理的三重逻辑与现代科技伦理的历史发展密切相关，从历史与逻辑的统一和道德哲学的视角看，现代科技伦理在其发展过程中蕴含了相互联系的三重逻辑形态，即现代科技伦理的"本然逻辑""实然逻辑"与"应然逻辑"，其中亦蕴含了其辩证本性。

第一节 现代科技伦理的本然逻辑及辩证本性[2]

何谓现代科技伦理的本然逻辑，即对现代科技生成的"初衷""初心""本心""本意"的追问，以及对其何以生成，"何以是其所是"的道德哲学反思。因而这种追问不是对现代科技"是其所是"的描述，而是要追问其生成的历史逻辑与历史辩证法即"何以必为其所是"。作为对现代科技本然逻辑的道德哲学追问，须关注现代科技所关涉的诸伦理关系，并在其中探寻现代科技伦理生成的道德哲学基

---

[1] ［德］I. 康德：《判断力批判》下卷，韦卓民译，商务印书馆1964年版，第100页。
[2] 参见陈爱华《现代科技三重逻辑的道德哲学解读》，《东南大学学报》（哲学社会科学版）2014年第1期。

础,其中既包括现代科技"何以是其所是"的客体向度,又包括其主体向度。

一 "是其所是"的客体向度

就现代科技何以"是其所是"的客体向度而言,须从其所处的时代及其社会文化背景即特定的历史情境中加以考量。如上所述,现代科技是基于历史上已发生的三次科技革命而生成的,充分体现了马克思所说的自然史和人类史的相互制约性。[①] 从历史辩证法的视域看,无论是现代科技还是历史上的三次科技革命均与自然史和人类史的发展及其相互制约密切相关。尤其是现代科技更加凸显了自然史和人类史的交互作用中呈现的人与自然、人与社会、人与人、人与自身错综复杂的伦理关系和伦理效应。

恩格斯在探索科学的起源时曾指出,"科学的产生和发展一开始就是由生产决定的"[②]。他还指出,"如果说,在中世纪的黑夜之后,科学以意想不到的力量一下子重新兴起,并且以神奇的速度发展起来,那么,我们要再次把这个奇迹归功于生产"[③]。尽管当代的生产与恩格斯考察的古希腊和恩格斯所处的时代无论从广度还是深度方面都迥然相异,因为当代的生产不仅是过去在空间中生产的延续,而且开启了新的空间的生产,这既包括现实空间生产:地上、地下、高架形成的立体化交通枢纽,高层建筑,宇宙太空的开发等,由此引发了材料空间生产的革命,还包括人的生命体和其他生物生命空间的探索,信息网络的虚拟空间生产;此外,文化创意产业的兴起,开启了创意空间生产,然而,这一切更进一步表明,现代科技的发生和发展也是由生产决定的。

而现代科技生产什么和怎样生产是与当代人的需要密切相关的。正如马克思所指出的那样,"我们首先应当确定一切人类生存的第一个前提也就是一切历史的第一个前提,这个前提就是:人们为了能够

[①] 参见《马克思恩格斯全集》第3卷,人民出版社1960年版,第20页注①。
[②] 《马克思恩格斯全集》第26卷,人民出版社2014年版,第485页。
[③] 《马克思恩格斯全集》第26卷,人民出版社2014年版,第485—486页。

'创造历史'，必须能够生活。但是为了生活，首先就需要衣、食、住以及其他东西。因此第一个历史活动就是生产满足这些需要的资料，即生产物质生活本身"①。不仅如此，"已经得到满足的第一个需要本身、满足需要的活动和已经获得的为满足需要用的工具又引起新的需要"②。一方面人类在虚拟空间生产方面如信息、网络、计算机、人工智能等现代科技之所以取得了长足的进展，与人类开发虚拟空间、人的智能空间等的需要相关；另一方面，交通、建筑、能源、材料等高新技术的崛起与试图缓解自然资源紧张，特别是土地、能源资源的匮乏，而人的需求不断扩张所形成的空间生产及其伦理关系的尖锐矛盾密切相关。

二 "是其所是"的主体向度

就现代科技"何以是其所是"的主体向度而言，现代科技蕴含了现代科技活动主体基于自然规律、社会规律以及现代科技发展的规律，对现代科技和人与自然、人与社会、人与自身伦理关系的内在秩序的期望、选择与设计，在此基础上，对于现代科技发展的样态、如何发展、怎样运用，展开了一系列的探索、谋划与选择。值得指出的是，在现代科技本然逻辑的主体向度中，现代科技和人与自然的关系具有始基性，一方面，"人（和动物一样）靠无机界生活，而人和动物相比越有普遍性，人赖以生活的无机界的范围就越广阔"③；另一方面，从理论研究而言，植物、动物、石头、空气、光等，既作为现代科技的对象，又作为艺术的对象，"都是人的意识的一部分，是人的精神的无机界，是人必须事先进行加工以便享用和消化的精神食粮；同样，从实践领域来说，这些东西也是人的生活和人的活动的一部分"④。随着现代科技的发展，人们越来越意识到自然对于人类生存和发展的重要性——人的衣食住行都离不开自然界，诚如马克思所

---

① 《马克思恩格斯全集》第3卷，人民出版社1960年版，第31页。
② 《马克思恩格斯全集》第3卷，人民出版社1960年版，第32页。
③ 《马克思恩格斯全集》第3卷，人民出版社2002年版，第272页。
④ 《马克思恩格斯全集》第3卷，人民出版社2002年版，第272页。

指出的那样,"在实践上,人的普遍性正是表现为这样的普遍性,它把整个自然界——首先作为人的直接的生活资料,其次作为人的生命活动的对象(材料)和工具——变成人的无机的身体。自然界,就它自身不是人的身体而言,是人的无机的身体。人靠自然界生活。这就是说,自然界是人为了不致死亡而必须与之处于持续不断的交互作用过程的、人的身体"①。由于人是自然界的一部分,因而人的物质生活和精神生活同自然界相联系,即人与自然界的关系就如同人与自身的关系。由此,现代科技之所以迅速地崛起和迅猛地发展,是因为它寄托着当代人的希望:不仅要探索自然的奥秘,而且要探索自然和生态平衡的内在规律——求真,进而不仅探索走出人类生存与发展的多重的困境,在造福人类的同时,促进人—社会—自然的和谐、可持续发展——臻善,还要"按照美的规律来构造"②——达美。

然而我们也应该看到,当代,人们借助于卫星探测等现代科技对地球的一次性能源资源的有限储量越来越有了清晰的认知,而人们的需求却还是有增无减,加之地球各地域的能源资源的分布不均衡,不同地区和国家现代科技发展也不均衡,因而为了占有地球上有限的能源和资源,不得不展开激烈的争夺。正如马尔库塞所说,"当代社会的能力(思想的和物质的)比以前简直大得无法估量,这意味着社会对个人的统治范围也大得无法估量。我们的社会的特色在于,它在绝对优势的效率和不断增长的生活标准这双重基础上,依靠技术,而不是依靠恐怖来征服离心的社会力量"③。因此,就现代科技的本然逻辑在转向现代科技实然逻辑的过程中,由于社会的政治—经济—文化及其现代科技活动主体自身(共同体与个体)的多重因素的影响,其道德选择呈现出多重样态甚至相互产生伦理冲突,进而对于自然—社会—人生态系统以及对当代社会政治—经济—文化等方面产生了多重伦理悖论。

---

① 《马克思恩格斯全集》第3卷,人民出版社2002年版,第272页。
② 《马克思恩格斯全集》第3卷,人民出版社2002年版,第274页。
③ [美]马尔库塞:《单向度的人》,张峰、吕世平译,重庆出版社1988年版,导论第2页。

第二节　现代科技伦理的实然逻辑及辩证本性①

现代科技伦理的实然逻辑是对现代科技当下"是其所是"伦理境遇的道德哲学省察。由于现代科技的发展从来没有像今天这样,关乎科技与社会深层伦理关系的运演,也从来没有像今天这样,不仅关乎人的利益格局、生命品质和情感价值,而且直接关乎人类发展的前景;与此同时,在全球化背景下,科技—经济与伦理的悖论也从来没有像今天这样,凸显并困扰着人类,以至于人们对此达到了高度的认同。因而从道德哲学的视域审思现代科技"是其所是"的实然逻辑,不仅关涉现代科技发展现状与运作机制及伦理关系的伦理境遇,而且关涉其产生的多重伦理效应及伦理悖论。

一　现代科技的发展伦理境遇

就发展伦理境遇而言,现代科技适值千载难逢的发展机遇,与此同时,也遭遇到前所未有的多重挑战。一是现实的问题层出不穷,亟须通过发展现代科技去解决,其中既有人与自然、人与社会、人与人、人与自身关系的伦理问题,又有科技与经济—政治—文化关系的伦理问题;既有现实空间生产的问题,如建筑、交通、城市发展等问题,又有虚拟空间生产的问题,如信息控制技术与互联网技术、人工智能等问题;既有水问题、土地问题、空气质量问题,又有能源资源、海洋开发等问题;既有宏观尺度的航空航天问题,又有微观尺度的纳米等问题;既有生命科学技术与伦理问题,又有生态环境正义等问题。二是这些问题常常不是以单个问题的形式出现而是以问题群或者问题集的方式显现,令人应接不暇。因而应对这些问题,不能采取传统的单科独进的方式,须整合多学科的人力物力资源,以集成创新的模式,多层次、多元运作的机制,协同解决。三是这些问题环环相扣,连锁反应。一个问题解决了,新的

---

① 参见陈爱华《现代科技三重逻辑的道德哲学解读》,《东南大学学报》(哲学社会科学版) 2014 年第 1 期。

问题又出现了。因此，解决这些问题，须有未雨绸缪的布展——防患于未然，辩证的思维——善于发现问题及问题之间的联系并且找到解决问题的突破口，以及锐意创新的勇气，百折不挠的精神和全球性的视野。

二 现代科技的发展现状

就现代科技的发展现状而言，正如莱斯所说，现代科学作为一种强有力的工具而起作用，其发展背后的动机是人类"满足我们自我保存的需要。换言之，对知识需求程度取决于在一个族类中权利意志增长的程度；一个族类控制一定数量的实在以便成为它的主人，以便把它变成仆人"[①]。由于世界范围的社会集团之间的斗争，因而国家内部和国家之间的激烈的社会冲突就同科学技术进步之间存在一种辩证关系：每一方都迫使其他方面进一步发展科学技术。因此，在追求控制自然的意志中所反映出来的目标，不是各种目标和目的的简单集合，而是包含着互相矛盾的部分的整体。技术上的发展显然会加强统治集团在社会中以及在国家之间关系中的力量。因而只要在个人、社会集团和国家间存在着广泛的力量分配不均，技术就将作为控制的工具起作用。反之，新形态的科学和技术可能与新兴阶级进行的争夺霸权的斗争相联系，但在一切由一个特殊集团统治为特征的社会形态中，无论是科学还是技术，严格地说，都不能作为一般解放的手段。因为，如同马尔库塞所说，"在整个工业文明世界，人对人的统治，无论是在规模上还是在效率上，都日益加强。这种倾向不仅是进步道路上偶然的、暂时的倒退集中营、大屠杀、世界大战和原子弹这些东西都不是向'野蛮状态的倒退'，而是现代科学技术和统治成就的自然结果。"而且这种"人对人的最有效征服和摧残恰恰发生在文明之巅"。[②] 这表明"那种把技术和科学攫为己有的工业社会，为更有效地统治人和自然，为更有效地使用它的资源而组织起来。当这些努力的成就打开了人类现

[①] [加拿大] 威廉·莱斯：《自然的控制》，岳长龄、李建华译，重庆出版社1993年版，第95—96页。

[②] [美] 赫伯特·马尔库塞：《爱欲与文明》，黄勇、薛民译，上海译文出版社1987年版，导言第18—19页。

实的新向度时，这个社会就成了不合理的"①。莱斯认为，霍克海默尔关于自然的反抗的观念揭示了，在上述扩大控制的过程中，存在着内在的界限。②尽管在技术发展的每一水平上，出现了社会关系结构中的非理性因素曾阻碍人们用工具开发自然资源以获取利益。在每一阶段滥用、浪费和破坏这些资源，至少部分地由继续不断地追求新技术的能力来负责，好像具有更精致的技术就会补偿现有技术的误用。"但是这一过程似乎不可能无限期地进行下去，因为在发展的更高水平上，劳动和工具的合理组织为一方，同这种组织的不合理的使用为另一方，它们之间的断裂会扩大到那样一个关节点，即目标本身成了问题。难题不仅在于资源的浪费和滥用的程度极大地提高了，而且在于破坏的工具现在威胁到作为整体的人类生物的未来。这是一个关节点，超过它，合理的技术同不合理的应用的关系不再具有任何正当的理由；它代表着对内部和外部自然实行控制的内在界限，超过这个界限意味着目的不可避免地被所选择的手段所破坏。"③由此，现代科技的发展及其成果应用产生了三重伦理困境即多重多维的伦理效应，由此还产生了多重的伦理悖论，进而其伦理风险越来越具有多重性和多样性，从而使人类生存与发展陷入前所未有的伦理困境。

因此，超越现代科技的实然逻辑和人类生存与发展的困境须依据历史辩证法建构现代科技伦理的应然逻辑及其辩证规律。

第三节 现代科技应然逻辑的辩证规律④

现代科技伦理应然逻辑的辩证规律，体现了现代科技伦理"是其

---

① [美]马尔库塞：《单向度的人》，张峰、吕世平译，重庆出版社1988年版，第16页。

② 参见[加拿大]威廉·莱斯《自然的控制》，岳长龄、李建华译，重庆出版社1993年版，第144页。

③ [加拿大]威廉·莱斯：《自然的控制》，岳长龄、李建华译，重庆出版社1993年版，第144页。

④ 参见陈爱华《"能做""应做"的冲突与博弈——现代科技伦理的辩证本性辨析》，"应用伦理视域下的道德冲突"伦理学专家高端论坛（2015年10月16—18日，重庆，西南大学）。

所应是"道德哲学形态的构建。从道德哲学的视域探索现代科技伦理"是其所应是"的应然逻辑,不仅关涉现代科技发展的伦理价值导向、运作机制,而且关涉现代科技发展应遵循的伦理原则。

一 实然与应然的辩证统一

现代科技伦理应然逻辑蕴含实然与应然的辩证统一。现代科学伦理不仅蕴含科学与技术的辩证统一,而且蕴含两类殊异的现象形态与理论形态:一是科技形态,一是伦理形态的辩证统一。就其蕴含的科技形态而言,须遵从自然与人关系的实然逻辑;就其蕴含的伦理形态而言,须遵守自然与人关系的应然逻辑。就其实然逻辑而言,注重分析自然与人关系"是什么",由此科学活动主体开始探讨自己"能做什么";就其应然逻辑而言,则须探讨"应是什么"和"应做什么"。

就现代科技伦理蕴含的科技形态而言,无论其研究对象、操作方略都因循着实然逻辑,这是不争的事实。那么其中的实然逻辑如何转化为应然逻辑,应然逻辑如何与实然逻辑会通并发挥价值导向的引领性?这不仅蕴含科技活动主体向科技伦理主体的角色转换,而且是主体认知图式的格式塔转变。这种转变基于两大突破:一是对原有科学认同的突破;二是对原有伦理认同的突破。与此同时,亦蕴含了两大转变:科技活动个体向科技伦理主体的转变和科技共同体向科技伦理实体转变。由此导致原有科技认知视域与认知方式由知性的工具性和原子式分析型向反思式和汇聚式的辩证思维转变。进而引发科技共同体范式的嬗变、学理性评价机制、科技活动主体行为方式的嬗变即由"能做什么"向"应做什么"转变。这集中表现为科技伦理精神的生成。因为科技伦理作为一种伦理形态是以实践—精神的方式把握世界的。其中实践的逻辑蕴含应然逻辑与实然逻辑的会通与契合,进而是其精神逻辑的现实基础;其精神逻辑是实践逻辑汇聚与升华,是科学自由与意志自由的契合,进而形成科技伦理理念,科技伦理主体道德的内心信念,以及科技伦理共同体组织的伦理意识、行为范式和伦理评价原则等。

因此，现代科技伦理的应然逻辑是对科技活动的工具理性的实然逻辑及其思维定式、资本逐利增殖型与资源无限消耗型运用模式的反思、批判和否定，因而它具有解蔽性——将一直以来被遮蔽的科学、技术具有的社会性和人性的本质向人们敞开，将近代科学去魅形态返魅。

二 "能做"与"应做"的辩证统一

现代科技伦理应然逻辑蕴含"能做"与"应做"的辩证统一。根据现代科技发展产生的善（正效应）与恶（负效应）具体可以分为四种可能（如图3-1所示）：高正效应与低负效应、高正效应与高负效应、低正效应与低负效应、低正效应与高负效应。面对现代科技发展的多重效应，对于现代科技发展的主体而言，在"我们能做什么"的过程中，更须思考"我们应该做什么"——权衡现代科技发展产生的善恶、祸福、利弊，进行的道德选择。正如马克思在《1844年经济学哲学手稿》中，从人与人的生命活动的特性和动物与动物的生命活动的特性的比较中，论述了人的特质。他指出，动物和它的生命活动是直接同一的。动物不把自己同自己的生命活动区别开来。它就是这种生命活动。人则使自己的生命活动本身变成自己的意志和意识的对象。他的生命活动是有意识的。有意识的生命活动把人同动物的生命活动直接区别开来。并且通过实践创造对象世界即改造无机界，证明了人是有意识的类存在物。马克思还从生产的方面对人的本质与动物的本质作了以下精辟的分析与比较："诚然，动物也生产。……但是，动物只生产它自己或它的幼仔所直接需要的东西；动物生产是片面的，而人的生产是全面的；动物只是在直接的肉体需要的支配下生产，而人甚至不受肉体需要的支配也进行生产，并且只有不受这种需要的支配时才进行真正的生产；动物只生产自身，而人再生产整个自然界；动物的产品直接属于它的肉体，而人则自由地面对自己的产品。动物只是按照它所属的那个种的尺度和需要来构造，而人懂得按照任何一个种的尺度来进行生产，并且懂得处处都把内在的尺度运用于对象；因此，人也按照美的规律来构造。"① 因此，科技伦理主体只有在现代科技发展过程中，充分权衡现代科技发展产生的善恶、祸福、利弊，才能在"能做"和"应做"的博弈中作出正确的道德选择，从而彰显人不同于动物的伦理智慧，体现了"能做"与"应做"的辩证统一。

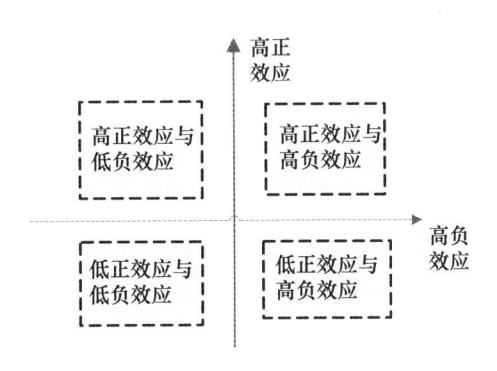

图 3-1 现代科技发展产生的正负效应的可能性

三 道德责任认知与道德责任能力的辩证统一

既然现代科技伦理的应然逻辑蕴含了科技伦理主体在现代科技发展过程中，通过充分权衡现代科技发展所产生的善恶、祸福、利弊，在"能做"和"应做"的博弈中作出的道德选择，那么现代科技伦理的应然逻辑亦蕴含科技伦理主体的道德责任与道德责任能力的辩证统一。康德在解读"人是什么"时指出，"人乃是唯一的自然物，其特别的客观性质可以是这样的……在他里面又看到因果作用的规律和自由，能够以之为其最高目的的东西，即世界的最高的善"②。现代科技作为当代人类认识世界、改造世界的智慧结晶，同时又是认识世界、改造世界的强有力的方式。由于现代科技的发展增加了科技伦理风险及其负效应的不确定性，即既提供了更多道德选择的可能性，又充满各种伦理风险，由此提出了严峻的伦理挑战。进而使现代科技的道德选择成为科技活动主体不可回避的问题。现代科技伦理的应然逻

---

① 《马克思恩格斯全集》第 3 卷，人民出版社 2002 年版，第 273—274 页。
② [德] I. 康德：《判断力批判》下卷，韦卓民译，商务印书馆 1964 年版，第 100 页。

辑正是表现了科技伦理主体为了尽可能减少现代科技发展及其成果应用的伦理风险及其负效应，使人—社会—自然系统协调发展。

就现代科技活动主体的道德选择而言，它是指在一定社会中从事科技活动的个体或集团的道德意识的支配下，依据一定社会或集团的道德理想、道德原则、道德规范和科技活动的目标及其伦理风险所作的自觉自愿的抉择即为达到某一道德目标而主动对所从事的科技活动的目的或项目、工程及其伦理风险作出的取舍。由于在现代科技活动中，科技活动主体的管理层级、服务对象、研究领域与目的、所遇到的伦理风险千差万别，因而其道德选择也具有多样性。不仅要求科技活动主体在常态道德选择，即在常规的科技活动中，能够依据一定社会或集团的道德理想、道德原则、道德规范和高技术活动的目标及其伦理风险所作的自觉自愿自主的抉择，而且要求其在非常态道德选择，即在其面对特定的突发性科技伦理事件时，能够主动从一定社会的整体全局和长远的利益出发，依据一定社会或集团的道德理想、道德原则、道德规范和现代科技发展的目标及其伦理风险所作的自觉自愿自主的抉择，体现了其道德责任认知与道德责任能力的辩证统一。

四　理性选择与价值选择的辩证统一

现代科技伦理的应然逻辑蕴含其主体道德责任认知与道德责任能力的辩证统一，同时亦蕴含了其主体理性选择与价值选择的辩证统一。[①] 由于科技活动主体的道德选择总是在一定社会的经济、政治、法律等条件统摄下进行的，因而在上述的道德选择中，实际上蕴含着科技活动主体的政治选择、经济选择和法律选择等多重向度的复合选择。因此，现代科技的道德选择作为一种理性的选择，体现着人们对人—社会—自然这一复杂系统内在发展规律的认识，在此基础上，根据科学规范和一定的社会道德原则、规范对这一复杂系统进行合理的开发和利用，因而现代科技道德选择是一种价值选择，即体现了厚德、崇道、重义，造福人类的价值取向，是主体根据自身的需要与一

---

① 参见何建华《道德选择论》，浙江人民出版社 2000 年版，第 206 页。

定的社会道德原则、规范在权衡与利益得失的过程中，所作出的道德价值抉择，其中蕴含了科技活动主体的明晰的道德认知、强烈的道德情感、顽强的道德意志、坚定的道德信念和执着的道德追求，因而在更高层次上体现了科技活动主体道德责任认知与道德责任能力的辩证统一。

五 自律与他律的辩证统一

首先，现代科技活动主体之所以在科技发展的过程中坚持厚德、崇道、重义的伦理价值取向，是因为其充分认识到勿受物役何以必要、何以可能，而且能自觉遵循现代科技发展运作的伦理机制和伦理原则有所为和有所不为。正是在这一意义上，可以说，现代科技伦理的应然逻辑是一种生存智慧，体现了科技活动主体对于现代科技应然逻辑的伦理规范的自知、自觉，对于自身道德行为的自律、自省；同时，现代科技伦理的应然逻辑又是作为一种发展智慧，由于现代科技的实然逻辑应对"如何生存"充满了挑战、机遇和不测之风险，因而现代科技伦理的应然逻辑的伦理关系会随之不断变化发展，为了应对千变万化的伦理风险，其伦理规范也会相应地不断更新、拓展。在此意义上，又可以说，现代科技伦理的应然逻辑是一种实践智慧的凝聚。

其次，由于科技活动主体在其应然逻辑的运作中，关涉多元主体的多重利益，因而需要协调众多的利益关系；同时，由于各种利益的诱惑、冲突甚多，在多元利益的博弈中，科技伦理主体对于科技伦理实体的向心力减弱，其行为样态趋于多样，其行为结果往往是正负效应并举，而且对人—自然—社会的影响巨大，因此，仅仅强调科技伦理实体对于应然逻辑的伦理规范的自知、自觉，对于自身道德行为的自律、自省还不够，还须制定相关的具有道德他律性的科技伦理治理机制，包括基于科技伦理实体的伦理评价、伦理监督、伦理问责的三重治理机制，以引导和约束现代科技伦理实体的认知、行为，促进现代科技向着推进人—自然—社会和谐、可持续的至善方向发展。因此，现代科技的实然逻辑体现了自律与他律的辩证统一。

通过以上从道德哲学视域探索现代科技伦理的三重逻辑，我们进一步认识到以下三点。

其一，现代科技伦理的本然逻辑即对现代科技的本然逻辑进行道德哲学的追问，从客体向度揭示了现代科技与人—社会—自然构成的生活世界之间即需求及其满足之间的内在联系及其历史辩证法；从主体向度揭示了现代科技蕴含了现代科技活动主体基于自然规律、社会规律以及现代科技发展的规律，对现代科技和人与自然、人与社会、人与自身伦理关系的内在秩序的期望、选择与设计。由此可见，现代科技之所以发生发展，深深地植根于一定的社会，既与一定社会的生产发展、人的生活需要相关，又与科技活动主体基于一定社会的生产发展、人的生活需要所进行的道德价值选择密切相关。

其二，通过对现代科技伦理的实然逻辑的探索即对现代科技发展现状的省察，不仅展现了现代科技取得的最新进展及其成就，而且揭示了现代科技发展伦理的境遇，其中包括人与自然、人与社会、人与人、人与自身伦理关系等伦理问题的多重性和科技与经济—政治—文化关系等伦理问题的多样性、多元性和多变性。如果我们要探究在当代全球化和市场经济的条件下，现代科技发展的现状、运作机制及伦理关系，就可以看到资本的霸权逻辑在一定程度上控制着现代科技的运作，这种资本运作的霸权逻辑如同海德格尔所说的"座架"，它意味着对那种摆置的聚集，这种摆置摆置着人，也即逼迫着人，使人以订造方式把现实当作持存物来解蔽。① 由此可见，现代科技的实然逻辑并非"纯科技运作"，而是蕴含了诸多的伦理关系、复杂的伦理境遇、多重的伦理悖论。因而，依据现代科技发展的历史辩证法建构现代科技的应然逻辑超越现代科技的实然逻辑，已成为人类特别是科技活动主体的必然的道德选择。

其三，通过对现代科技伦理的应然逻辑的探索，昭示了现代科技伦理应然逻辑的辩证本性即现代科技伦理的应然逻辑蕴含实然与应然

---

① 参见［德］海德格尔《海德格尔选集》（下），孙兴周选编，生活·读书·新知三联书店1996年版，第938页。

的辩证统一、其主体"能做"与"应做"的辩证统一、道德责任认知与道德责任能力的辩证统一、理性选择与价值选择的辩证统一、自律与他律的辩证统一，体现了现代科技伦理实体的生存智慧、认知智慧、实践智慧、战略抉择智慧与发展智慧。这表明现代科技伦理不是传统伦理的"人伦"关系伦理的简单推广应用，而具有其自身生成的伦理特质、独特的伦理建构和运作方式。现代科技伦理的建构直接关系到现代科技发展与社会—自然—人如何协调、可持续发展，与经济、政治、文化、社会和生态文明建设密切相关，凸显了人与自然的生命共同体，关系到中国式现代化建设，因而需要我们倾力探索。

第二篇　现代科技伦理的"应然"实践

上一篇主要从道德哲学的视域解析了现代科技伦理应然逻辑的理论底蕴，体现了现代科技伦理理论的可能性及其主体向度。本篇"现代科技伦理的'应然'实践"则着重解析现代科技伦理应然逻辑的实践必要性即直面现代科技伦理的现实问题（包括第四章至第五章），体现了现代科技伦理的客体向度，亦凸显了伦理把握世界的本质的精神—实践方式。

如前所述，现代科技的社会化、组织化的程度越来越高，因而现代科技不再是少数个人的事业，已经成为包含多行业、多部类、多层次，产学研一条龙的集体行动和庞大的社会职业体系。当代在高技术日新月异发展的条件下，由于资本逻辑逐利倾向的误导，现代科技伦理实体不道德的集体行动，产生了科技—伦理悖论，进而引发环境、食品、工程等一系列的多重伦理问题，使科技伦理风险不断增大。这既是当代我国面临的"中国问题"，也是全球面临的并且不可回避的科技伦理问题。

据此，本篇着重解析现代科技伦理应然逻辑在实践中面临着的三重伦理困境，包括多维度的正负伦理效应、多重伦理悖论和多重样态的伦理风险。为此，首先通过辨析现代科技的伦理效应的内涵，探讨现代科技伦理效应"是其所是"的客观的多重类型。在此基础上，通过解析现代科技的伦理悖论的内涵，探讨现代科技伦理悖论的历史样态与现实的多重样态，以当代人工智能为例，解析其中蕴含的生命伦理悖论，进而探讨现代科技伦理悖论何以产生。在实证调研[①]与上述概念辨析的基础上，论述现代科技的伦理风险的内涵与特征，探索现代科技伦理风险的生成及其类型。由此解析现代科技发展的伦理价值协同何以必要、何以可能，以及如何进行伦理价值协同。以强化科技伦理实体的道德认知、道德情感和道德意志，使其在现代科技发展与成果应用的过程中，在"能做"与"应做"的博弈中进行伦理价值选择，以减少或者规避现代科技的伦理悖论和伦理风险。

---

① 参见本书附录"当前我国科技伦理现状调查研究报告"，第222页。

化学药物的生产起始于工业革命时代，现在已进入一个生产高潮，随之而来的是一个严重的公共健康问题将出现。[①]

——雷切尔·卡逊

第四章

现代科技发展的三重伦理困境

如前所述，现代科技发展不仅对社会生产力的发展、经济的运行、政策法规的制定与实施、文化发展的广度与深度产生了深刻的影响，推进了社会可持续发展的进程，也促进了人的全面发展。这表明，现代科技已成为社会发展、人的生存与发展不可或缺的"原素"。本章着重探讨现代科技应然逻辑在实践中面临的三重伦理困境，包括现代科技发展及其成果应用的多维度的双重（正负）伦理效应、多重伦理悖论与多种样态的伦理风险。

第一节 现代科技的伦理效应及其类型

现代科技应然逻辑在实践中面临的第一重伦理困境就是现代科技发展及其成果应用产生了多重维度的伦理效应。因而追问伦理效应与现代科技的伦理效应内涵，以及现代科技伦理效应的类型，是探索现代科技应然逻辑在实践中所面临的其他两重伦理困境即现代科技的伦

---

① [美]蕾切尔·卡逊：《寂静的春天》，吕瑞兰、李长生译，吉林人民出版社1997年版，第162页。

理效应蕴含的伦理悖论和伦理风险的首要环节。为此，首先须解析"现代科技的伦理效应"。

一 现代科技的伦理效应

"现代科技的伦理效应"的属概念是"伦理效应"，因而解读"现代科技的伦理效应"的内涵，首先须了解"伦理效应"的内涵。而"伦理效应"是一合成词，即由"伦理"和"效应"两个词组成。从逻辑方法上看，"伦理效应"是对"效应"概念的限制，即"效应"是"伦理效应"的属概念。"效应"概念使用的范围较广，比如，物理学中有光电效应、热效应、场效应等；心理学中有巴纳姆效应、首因效应、名片效应、亲和效应等；经济学中有马太效应、品牌效应等；其他方面有温室效应、蝴蝶效应等。这里着重探讨"现代科技的伦理效应"，因此须先将"效应"限制在伦理学的语境或伦理意义的范围之中，然后才能进一步探讨"现代科技的伦理效应"。

从概念的关系来看，如上所述，"效应"是"伦理效应"的属概念，"伦理效应"是"效应"的种概念，两者具有属种关系。因而解读"伦理效应"的内涵，首先须解读"效应"的内涵。所谓"效应"，在科学上，一般是指由某种动因或原因产生的一种特定的科学现象；在社会科学上，一般是指某人或某事物在社会上引起的反映或效果。[①]"伦理效应"则是指某种（类）现象对于社会伦理的诸方面产生的影响，其中既有宏观层面的影响，诸如对自然（环境或者生态）、社会（经济、政治、文化等方面）伦理关系的影响，又有中观层面的影响，诸如对一定社会伦理关系，伦理规范体系，社会风尚，社会的伦理观、价值观等方面的影响，还有微观层面的影响，诸如对人们的工作方式、生活方式、思维方式和教育模式等方面的影响等。

由此可知，"现代科技的伦理效应"是指现代科技的发展及其成果应用对于上述"伦理效应"所关涉的诸层面、诸方面的影响。随着现代科技的迅猛发展，高科技产品更新换代频率不断加快，其影响

---

① 参见《新华词典》（大字本），商务印书馆2002年版，第1086页。

的广度不断扩展,其影响的深度不断递进、势不可挡,其产生多重性的伦理效应不可避免。

二 现代科技伦理效应的类型[①]

现代科技的伦理效应主要显现为利弊相伴、正（善）负（恶）相随,这里所说的现代科技的伦理正效应,是指其造福人类的方面;其负效应则是指其影响甚至危及人类的生存与自然的可持续发展。这些伦理效应会在多重维度上展现为不同类型,因而具有"是其所是"的客观性。

首先,从其时间维度看,现代科技伦理的效应"是其所是"的客观性包括现代科技及其成果运用的短期效应、中长期效应。关于现代科技及其成果应用的短期（即瞬时或者称为当下）的伦理效应,是指在短时间内对于一定社会的诸层面、诸方面的影响,这在微观层面往往比较显而易见,比如手机、计算机、家用电器的更新换代对人们的生活方式、工作方式和思维方式以及教育模式等方面所产生的伦理影响。关于现代科技及其成果运用的中长期伦理效应,即在较长时间内对于一定社会的政治、经济或者文化产生的持续推进作用和深远影响。比如我国"两弹一星"研制成功、长征系列火箭的研制与发射、高速铁路的研制与开发及其运营等现代科技成就的取得,不仅极大地激发了全中国人民的爱国心、民族自尊心、自豪感与自信心,鼓舞了人们创新创业,发愤图强建设社会主义和谐社会的热情,而且极大地鼓舞了海外华侨和发展中国家的人民。从其中长期的伦理效应而言,不仅推进了我国高科技的迅猛发展,推动了相关产业的发展,大大增强了我国的综合国力,扩大了我国的国际影响力,而且改变了世界的经济、文化与战略格局,有利于维护世界和平。值得指出的是在研制"两弹一星"、长征系列火箭、高速铁路等现代科技重大攻关项目的过程中,所生成的现代科技伦理实体的伦理精神,其中包括百折不挠

[①] 参见陈爱华《工程的伦理本质解读》,《武汉科技大学学报》（社会科学版）2011年第5期。

的拼搏精神、团结协作的奋力攻关精神、振兴中华的爱国主义精神、厚德载物自强不息的精神、兼收并蓄的批判继承精神、自立于世界民族之林的精神等，对于形成我国当代的科技伦理精神，推进我国的道德建设和科学文化建设，形成社会主义新风尚都具有深远影响。

其次，从现代科技伦理效应"是其所是"的客观性及其空间维度来看，一是人与人之间的现实空间距离变短。现代发达的交通网络，包括城际铁路、高铁、地铁的开通运行，使人们的出行更加便利、快捷，大大缩短了过去人们在交往过程中的空间的距离感。二是虚拟空间的开发，不但扩展了人们的交往空间和认识世界的方式，也改变了人们的日常交往方式，如微信、微博、短视频等的开发，使得人们在虚拟空间交往的形式日益多样。三是空间生产方式的变化。过去人们主要是在平面的实体空间中生产（工作），现在人们通过生产空间，不仅在地面上生产（工作），而且在地下、高架、太空中生产（工作），即生产空间导致空间生产的立体化、多元化。四是空间观念的重新诠释变换。过去"空间"只是一个物理学的概念，而现在"空间"则是一个在各类学科、各行各业中广泛使用的具有发展可能性的概念，诸如思维的空间、创作的空间、合作的空间、可改善的空间、发展的空间等。

最后，从现代科技伦理效应"是其所是"的客观性的显现方式维度来看，既有显性效应，又有隐性效应。所谓显性效应，是指可以通过时间或者空间维度进行考量和描述的效应。所谓隐性效应，是指无法通过时间或者空间维度进行考量和描述的效应或者进行确切描述或考量的效应。在上述时间与空间维度的伦理效应中，可以进行考量和描述的属于显性效应；而无法通过时间或者空间维度进行考量和描述的效应或者进行确切描述或考量的效应则属于隐性效应。一般说来，隐性效应有以下几种情况。其一，现代科技发展及其成果应用对人的道德心理或者伦理观念、伦理精神层面的影响。其二，现代科技发展及其成果应用对宏观层面的人—自然—社会缓释性影响，这亦称为"延迟效应"，即这些影响需要经过一定时间的量的积累，才转化为显性效应即质的变化。这些"延迟效应"尤其是负面效应一旦由隐性效应转化为显性效应常常积重难返。其三，现代科技发展及其成果应用对微观层面的个体身心健康的影响，如长期使用手机、电脑、网络，会使人产生对于手机、电脑、网络的依赖感等；导航虽然使用便利，但往往使人逐渐忘却了对于实体路线的记忆，进而可能成为"路盲"等，在此不一一列举。

此外，从现代科技伦理效应"是其所是"的客观性对于人—自然—社会可持续发展的推进维度来看，既有正效应，如，减轻了人的脑力劳动与体力劳动的繁重程度，使人们的出行、购物等更为便利等，又有负效应，如，上面提及手机、电脑、网络和导航等的使用所产生的问题，下面将在"现代科技发展的伦理悖论"中对其展开分析。

第二节　现代科技发展的伦理悖论

现代科技应然逻辑在实践中面临的第二重伦理困境即现代科技发展及其成果运用的多重伦理悖论，这与现代科技的伦理效应密切相关，亦由现代科技及其成果的运用而产生。如果说现代科技的伦理效应显现为多维度的正负两重效应具有其"是其所是"的客观性，那么，现代科技发展及其成果运用的多重伦理悖论[①]则主要凸显为现代科技活动主体行为的动机与结果之间的"二律背反"性。

现代科技伦理悖论的"二律背反"性，可以追溯到古代人对于人类社会产生之初的早期技术发展及其伦理效应的认知与反思。不过，与古代科技相比，现代科技产生的伦理效应及其伦理悖论的表现样态，无论在广度还是深度上都远远超出古代。如果要了解现代科技的伦理悖论的"二律背反"性，还须从解析"现代科技伦理悖论"的内涵入手。

[①] 为了便于对"现代科技发展及其成果运用的多重伦理悖论"进行概念辨析，以下将其简称为"现代科技伦理悖论"。

一 伦理悖论与现代科技伦理悖论①

"现代科技伦理悖论"的属概念是"伦理悖论",而"伦理悖论"是一个合成词,即由"伦理"和"悖论"两个词组成,不过"伦理"和"悖论"两个概念之间不是严格的逻辑意义上的属种关系。但是从概念解析的方法上,还是须先解读"悖论",再解读"伦理悖论",进而才能解读"现代科技伦理悖论"。

表4-1　　　　　　　　逻辑悖论与伦理悖论的比较

比较的相关属性	逻辑悖论	伦理悖论
认识论	存在于思维世界,属于理性(或者知性)认识阶段(层面)	存在于生活世界,属于实践认识阶段(层面)
悖论样态	一命题A如果命题A承认A,则可以推得-A(非A);反之亦然⑦	一种行为的目的是好的或者是善的,然而其产生的结果却是利与害并举、善与恶相伴
逻辑形态	实然逻辑,即依照"是其所是"的实然逻辑形态对相关逻辑悖论中的语形、语义、语用进行真假的断定	应然逻辑,即依照"是其所应是"的应然逻辑形态对产生伦理悖论的伦理活动主体所关涉的相关的诸伦理关系的行为取向、行为后果依据一定的伦理原则、伦理规范进行善恶的辨析
风险境遇或悖境度	关系到理论建构的逻辑是否自洽,因而逻辑悖论面临的是理论"悖境",因为逻辑悖论本身是被建构的	关系到人—自然—社会是否和谐,因而伦理悖论面临的是社会"悖境"或者是人—自然—社会这一系统的"悖境"。因为伦理悖论本身是非建构性的

---

① 参见陈爱华《论逻辑悖论与伦理悖论的异同》,载张建军主编《逻辑学动态与评论．第一卷．第一辑》,中国社会科学出版社2022年版,第171—179页。

⑦ 参见夏征农、陈至立等主编《辞海》(第六版　彩图本),上海辞书出版社2009年版,第129页。

就"悖论"而言，它是逻辑学名词，其内涵为，一命题 A，如果承认 A，则可以推得 - A（非 A）；反之，如果承认 - A（非 A），亦可以推得 A。① 由此，称命题 A 为悖论。近年来，国内学界经过对悖论的反复研讨，已不再把悖论简单地归结为一个孤立的悖论性语句或矛盾等值式，而将悖论视为具有多重结构要素的系统性存在。② 张建军将悖论定义为："［逻辑］悖论指谓这样一种理论事实或状况，在某些公认正确的背景知识之下，可以合乎逻辑地建立两个矛盾语句相互推出的矛盾等价式。"③ 其中包括三个结构要素："公认正确的背景知识""严密无误的逻辑推导"和"可以建立矛盾等价式"。④ "逻辑悖论"有狭义与广义之分。其最狭义的用法仅指集合论语形悖论，而目前西方学界比较通行的用法是指谓集合论语形悖论、语义悖论、认知悖论和新近出现的合理行动悖论。"广义逻辑悖论"不仅包括狭义逻辑悖论，还包括哲学悖论，诸如芝诺悖论和康德的二律背反等；现在还有模糊悖论、归纳悖论和道义悖论；具体科学悖论，诸如贝克莱悖论和爱因斯坦追光悖论等。

上一节"伦理效应"与"效应"两个概念之间是属种关系，即前者（"伦理效应"）是后者（"效应"）的种概念，而后者（"效应"）是前者（"伦理效应"）的属概念，而"伦理悖论"与"悖论"与上述"伦理效应"与"效应"之间的概念关系不尽相同，"伦理悖论"与"悖论"这两者之间不是严格的逻辑意义上的属种关系，而是一种引申意义上的借鉴。

所谓"伦理悖论"是指在现实的伦理关系的运作中，更多是指行为的目的与后果之间的"二律背反"，即一种行为的目的（即在其本然逻辑层面）是好的或者是善的，然而其产生的结果（即在其实然逻辑层面）却是利与害并举、善与恶相伴；或者是如果你得到了预期

---

① 参见夏征农、陈至立等主编《辞海》（第六版 彩图本），上海辞书出版社 2009 年版，第 129 页。
② 参见张建军《广义逻辑悖论研究及其社会文化功能论纲》，《哲学动态》2005 年第 11 期。
③ 张建军：《广义逻辑悖论研究及其社会文化功能论纲》，《哲学动态》2005 年第 11 期。
④ 张建军：《广义逻辑悖论研究及其社会文化功能论纲》，《哲学动态》2005 年第 11 期。

的伦理的正效应（善），同时也得到了未预期到的伦理的负效应（恶）；或者即使预期中认识到，一旦你得到伦理正效应（即在其本然逻辑层面），可能会产生一定的伦理负效应，但是在行为结果（即在其实然逻辑层面）中，出现了始料未及的伦理的负效应。

由上述表4-1逻辑悖论与伦理悖论的比较可知，首先，从认识论来看，逻辑学意义上的"悖论"存在于思维世界之中，属于认识的理性（或者知性）认识阶段，具有一定的主观性。关于逻辑悖论，一是从其三要素，即"公认正确的背景知识""严密无误的逻辑推导"和"可以建立矛盾等价式"来看，逻辑悖论属于思维现象，或者说是思维活动呈现出的一种样态。二是逻辑悖论无论作为一种"理论事实"，即"存在或内蕴于人类已有的知识系统之中"，还是作为一种"理论状况"，即一种"系统性存在物，必须从具有主体间性的背景知识经逻辑推导构造而来"。[1] 由此可见，逻辑悖论存在于思维过程之中，是对思维过程的逻辑矛盾的抽象，而不是对现实的客观对象世界的描述。

而"伦理悖论"发生在客观的伦理生活世界之中，属于认识论的实践层面，具有一定的客观性，甚至不以人的意志为转移，在一定的历史阶段，由于认识水平和生产力发展水平的限制，无法避免这些伦理悖论。因为伦理悖论是在现实的伦理关系的运作中，产生的人与人、人与社会、人与自然（环境）矛盾（伦理问题）的伦理概括，即一种行为的目的是好的或者是善的，然而其产生的结果却是利与害并举、善与恶相伴。尤其是当代科技的迅猛发展对社会—经济—文化及人们的生活方式、思维方式、价值观念等产生了广泛而深刻的影响。由于这些影响既有正效应，又有负效应，即在科技研究及其成果的运用中取得了预期的伦理的正效应（善），同时也产生了未预期到的伦理的负效应（恶）；或者虽然预期到，当获得其伦理正效应时，可能会产生相应的伦理负效应，但是在行为结果中，伦理负效应（恶）实际上大大超出了原来的预期。

---

[1] 张建军：《广义逻辑悖论研究及其社会文化功能论纲》，《哲学动态》2005年第11期。

其次，从逻辑形态来看，逻辑悖论属于实然逻辑范畴，即"是其所是""是必然（或然）所是"，并且即依照"是其所是"的实然逻辑形态对相关逻辑悖论中的语形、语义、语用进行真假的断定。而"伦理悖论"属于应然逻辑范畴，即"是其所应是"，即依照"是其所应是"的应然逻辑形态对产生伦理悖论的伦理活动主体所关涉的相关的诸伦理关系的行为取向、行为后果依据一定的伦理原则、伦理规范进行善恶的辨析，即通过"能做"和"应做"的反思，追溯伦理悖论产生的根源、表现形态、对于人—社会—自然系统的多重伦理关系产生的时间与空间维度的多重正负两重效应即"悖境度"，探求相关的解悖方略。

最后，从风险境遇或曰"悖境度"来看，逻辑悖论的"悖境度"或曰风险境遇关系到理论建构的逻辑是否自洽，因而逻辑悖论面临的是理论"悖境"，无论作为一种"理论事实"，还是作为一种"理论状况"，逻辑悖论本身是被建构的。而伦理悖论的风险境遇或曰伦理"悖境度"关系到人—自然—社会是否和谐，因而伦理悖论面临的是社会"悖境"或者是人—自然—社会这一系统的"悖境"。因为伦理悖论本身是非建构性的：一是伦理悖境风险具有客观性，它不能回避并且不以人的意志而转移；二是伦理悖境风险[1]的正效应与负效应具有相互依存性，常常会产生连锁反应的客观后果，并且始料未及。比如高技术发展及其成果应用的正效应越来越被其凸显的负效应遮蔽，从而更增加了高技术伦理风险的复杂性和可变性。

从上述的概念释义，尽管可以看到逻辑悖论与伦理悖论两者之间具有较大的殊异性，但还是具有以下两个方面的相似或者相通性。一是从"悖论度"[2]的观点看，两者具有一定的相似性。二是再从解悖或者规避的"最小代价最大效益"原则来看，逻辑悖论与伦理悖论两者之间亦具有一定的相通性。

尽管"伦理悖论"与"悖论"之间的关系不是严格的逻辑意

---

[1] 参见陈爱华《高技术的伦理风险及其应对》，《伦理学研究》2006年第4期。
[2] 张建军：《广义逻辑悖论研究及其社会文化功能论纲》，《哲学动态》2005年第11期。

上的属种关系，但是"伦理悖论"与"现代科技伦理悖论"之间则具有属种关系。由此可见，尽管"伦理悖论"借鉴了"悖论"的表述，但不是逻辑学意义上的概念限制，而是在认识论的不同层面和价值论层面的引申与推广。

由于"伦理悖论"与"现代科技伦理悖论"之间具有属种关系，因此，"现代科技伦理悖论"是指在现代科技发展与成果应用的过程中，尽管原初的理论设想或者理论设计，或曰目的（即在其本然逻辑层面）是好的或者是善的，然而其产生的结果（即在其实然逻辑层面）却产生了利与害并举、善与恶相伴的情形；或者是虽然得到了原初的理论设想或者理论设计的科技伦理的正效应（善），而同时也得到了未预期到的科技伦理的负效应（恶）；或者即使原初的理论设想或者理论设计中（即在其本然逻辑层面）认识到，可能得到伦理正效应的同时，也会伴随一定的伦理负效应，但是在现实的结果（即在其实然逻辑层面）中，出现了始料未及的科技伦理的负效应，如农药中的滴滴涕、高效低毒的马拉硫磷等，又如运用现代高科技的智能手机、网络、人工智能等。

二 现代科技伦理悖论的历史形态[①]

纵观科技发展史，在从猿到人的转变中学会制造和使用工具，获取其生存所需要的生活资料对于维持生存具有举足轻重的关系。因而"任何人类历史的第一个前提无疑是有生命的个人的存在。因此第一个需要确定的具体事实就是这些个人的肉体组织，以及受肉体组织制约的他们与自然界的关系"[②]。如前所述，由于真正意义上的科学发端于近代，科学与技术并提即"科技"一词形成则是现代。而科技发展的最初形态是资源技术。[③]

---

① 参见陈爱华《技术的德性本质解读》，《湖湘论坛》2019年第5期。
② 《马克思恩格斯全集》第3卷，人民出版社1960年版，第23页。
③ 这里提及的技术发展的"历史形态"主要是指不仅对人类及其社会生存与发展具有影响深远、举足轻重关系的技术，而且也在一定程度上汇聚了其他技术并且影响了其他技术发展的技术。如文中提及的"资源技术""动力技术"和"信息技术"等。

第四章　现代科技发展的三重伦理困境

资源技术主要包含人与自然的关系和人对自然的相关知识了解。而关于火的使用，是人类在改造自然方面取得的第一个伟大胜利。[①] 正如恩格斯在《热》一文中所说："人类只是在学会摩擦取火以后，才第一次迫使一种无生命的自然力替自己服务。"由此，恩格斯认为，人类对火的使用"具有几乎不可估量的意义的巨大进步"。[②] 因为由天然火的使用，到制火技术的出现，人类食物结构便由生食变为熟食。在此基础上，就有制陶、冶炼等项技术的发明，人类逐渐改变了茹毛饮血的生活方式，增强了抵御自然灾害的能力。进而从物种关系方面把自己从动物中提升出来，逐渐摆脱完全依赖自然的本能状态，增强了主动开发、利用和改造自然资源的能力。与此同时，也产生了最初形态的资源技术的伦理悖论。如同恩格斯在《劳动在从猿到人转变过程中的作用》中列举的实例：随着开发、利用和改造自然资源能力的增强，美索不达米亚、希腊、小亚细亚以及其他各地的居民，为了得到耕地，把森林都砍完了，尽管他们的确在短期内得到了其想要的耕地——局部的、特殊的、第一目标实现了，但是他们却破坏了这些地区长远的、整体的、普遍性的生态平衡——这些地方由于他们的作为，失去了森林，也失去了积聚和贮存水分的中心，进而在今天竟成为荒芜的不毛之地。这种资源技术的伦理悖论表明，人们近期利益的获得是以牺牲长远利益为代价的。

"火"是一切能源的基础。[③] 上述提到的制火技术不仅是"资源技术"的关键环节，也是动力技术的最初形态。随着生产规模的不断扩大和生产能力的提高，迫切需要作为动力的能源技术的改进与创新。正如马克思在《哲学的贫困》中指出："手工磨产生的是封建主为首的社会，蒸汽磨产生的是工业资本家为首的社会。"[④] 蒸汽机的发明是近代文明的标志。在蒸汽机的推动下，纺织、冶炼、机械加工等工业部门的生产规模和产业结构完全改观。在交通运输上，机车、

[①] 参见《马克思恩格斯全集》第26卷，人民出版社2014年版，第671页。
[②] 《马克思恩格斯全集》第26卷，人民出版社2014年版，第671页。
[③] 参见萧焜焘《自然哲学》，江苏人民出版社1990年版，第421页。
[④] 《马克思恩格斯全集》第4卷，人民出版社1958年版，第144页。

轮船得到了蒸汽机的强大动力装备。蒸汽机及相关技术成了机器大工业的产业结构的技术基础。随着机器大工业的进一步发展，动力技术从蒸汽技术、电力技术到核能技术，不但强有力地推动了社会化大生产的历史进程，进而为人类后来对信息的控制与利用，奠定了基础。如果说技术的第一种历史形态体现了追求幸福的德性，主要表现为劳动及制火技术创造了人——从物种关系方面把自己从动物中提升出来，那么这种动力技术在改造人的同时也改造了人与人、人与社会、人与自身、人与自然之间的伦理关系。这正如马克思所说："一旦生产力发生了革命——这一革命表现在工艺技术方面——，生产关系也就会发生革命。"① 马克思高度评价火药、指南针、印刷术三大发明对瓦解封建制度所起的革命作用。他指出："火药把骑士阶层炸得粉碎，指南针打开了世界市场并建立了殖民地，而印刷术则变成新教的工具，总的来说变成科学复兴的手段，变成对精神发展创造必要前提的最强大的杠杆。"② 然而，动力技术所产生的伦理的效应，并非都是好的或者是善的，而是出现了一系列的负效应，进而产生了新的动力技术的伦理悖论。这正如爱因斯坦所指出的那样，它没有使我们从单调的劳动中真正得到解放，反而使人成为机器的奴隶；大多数人一天到晚疲倦地工作着，他们在工作中毫无乐趣，而是经常提心吊胆，唯恐失去他们的收入。③ 亚里士多德曾在《尼可马可伦理学》中指出，"德性不仅产生、养成与毁灭于同样的活动，而且实现于同样的活动"④。而"造成幸福的是合德性的活动，相反的活动则造成相反的结果"⑤。因此，"我们应当重视实现活动的性质，因为我们是怎样

---

① 《马克思恩格斯全集》第 37 卷，人民出版社 2019 年版，第 100 页。
② 《马克思恩格斯全集》第 37 卷，人民出版社 2019 年版，第 50 页。
③ 参见《爱因斯坦文集》第三卷，许良英、赵中立、张宣三编译，商务印书馆 1979 年版，第 73 页。
④ ［古希腊］亚里士多德：《尼可马可伦理学》，廖申白译，商务印书馆 2008 年版，第 38 页。
⑤ ［古希腊］亚里士多德：《尼可马可伦理学》，廖申白译，商务印书馆 2008 年版，第 27 页。

的就取决于我们的实现活动的性质"①。动力技术作为一种"实现活动的性质"的深层原因如同马克思在《1861—1863年经济学手稿》中深刻揭示的那样,在资本主义生产方式下,科学技术成为生产财富的手段,成为致富的手段;资本家只是为了生产过程的需要,利用和占有科学技术。②法兰克福学派的创始人霍克海默则从发达的工业社会的境遇中,深刻地剖析了这种技术—幸福的悖论:"人与人在战争与和平中的斗争,是理解种的贪心以及随之而来的实践态度的关键。"③这一方面表现为特殊社会内部的冲突,另一方面也表现为全球规模的社会之间的冲突,从而,促使人与自然的关系进一步尖锐化。从外部来看,这意味着控制、改变和破坏自然环境的能力越来越强。从内部来看,这意味着用暴力的和非暴力的方法操纵意识,把他律的需要内在化,扩大社会对于人内心生活的控制。④

三 现代科技伦理悖论的多重样态

与上述现代科技伦理悖论的历史形态主要呈现为资源技术和动力技术与环境的伦理悖论不同,现代科技及其成果运用不仅产生了多维度的双重伦理效应,而且生成了与之相关的多重伦理悖论。主要表现在以下几个方面。

首先,现代科技发展及其成果运用导致了科技—人与自然关系的伦理悖论。莱斯在《自然的控制》一书中指出,人们控制自然的目的是保卫生命和提升生命。但是现有的实现这些目的的手段却包含着一种潜在的毁灭性,即这些手段在生存斗争中的充分使用会使到目前为止以众多苦难换来的利益遭到毁灭。在《寂静的春天》一书的"人类的代价"中,雷切尔·卡逊阐述了由化学药物引发的科技—人

---

① [古希腊]亚里士多德:《尼可马可伦理学》,廖申白译,商务印书馆2008年版,第36页。
② 参见《马克思恩格斯全集》第32卷,人民出版社1998年版,第362—394页。
③ 转引自[加拿大]威廉·莱斯《自然的控制》,岳长龄、李建华译,重庆出版社1993年版,第136页。
④ 参见陈爱华《科学与人文的契合——科学伦理精神历史生成》,吉林人民出版社2003年版,第233—234页。

与自然关系的伦理悖论。她指出,"化学药物的生产起始于工业革命时代,现在已进入一个生产高潮,随之而来的是一个严重的公共健康问题将出现"。由于"这些化学药物正向着我们所生活的世界蔓延开来,它们直接或间接地、单个或联合地毒害着我们",因此"今天我们所关心的是一种潜伏在我们环境中的完全不同类型的灾害——这一灾害是在我们现代的生活方式发展起来之后由我们自己引入人类世界的"。①

其次,现代科技发展及其成果运用所产生的现代空间生产的伦理悖论。② 这一悖论呈现出多重样态。一是现代科技发展促进了城市的迅速扩张,拓展了城市发展的空间,一方面,为人们(包括城市流动人员)的就业、发展提供了更多的机会,对于推进城乡一体化具有一定的积极作用;另一方面,城市的迅速扩张使得乡村的可耕地锐减,使人—地伦理关系空前紧张,失地农民增多,房价飙升,在一定程度上影响了人们(特别是年轻人)的生活质量的全面提高。二是城市的迅速扩张推动了城市的房地产的开发和城市交通立体化、系统化、现代化的发展,进而使城市居民的住房得到很大的改善,人们的出行也越来越便利,但与此同时,整个城市成为一个大工地,不仅各种建筑机械挖掘的噪声不绝于耳,而且城市的扬尘导致其空气质量指数急剧下降,城乡的雾霾成了挥之不去的阴影,到处灰蒙蒙一片,蓝天白云已是较为罕见的景观。三是随着城市的迅速扩张,流动人口不断向城市汇聚,城市人口密度不断增高,与此相关,城市的生活垃圾、生活污水空前增多,加上城市工业规模的扩大,工业废气、废渣、废水的排放有增无减,这些排放物已经超出了自然生态系统的吸收机制③,因而许多城市市区的地下水污染在所难免,与此同时,"水荒"成为困扰许多城市的又一大难题。

---

① [美] 蕾切尔·卡逊:《寂静的春天》,吕瑞兰、李长生译,吉林人民出版社1997年版,第162页。
② 参见陈爱华《"城市魅力"逻辑的环境道德哲学审思》,《东南大学学报》(哲学社会科学版)2012年第1期。
③ [美] 丹·米都斯等:《增长的极限》,李宝恒译,四川人民出版社1984年版,第75页。

再次，现代科技发展及其成果运用所产生的人们交往与活动空间的伦理悖论。① 这一悖论同样呈现出多重样态。一是随着现代汽车科技的发展，我国的轿车业迅速崛起，私家车的拥有量猛增，人们在上班或者交往中常常以车代步。由此，城市的道路空前拥堵，行路难经常困扰着人们。这样加剧了人们的烦躁感、焦虑感，其心理压力空前增大，进而，使人—车—人伦理关系紧张，交通事故频率增高。二是现代科技发展使得工作节奏愈益加快，行业竞争、岗位竞争越来越激烈，许多人处于心理亚健康状态，进而，人—人伦理关系、己—我伦理关系空前紧张。三是现代建筑科技迅速发展，使得城市提高空间利用率成为可能，一幢幢摩天大楼拔地而起，而人们的视觉空间与人际交往的现实自由活动空间日益狭隘，进而使人—楼伦理关系紧张。人们生活在这样的水泥森林中倍感压抑，一逢节假日，就纷纷逃离城市。这样，又引发了节假日客流高峰和驾车出行高峰，使得已有的不堪重负的交通空间雪上加霜。

复次，随着计算机、信息技术迅猛发展，特别是宽带技术的应用，互联网迅速发展，人们步入了网络时代并置身于网络社会的虚拟空间之中，进而生成了虚拟空间的伦理悖论。② 信息—网络技术不仅迅速地改变着人们原有的交往方式、生活方式和思维方式，改变着人—社会—自然关系及其运演模式和进程，而且它已成为人们的一种新的存在方式、交往方式、工作方式和生活方式。人们借助于广阔的信息—网络空间并且依靠其在传播过程中的文化张力，不仅丰富了文化的表现形式，而且形成了新型的信息—网络伦理关系。因而信息—网络技术在丰富人们对政治、经济、法律、真理、伦理和审美认识的同时，也丰富了人们的道德文化生活。与此同时，信息—网络技术的发展，导致了道德文化的多元化，冲击了传统道德文化的主导地位，冲击了传统的主流媒体赖以存在的稳定的道德文化环境，冲击了主流

---

① 参见陈爱华《"城市魅力"逻辑的环境道德哲学审思》，《东南大学学报》（哲学社会科学版）2012 年第 1 期。

② 参见陈爱华《信息伦理何以可能?》《东南大学学报》（哲学社会科学版）2010 年第 2 期。

道德文化推崇的伦理价值体系。信息—网络主体在信息—网络活动中具有极大的隐匿性。其行为具有"数字化"或"非实体化"（虚拟化）的特征。由于信息—网络技术传播信息具有广袤的信息—网络空间和广延的时间维度，改变了人们原有的时空观，在信息—网络空间中，人们在现实社会的相互交往的那些备受关注的特征，诸如性别、年龄、相貌、种族、宗教信仰、健康状况等一切自然和非自然的特征都被略去了，只能看到和听到数字化的终端显现的文字、形象和声音，甚至人也变成了一个数字化了的符号。人们借助于信息—网络空间，进行相互交往，常常会忽略了自己在现实社会中的身份与社会道德责任，以为自己不过是作为一个符号与另一个符号在交流。因而，有些信息—网络活动主体便会放松自己的道德自律性，在传播的信息进行相互交往时，出言不逊，恶语伤人。有些人肆意侵害他人的隐私及利益，并一步步走向信息—网络犯罪，如进行诈骗、盗窃、破坏、侵犯个人隐私、侵犯知识产权、制造信息污染、网络病毒等。这已成为发达国家和发展中国家共同关注的社会公共安全问题。

又次，基因技术（包括"生命增强"技术）对人与人身体的自然和谐的伦理悖论。[1] 这一悖论多重样态主要表现为两个方面。一是随着现代生物医学技术的发展，越来越多的"生命增强"技术及其产品介入了人们的生命活动及其过程之中。比如，人的肢体、器官、组织都可以由人工产品取代，并发挥正常功能。二是目前的人工生殖技术，比如人工授精、体外受精等技术等已影响了人的生殖过程。尽管这些技术干预是有限度的，但确实干预了人自然生殖的程序和过程，即以人工的"不自然"生殖程序替代了自然生殖的程序和过程，与此同时，它还打破了人的自然生殖、生育的某个或某些环节。这正如库尔特·拜尔茨所说，"不管这需要多长时间，但今天任何人都不得不承认：早晚有一天，能够通过技术对人进行彻底的'改良'"[2]。但是这将使得人类文明既有的基础以及奠基于其上的价值观念体系发生一定的变化。

---

[1] 参见陈爱华《人与自然和谐视阈中的生命伦理》，《伦理学研究》2008年第3期。
[2] ［德］拜尔茨：《基因伦理学：人的繁殖技术化带来的问题》，马怀琪译，华夏出版社2000年版，第82页。

也许这种变化不会如同樊浩所预期的那样，人类文明既有的基础以及奠基于其上的价值观念体系将发生"动摇并将最终被颠覆"，"包括道德哲学在内的现有的一切人类文明将最后终结"①，然而其深层的变化总会在一定程度上发生。因而，人与作为人自身身体和自然之间的和谐，将凸显为"自然人"（或者称为自然生命）与生命增强的"技术人"（或者称为人工生命）之间的和谐。就"自然人"与生命增强的"技术人"的和谐而言，主要包括以下两个方面，即"自然人"→生命增强的"技术人"与生命增强的"技术人"→"自然人"和谐的伦理问题。其一，"自然人"→生命增强的"技术人"和谐的伦理问题主要表现为两个方面。一方面，现在的"自然人"究竟有没有权利（如果技术条件允许的话）对未来的生命增强的"技术人"的遗传特征进行人为干预？另一方面，为了使未来生命增强的"技术人"拥有一种有价值的品质，这究竟对其是一种"德性的恐怖"，还是一种"善良的"强制？② 其二，"技术人"→"自然人"的和谐同样也存在以下的伦理问题。一方面，如何对待自然人在数千年以来发展中所形成的特性及自然人的家庭？如何对待以自然人及其家庭为基础的文明资源和与之相关伦理价值的体系？另一方面，如何处理自然生命与人工生命、自然家庭与人工生命家庭的关系？

最后，核能技术的和平利用产生的核电站的伦理悖论。③ 为了应对一次性化石能源匮乏，甚至即将枯竭，核能技术的和平利用曾被世界称为拯救一次性能源枯竭的清洁能源。然而，"核动力将产生又一种污染物——放射性废物"④。1986年4月26日切尔诺贝利核电站的核反应堆爆炸让世界为之恐慌。2011年3月日本因地震引发海啸，影响了福岛核电站的核反应堆，进而导致核泄漏事故。这一核泄漏事故再次将核能技术和平利用的伦理悖论提上了全球性的议事

---

① 樊浩：《基因技术的道德哲学革命》，《中国社会科学》2006年第1期。
② 参见甘绍平《应用伦理学前沿问题研究》，江西人民出版社2002年版，第49页。
③ 参见陈爱华《工程的伦理本质解读》，《武汉科技大学学报》（社会科学版）2011年第5期。
④ ［美］丹·米都斯等：《增长的极限》，李宝恒译，四川人民出版社1984年版，第80页。

日程。因为日本福岛的核泄漏不仅危及其本国人民的用电问题、人的安全、食品安全与经济发展问题，而且其核泄漏造成的海洋的核污染影响到周边国家乃至世界的海洋渔业、海洋运输业，进而影响周边国家的生态环境与食品安全等方方面面。总之，合理地和平利用核能是解决能源短缺和一次性能源枯竭而提出的伦理应对策略，而核泄漏问题的伦理风险的存在说明，核电站工程的伦理悖论关涉人—社会—自然的诸伦理关系秩序的调适与可持续发展。当代，这种伦理效应，尤其是它的负面效应，在全球经济一体化条件下，则"牵一发而动全身"。

四 当代人工智能的生命伦理悖论[①]

与上述现代科技发展相关，尤其是随着大数据时代的到来，人工智能[②]（AI）获得了快速的发展——基于人工智能的"万物互联"——无人驾驶、智能家居、自动诊疗、智慧城市等不断呈现，给人们的学习、工作、生活带来了诸多便利。然而人工智能的发展亦带来了一连串的隐忧，尤其是人工智能产生了生命伦理的困惑与挑战，这是否会威胁人类生存，甚至取代人类？等等。要弄清这些人工智能的生命伦理悖论，须在道德律（因为道德律规定了人的行为所为所不为[③]）层面加以探讨，即从生命伦理学[④]及其生命伦理原则以及与之

---

① 参见陈爱华《论人工智能的生命伦理悖论及其应对方略》，《医学哲学》2020年第13期。

② 人工智能（Artificial Intelligence，缩写为AI）亦称智械、机器智能，指由人制造出来的机器所表现出来的智能。约翰·麦卡锡（John McCarthy）将其定义为制造智能机器的科学与工程。

③ 参见［德］康德《纯粹理性批判》，邓晓芒译，人民出版社2004年版，第613页。

④ 生命伦理学自20世纪60年代产生以来，是迄今为止世界上发展最为迅速、最有生命力的交叉学科。生命伦理学的生命主要指人类生命，但有时也涉及动物生命和植物生命以至生态，而伦理学是对人—自然—社会伦理关系及人的行为规范性的研究，因而，生命伦理学可以界定为运用伦理学的理论和方法，在跨学科、跨文化的情境中，对生命科学和医疗保健的伦理学方面，包括决定、行动、政策、法律，进行的系统研究。生命伦理学总结了第二次世界大战德国纳粹医生以科学研究为幌子残酷迫害犹太人的惨痛教训，结合医学实践和科学实验的实际状况，制定了尊重人的生命与尊严、以人为本的原则，不伤害和有利的原则，公正公益的原则体现了伦理合理性。进而可以引领我们对人工智能引发的伦理问题及其悖论进行生命伦理辨析，作出相关的生命伦理评价、判断和抉择。

相关的机器人学定律进行伦理辨析。

关于机器人学定律是由科幻小说家阿西莫夫（Isaac Asimov）在其《我，机器人》中提出的。机器人行为的三定律分别是：第一，"机器人不能伤害人类或坐视人类受到伤害"；第二，"在与第一法则不相冲突的情况下，机器人必须服从人类的命令"；第三，"在不违背第一与第二法则的前提下，机器人有自我保护的义务"。显然，这三条法则的核心是"不能伤害人类"，体现了对人类安全的重视，同时也确立了人与机器人的主仆关系[①]："必须服从人类的命令。"但是与生命伦理原则相比，还有很大差距。因为"不能伤害人类"仅仅属于生命伦理原则的底线。为了进一步完善机器人学法则，于1985年，阿西莫夫又提出了第零法则："机器人即使是出于自我保护也不能直接或间接伤害人类。"进一步强调了人类安全的重要性。

尽管机器人行为的三定律在阿西莫夫的科幻小说中得到遵守，并且在其他作者的科幻小说中的机器人，也遵守这三条定律，同时，也有很多人工智能和机器人领域的技术专家认同这个准则，然而，这三定律在现实机器人工业，特别在人工智能的应用时还有相当大的难度。从生命伦理学的视域来审视，存在以下三重生命伦理悖论。

首先，人工智能（包括机器人）真的能做到对人的身心发展与健康不伤害吗？实际上，人工智能（包括机器人）应用的后果，很难保证对人的身心不伤害——这恰恰形成人工智能生命伦理的第一重悖论："不能伤害人类"的生命伦理悖论。尽管科学家先前一直希望以最简单的办法，确保人工智能（包括机器人）不给人类带来任何威胁。但人工智能（包括机器人）会以什么方式伤害到人？这种伤害有多大？伤害可能以什么形式出现？什么时候可能发生？怎样才能避免？这些问题都亟须细化。当代，由于使用多样化的人工智能，人们原来的多样化、多元化的思维可能变得整齐划一，成为单向度地运用人工智能的思维，进而成为人工智能的消费机器，或者成为机器的一部分。因为科学家与工程技术人员总是在工具性层面关注人工智能是

[①] 参见段伟文《机器人伦理的进路及其内涵》，《科学与社会》2015年第2期。

否具有更强大的智能和力量,而消费者则主要在功用性层面考虑是否使用和如何使用这些具有更强大智能和力量的人工智能。由此虽然会考虑这些人工智能是否对人类有善意,能否与其协作、共存①,但是却没有追问这些人工智能是否以珍爱生命作为出发点(初心),并且是否将珍爱生命作为一种顶层设计。为此须追问人工智能对人思维方式的生理、心理和生活方式的生命基础到底是推进,还是相反?是促进人思维的全面发展,还是单向度发展?如果不作这样的追问,听任人工智能发展,原来人所具有的各种不同的奇思妙想和几百万年进化获得的不同创发力和审美情趣将趋同于人工智能、依附于人工智能,而人自身的智能除了学会使用人工智能的操作,其他能力将随之退化或者被消解。如同现在的智能手机将记事本、通讯录、网络支付、各类电子阅读文本、语言、翻译、邮件、微信、视频、音乐、广播电视、遥控等都囊括其中,正所谓"一机在手,样样都有",因此,目前人们对于手机已经达到前所未有的依赖。一旦离开了手机,人们似乎一无所有。同时使用手机的低头族的颈椎病高发,危及人的健康;手机智能游戏一族不仅网瘾难解,身心健康堪忧等生命伦理问题亦不胜枚举。而智能手机的当下效应,也将是人工智能的未来效应,或者更为严重。有可能人工智能越发达,人类思维与智力越愚钝;人工智能发展的功能越多,人类健康水平越低。

其次,人工智能在运用过程中,真的能做到知情同意吗?各种人工智能(包括机器人)的使用说明或者相关协议很多,但是对于生命伦理"尊重人的生命与尊严"原则中的知情同意却无法真正实现——这便形成了人工智能生命伦理的第二重悖论:"知情同意"的生命伦理悖论。因为它可能带来一种潜在文化与教育的生命伦理危机:如果说,基因编辑技术可能不仅动摇作为以往一切社会文明基础的自然秩序,其更大危险是世界物种的多样性乃至人种的多样性,会成为少数垄断技术和力量的狂人的家族操控②,那么人工智能的发展,

---

① 参见蓝江《人工智能与伦理挑战》,《光明日报》2018年1月23日第15版。
② 参见樊浩《基因技术的道德哲学革命》,《中国社会科学》2006年第1期。

不仅为犯罪行为拓展了更为广阔的空间，而且当下的智能机器人（弱人工智能）进入人们的健康、生活、教育、培训和娱乐等领域[1]，它们辅导幼儿—少儿—青少年学习，以后将由强人工智能全面掌控大学教育和自主式学习[2]，甚至各行各业行政管理—运营模式等乃至人们的家庭及日常生活，以至于人类独特的情感[3]亦可能由弱或强人工智能掌控。因为它们借助于大数据平台，设定算法的智能化平台对于上述诸方面都具有很强的主导性。[4] 同时，由于在万物互联中，人与物数据的自动产生，对于这些数据的采集、分析，可以对人的行为偏好形成较为客观的数据化表象，再通过意义互联在具体的语境和局域中获得理解。[5] 这样，知情同意原则，形同虚设。也许在人工智能高度发展的同时，将导致人类自身经过几百万年进化所生成的千变万化的智能，对于琴棋书画的风格迥异的创发力、审美能力与运作各种器械包括刀、剑、笔等的能力都消解在键盘的操作中。长此以往，在程序文化和键盘文化的熏陶中，不知不觉将人类已有的非人工智能文明逐渐消解甚至毁灭。

最后，人工智能在运用过程中，真的能实现就业公平吗？由于人工智能（包括机器人）发展与广泛应用，现在人类许多工作可能会被人工智能替代。这意味着有更多的人将失去现在的工作和原有的就业机会，比如让很多蓝领工人和下层白领失去现有的工作岗位——这将形成人工智能生命伦理的第三重悖论："公平"的生命伦理悖论。从生命伦理视域看，现在人从事工作，不仅是谋生的手段，也是生命存在的方式。因为工作带给他们乐趣、创造力、内在潜能的激发等。而失去工作是结构性的——失业无商量。他们不仅失去了谋生的机会，也失去了维系生命的经济来源和一种生命展现的重要方式。因为

---

[1] 参见段伟文《机器人伦理的进路及其内涵》，《科学与社会》2015 年第 2 期。
[2] 参见于泽元、尹合栋《人工智能所带来的课程新视野与新挑战》，《课程·教材·教法》2019 年第 2 期。
[3] 参见张显峰《情感机器人：技术与伦理的双重困境》，《科技日报》2009 年 4 月 21 日第 5 版。
[4] 参见段伟文《控制的危机与人工智能的未来情境》，《探索与争鸣》2017 年第 10 期。
[5] 参见段伟文《大数据知识发现的本体论追问》，《哲学研究》2015 年第 11 期。

据麦肯锡发布有关人工智能的报告称，全球约50%的工作内容可以通过改进现有技术实现自动化。①那么如何安置失业人员？如何调适社会与人，人与人工智能的关系？仅仅从技术的物性层面考量是难以奏效的；退一步说，即使从技术的物性层面获得一定的成效，也只能是权宜之计——缓解当下，却难以产生长期效应；与此同时，这种权宜之计可能又引发新的就业问题。这样便是对人的生存方式，进而是对人存在意义的严峻挑战。不仅如此，还衍生了"数字化鸿沟""人如何在一起"的三重异化样态。②一是"网生代"的青少年独立生活能力锐减，对智能机和网络的依赖、对他者的依赖无以复加，进而生成了一种畸形的"与他人在一起"的样态。二是那些"机盲""网盲"的老年人由于不能进入"网圈"，便成了被人遗忘的人群，即无法同以前那样"与他人在一起"。三是人们交往关系的异化——网聊热火朝天，见面却无话可说，在家庭中年轻的父母各自摆弄着智能机，孩子被晾在一边，孩子的孤独感油然而生；节假日亲朋好友聚会，仍然各自摆弄着智能机，无暇与其他亲戚朋友聊天，"热机冷人"成为聚会中"人如何在一起"的一种异化样态。

五　现代科技伦理悖论何以产生③

面对现代科技发展及其成果运用的多重伦理悖论，须追问其何以产生？这与康德之问——"我可以希望什么？"密切相关。康德指出，"如果我做了我应当做的，那么我可以希望什么？这是实践的同时又是理论的"。因为"一切希望都是指向幸福的，并且它在关于实践和道德律方面所是的东西，恰好和知识及自然律在对事物的理论认识方面所是的是同一个东西"。④即一切希望指向幸福，必须是或者应该

---

① 参见计红梅《拐点中的人工智能面临伦理抉择》，《中国科学报》2017年4月25日第4版。
② 参见陈爱华《人工智能伦理研究辨析》，载杜国平主编《逻辑、智能与哲学．第一辑》，社会科学文献出版社2022年版，第25—64页。
③ 参见陈爱华《论人工智能的生命伦理悖论及其应对方略》，《医学哲学》2020年第13期。
④ ［德］康德：《纯粹理性批判》，邓晓芒译，人民出版社2004年版，第612页。

是合规律性（自然律）与合目的性（道德律）的统一。由于"幸福是对我们的一切爱好的满足"，而"出自幸福动机的实践规律我称之为实用规律（明智的规则）"，因此"它在动机上没有别的，只是要配得上幸福，那我就称它为道德的（道德律）"。① 值得注意的是，康德在此特别强调"配得上幸福"就称为道德的（道德律），这里凸显的是道德与幸福即德福的一致性。黑格尔曾指出，"具有拘束力的义务，只是对没有规定性的主观性或抽象的自由、和对自然意志的冲动或道德意志（它任意规定没有规定性的善）的冲动，才是一种限制。但是在义务中个人毋宁说是获得了解放"②。这可以看作对康德德福一致性思想的最好诠释。由此，我们必须追问发展现代科技的初衷（初心）即发展现代科技"可以希望什么"？是不是为了满足或者增进人类的幸福？它在动机上是不是道德的，或者说是否符合康德所说的道德律？如果是符合的，为什么会产生现代科技发展及其成果运用的多重伦理悖论？

首先，通过追问人类发展现代科技的目的是什么，或者说发展现代科技"可以希望什么"，可以探察现代科技发展的历史之维。以人工智能为例，本来人们一开始是想用人工智能代替人做一些事情③，比如被誉为人工智能之父的麦卡锡认为"人工智能"一词与人类行为几乎毫无关系，它唯一可能暗示的是机器可以去执行类似人类执行的任务。④ 20世纪70年代许多新方法被用于人工智能开发，比如，如何通过一幅图像的阴影、形状、颜色、边界和纹理等基本信息辨别图像，通过分析这些信息，可以推断出图像可能是什么。到20世纪80年代，人工智能发展得更为迅速，不仅进入商业领域，而且在"沙漠风暴"行动中，人工智能技术在军方的智能设备经受了战争的检验，即人工智能技术被用于导弹系统和预警显示以及其他先进武

---

① ［德］康德：《纯粹理性批判》，邓晓芒译，人民出版社2004年版，第612页。
② ［德］黑格尔：《法哲学原理》，范扬、张企泰译，商务印书馆1961年版，第167页。
③ 参见段伟文《控制的危机与人工智能的未来情境》，《探索与争鸣》2017年第10期。
④ 参见段伟文《人工智能时代的价值审度与伦理调适》，《中国人民大学学报》2017年第6期。

器。与此同时，人工智能技术也进入了家庭；智能电脑的增加吸引了公众兴趣。由于人工智能技术简化了摄像设备，进而促使人们对人工智能相关技术有了更大的需求。这样，人工智能已经并且不可避免地在诸多方面改变了我们的生活。由此可见，从一开始对于发展人工智能的定位就是"执行类似人类执行的任务"，缺乏康德所说的道德律规定，或者说无论是对于人工智能需求领域的顶层设计与规划，还是对于人工智能算法的顶层设计，其生命伦理原则或者没有完全被纳入其中，或者被弱化、式微，甚至缺位，因而不可避免地产生了上述人工智能生命伦理三重悖论，导致合规律性（自然律）与合目的性（道德律）的失衡，道德与幸福即德福的背离。

其次，我们循此须进一步追问现代科技的需求领域顶层设计与规划为什么没有将伦理原则完全纳入其中，或者被弱化、式微甚至缺位？而这仅仅探察现代科技发展的历史之维是远远不够的。因为现代科技发展的历史之维只是向我们展开了其是其所是的现状，因此还须进一步探究其为什么没有将伦理原则完全纳入其中，或者被弱化、式微甚至缺位的动力之维，即人类发展现代科技目的的内驱力是什么？正如康德所说，"我可以希望什么？这是实践的同时又是理论的"。如果说现代科技发展的历史之维是是其所是的实践之维，那么，探究人类发展现代科技目的的动力之维，则蕴含了探究其何以是其所是的理论维度。

就人类发展现代科技目的的动力之维而言，与现代科技所能带来的利益密切相关。正如马克思曾经指出的那样，"人们为之奋斗的一切，都同他们的利益有关"[1]。再就利益而言，有短期利益和长远利益之别，有局部利益和全局利益之分，亦有个人利益与集体利益、国家利益的关系，还有私人利益与公共利益的关系。在当前市场经济条件下，受资本逻辑（盈利为目的）运作的影响在所难免。现代科技的发展也不能幸免，加之现代科技的发展和运用前景广阔，虽然风险高，利润也十分可观，因而吸引了许多投资商为了获得利润的最大化

---

[1] 《马克思恩格斯全集》第 1 卷，人民出版社 1995 年版，第 187 页。

而竞相博弈、相互竞争。与此同时，现代科技研究也激发了众多科技人员的好奇心，他们渴望在这一领域开疆拓土，一展才华，一方面可以开拓和研究其中可能存在的众多新课题，另一方面能进一步拓展其在经济、文化、医疗卫生、教育、体育等诸多应用领域的研发。由于眼前的短期利益、局部利益、个人利益或私人利益等多重利益的交织、诱惑、竞争与博弈，加之资本逻辑的操控，其思维底线很难把控，与之相关的长远利益、全局利益、集体利益与公共利益等往往会被轻视甚至被忽略，进而导致合规律性（自然律）与合目的性（道德律）失衡，道德与幸福即德福背离，现代科技发展及其成果运用的多重伦理悖论便蕴含于其中。

关于上述现代科技伦理悖论正如马尔库塞所指出："发达工业社会的巨大能力正在被日益动员起来，以阻止用它自己的资源去抚慰人类生存。所有关于消除压抑、关于反抗死亡的生命等宏论都不得不自动地进入奴役和破坏的框架。"[1] 如何超越现代科技伦理悖论？须进一步分析其产生的义—利失衡逻辑，探索现代科技的伦理风险，进而探讨现代科技发展的伦理价值协同，解构这一失衡逻辑的方略，重建技术德性的义—利逻辑。

第三节 现代科技发展的伦理风险

现代科技应然逻辑在实践中面临的第三重伦理困境即现代科技发展的多重伦理风险，这是由于现代科技及其成果运用产生了多维度的双重伦理效应，继而生成了多重的伦理悖论。如果说现代科技的多维度的双重伦理效应具有"是其所是"的客观性，与之相关的多重伦理悖论具有行为动机与结果的"二律背反"性，那么现代科技发展及其成果运用的伦理风险[2]则具有多元样态的复杂性。由此，须先解

---

[1] ［美］赫伯特·马尔库塞：《爱欲与文明》，黄勇、薛民译，上海译文出版社1987年版，第17页。
[2] 为了便于对"现代科技发展及其成果运用的多重伦理风险"进行概念辨析，以下将其简称为"现代科技伦理风险"。

析"现代科技伦理风险"的内涵。

一 现代科技伦理风险

"现代科技伦理风险"的属概念是"伦理风险",而"伦理风险"是一合成词,即由"伦理"和"风险"两个词组成。因而从概念解析的方法上如同上述解读"现代科技伦理悖论",即首先须解读"风险",然后解读"伦理风险",进而再解读"现代科技伦理风险"的内涵。但是"伦理风险"与"风险"之间的概念关系不同于上一节"伦理悖论"与"悖论"之间的概念关系,因为"伦理悖论"与"悖论"这两者之间不是严格的逻辑意义上的属种关系;而"伦理风险"与"风险"之间具有属种关系,即前者("伦理风险")是后者("风险")的种概念,而后者("风险")是前者("伦理风险")的属概念。因此,"伦理风险"与"风险"之间的属种关系与"伦理效应"与"效应"之间的关系属性类似。

所谓"风险"是指人们在生产建设和日常生活中遭遇能导致人身伤亡、财产受损及其他经济损失的自然灾害、意外事故和其他不测事件的可能性。①

所谓伦理风险是指在人与自然、人与人、人与自身、人与社会的伦理关系方面,由于其正面或负面影响(亦称为正效应或负效应②),可能会产生不确定事件或负面现象,诸如社会失序、伦理关系失调、机制失控,进而导致人们心理失衡、行为失范等。这种状况一旦产生,将对人—社会—自然这一复杂系统产生灾难性的后果。

由此可知,现代科技伦理风险则是指由于现代科技发展及其成果应用所产生的正面或负面影响(即正效应或负效应)可能使现代科技在人与人、人与社会、人与自然、人与自身的伦理关系方面引发诸如社会失序、伦理关系失调、机制失控,进而导致人们心理失衡、行为失范等负面现象。

---

① 参见《辞海》,上海辞书出版社1999年版,第462页。
② 一般我们将科学技术产生的善(福或利)效应称为正效应,将其产生的恶(祸或弊)效应称为负效应。

二 现代科技伦理风险的特征[①]

现代科技伦理风险之所以具有多元样态的复杂性是由于现代科技的伦理风险关涉人与自然、人与人、人与自身、人与社会等多方面的伦理关系，因而其亦具有以下多重特征。

首先，现代科技伦理风险具有其客观性。美国学者威雷特（A. H. Willett）博士曾说过："风险是关于不愿发生的事件发生的不确定性的客观体现。"[②] 从理论逻辑上看，现代科技伦理风险作为风险的种概念亦是一种客观存在；就其客观逻辑而言，现代科技伦理风险的客观性是不以人的意志而转移的，因而也是无法回避。由此，一些哲学家如汉斯·琼纳斯认为，我们应该停止一切可能引起某些未知后果（即负效应）的行动。然而，从上一节对于"现代科技伦理悖论"的分析可知，在现代科技发展与成果应用的过程中，尽管原初的理论设想或者理论设计，即其目的（即在其本然逻辑层面）是好的或者是善的，然而其结果（即在其实然逻辑层面）却产生了利与害并举、善与恶相伴的情形。因此，尽管琼纳斯的提议，在理论逻辑上，也许具有一定的合理性，但是一旦将其付诸实施，实际上是停止了现代科技的研究及其成果运用，这意味着现代科技将被排除在人—社会—自然的系统之外。这样，不仅不能促进现代科技的发展，以及现代科技成果的合理应用，而且也不利于人—社会—自然系统的协调可持续发展及其整体利益的实现。

其次，现代科技伦理风险的产生与解除常常同体发生。如前所述，科学技术从其问世起，就对人—社会—自然系统产生了不同程度的善恶（正负）双重效应。当代，现代科技融科学、技术为一体，其正效应与负效应是一个矛盾统一体，其伦理风险的解除与产生几乎同体发生，主要表现为，现代科技的发展及其成果的应用，既对人—社会—自然系统的发展有积极作用，又消极地影响了人—社会—自然系统的

[①] 参见陈爱华《高技术的伦理风险及其应对》，《伦理学研究》2006年第4期。
[②] 转引自桂咏评、聂永有编著《投资风险》，立信会计出版社1996年版，第6页。

和谐与可持续发展。不仅如此，这种善恶（正负）的双重效应，常常还会产生连锁反应，即原有伦理风险解除的同时，其新的伦理风险便蕴含其中。比如现代医疗技术的进步，其伦理正效应表现为：提高了人类的健康水平，人的寿命延长了、婴儿死亡率减少了，而与此同时，又导致了人口迅速增长，进而引发了一系列恶性连锁反应，即现代科技伦理负效应和新的伦理风险，比如，粮食短缺、土地资源匮乏、生态环境恶化、资源枯竭等多重社会伦理问题。又如，现代科技发展推动了交通工具更新换代，使人们出行日益便利，而与此同时，能源消耗急剧增加，噪声危害和空气污染愈益加深……因而就目前的现状而言，完全没有负效应的现代科技几乎是没有的。由于影响现代科技的不确定因素不断增多，因而其产生负效应的可能性即不确定性也逐渐增大。此外，正如莱斯所说，当代由于生产过程中的技术作用非常突出，人的技术能力及其满足自己需要的能力之间的联系更加紧密，因而由这些需求引起的社会冲突亦更为直接。就现代科技研究领域的开发及其成果利用的目的而言，一定社会的不同利益集团的目的不尽相同，有的甚至还会产生利益冲突。由于存在这些不确定因素，因而更增加了现代科技负效应及其伦理风险的不确定性。

再次，现代科技伦理风险的复杂性与可变性。从系统论的观点看，现代科技伦理风险的复杂性与可变性是现代科技发展关涉人—社会—自然的复杂系统，因而，其发展及成果应用不仅直接影响环境、经济发展和人们的日常生活，而且与政治、文化、军事、国家安全等一系列问题联系在一起。正像莱斯所说，科学技术总是在某种特殊的社会背景中操作的。如果背景是世界范围的社会集团之间的斗争，那么国家内部和国家之间的激烈的社会冲突就同科学技术进步之间存在一种辩证关系：每一方都迫使对方进一步发展科学技术。因此，在追求控制自然的意志中所反映出来的目标，不是各种目标和目的的简单集合，而是包含着互相矛盾的部分的整体。[①] 当前，能源枯竭、资源

---

① 参见［加拿大］威廉·莱斯《自然的控制》，岳长龄、李建华译，重庆出版社1993年版，第104页。

匮乏、人口爆炸、环境污染、疾病困扰、战争威胁等,成为困扰全球的问题。为了解决这些问题,摆脱困境,维护自身利益,世界各国都在竞相发展现代科技。这就使原本复杂的现代科技伦理风险变得更加错综复杂。现代科技发展及成果应用的负效应凸显,并且在一定程度上遮蔽了其正效应,从而,不仅现代科技伦理风险越来越复杂,而且其可变性亦在增强。

最后,现代科技伦理风险既有一些是可知与可控的,又存在一些不可知的因素,进而使得其伦理风险的控制难度增大。因为现代科技作为人们对人—社会—自然复杂系统认知的最新成果,不仅是人们对原有认知极限的挑战,也是对原有认识层次的突破,进而将人类认知水平推向了一个新阶段。正是在这一意义上,现代科技开创了人类认知的全新视域,同时使人类获得了一种新的认知潜能,并且在更高的层次上,引领人们的实践活动。人类掌握了这种具有全新认知功能和实践功能的现代科技,在一定程度上可以预测现代科技的伦理风险,进而,使现代科技伦理风险具有一定程度的可知性与可控性。然而,从认知对象而言,人—社会—自然是一个复杂系统,其中蕴含许多混沌的、暂时难以控制的等不确定的偶然性因素;从认知主体而言,在关注现代科技的伦理正效应时,常常会忽略或者忽视被现代科技伦理正效应遮蔽的隐性伦理风险。如现代高技术产业迅速崛起,使产品中的高技术含量越来越高,不仅创造了极高的商业价值,也带来了巨大的经济效益。有关统计数据表明,在 20 世纪科学技术中,发展最快、影响最大的莫过于计算机。从 1946 年研制成功了可运行的电子管计算机,到了 2000 年,计算已被广泛使用。与此同时,计算机技术和通信技术结合,形成了计算机网络,使互联网遍及全球。[1] 在这种高经济效益驱使下,更增加了人们使用现代科技的盲目性,由此产生了新的现代科技伦理风险。值得指出的是,现代科技认知主体不仅在关注现代科技的伦理正效应时,常常会忽略或者忽视被现代科技的伦理

---

[1] 参见胡守仁编著《计算机技术发展史——早期计算机器及电子管计算机·前言》(一),国防科技大学出版社 2004 年版,第 1 页。

正效应遮蔽的隐性伦理风险,即使注意到现代科技伦理负效应的显性伦理风险,亦忽略或者忽视了其对人类行为或者政策方略的有益警示。比如城市的热岛效应,本来警示我们如何从城市整体性规划降低热排放,进而缓解这种热岛效应。然而,人们一般不是从城市整体规划与布局控制出发,而是从个体如何尽可能少受这种热岛效应影响,因而会生产—购买(消费)更多的空调,进而增加了这个城市的热排放量。这样就使得城市的热岛效应愈演愈烈。

因此,"知彼知己,百战不殆"。为了规避现代科技伦理风险,我们不仅要了解现代科技伦理风险及其特征,还需要探索现代科技伦理风险的生成及其类型,才能提出相关的应对策略。

三 现代科技伦理风险的生成及其类型①

如前所述,现代科技包括诸多领域,如,信息技术、新材料技术、生物技术、新能源技术、海洋技术、空间技术、人工智能等,现代科技伦理实体在其所关涉的不同领域面临的现代科技伦理风险也不尽相同,这便是现代科技伦理风险的特殊性,但其中也不乏一些(现代科技伦理风险的)共性。由此,我们可根据这些共性及其生成过程,将现代科技伦理风险分为不同的类型。

首先,任何现代科技的成果及其应用都会在客观上产生一定的善(正效应)与恶(负效应)。与此同时,现代科技伦理实体在理论上对现代科技的成果及其应用产生一定的善(正效应)与恶(负效应)有一定的预测和判断。由前者生成的现代科技伦理风险,我们称之为现代科技的客观伦理风险,这是根据现代科技成果及其应用所产生的正效应(善)与负效应(恶)的客观结果来确定的伦理风险。由后者生成的现代科技伦理风险,我们称之为主观伦理风险。尽管现代科技伦理实体对现代科技的伦理风险的认知有一定的局限性,即不可能将这种伦理风险方方面面的不确定因素都准确无误地揭示出来,但这并不能否定在现代科技伦理风险生成的过程中,现代科技伦理实体对其应

---

① 参见陈爱华《高技术的伦理风险及其应对》,《伦理学研究》2006年第4期。

该具有研判、预测、预防和预警的道德责任与相应的责任能力。

就一定的历史阶段生成的现代科技的客观伦理风险而言，它之所以具有一定的客观性，是因为人们总是能通过一定的科学方法或者客观尺度对其进行观察、实验、分析与度量。根据其产生的伦理正效应（善）与伦理负效应（恶），可具体分为以下四种可能：高正效应与高负效应、高正效应与低负效应、低正效应与低负效应、低正效应与高负效应。因此，现代科技伦理实体必须在其现代科技活动中，权衡善恶祸福、利弊得失进行道德选择。

再就一定的历史阶段生成的现代科技的主观伦理风险而言，它是现代科技伦理实体依据一定的科学原理，对于相关的客观事实作出的相应研判和预测。这样，就会与实际生成的客观伦理风险之间存在一定的差别，甚至可能对有些重要的方面未达到应有的认知。因为主观伦理风险体现了现代科技伦理实体对现代科技伦理负效应及其客观伦理风险的认知与心理体验，以及心理承受力。然而，现代科技伦理实体的主观伦理风险直接关系到现代科技伦理实体对于现代科技活动及伦理风险的道德选择，以及对于现代科技伦理负效应及其伦理风险的规避与应对能力。因此，在某种意义上，现代科技伦理实体的主观伦理风险及其风险意识在一定程度上影响着其对于现代科技的客观伦理风险研判、预测、预警与预防；而现代科技的客观伦理风险又在一定程度上制约着现代科技伦理实体的主观伦理风险认知水平与心理体验。

其次，现代科技伦理风险生成从其生成的因素而言，有必然伦理风险与偶然伦理风险。一般说来，现代科技的必然伦理风险是现代科技发展与其成果应用过程中的一些共同因素生成的。它将影响一些现代科技领域内的所有现代科技伦理实体甚至研究客体，即他们在取得伦理正效应（善）的同时，都无法避免的一定的伦理负效应（恶）所引发的伦理风险。如生命科学的发展，提出了涉及人类自身尊严、遗传、健康、环境保护与生态安全等的伦理问题。因而，其伦理风险是从事生命科学的现代科技伦理实体无法避免的。因而现代科技的必然伦理风险由于其是无法避免的伦理风险，亦可称为系统伦理风险。

这种系统风险在一定程度上能借助于现代科技手段，以一定的方式来研判、预测、预防和预警。然而，有些现代科技伦理风险则是由人—社会—自然这一复杂系统中的某些独特事件引发的。一般将此称为现代科技的偶然伦理风险。由于偶然伦理风险是由某些独特事件引发的，亦可称为非系统伦理风险，或者称为紊乱伦理风险，因此需要运用现代科技手段和相关的制度系统建立一定的应急机制。比如1996年，美国的一个动物考察队在巴西的亚马孙河热带雨林考察期间，某个队员因袭击某一变异的"血蛙"①，导致局部性的人蛙关系的伦理危机：该考察队遭到这种变异的"血蛙"与"巨硅"的包围，进而陷入困境——由突发性事件引起的偶然性伦理风险，而究其根源，则与这一水体的重金属污染相关。因此对该考察队实施救援，是应对解除这一局部性人蛙关系的伦理危机的偶然性伦理风险的必要性应急举措——治标，而治理这一水体的重金属污染则需要相关的制度系统建立相应的机制——治本。

再次，现代科技伦理风险生成，从其表现形式及被感知的情形来看，有显性伦理风险和隐性伦理风险。所谓现代科技的显性伦理风险是指能够普遍地被人们直接感知的，并且可以通过一定的方法或运用现代科技手段进行研判、预测、预防和预警的现代科技伦理风险。所谓现代科技的隐性伦理风险由于其具有隐蔽性、后发性或者称为"生态过程中的自然滞后"②，且无法被当下直接感知，因而其影响不仅关涉可考量的利益层面，而且深入人的或者社会的心理或意识层面，尤其是后者无法直接运用现代科技手段来预测、预防和预警。比如，工业或者农业排放的污染物进入环境和对生态系统显示其消极结果之间，有一种长期滞后性。以DDT为例：DDT是人造的有机化学品，作为一种杀虫剂的农药，每年以十万吨的速度排放，进入环境。DDT被喷洒施用后，其中一部分蒸发，在空气中长距离传播，然后回落于陆地或者海洋中。在海洋里，一部分DDT被浮游生物吸收，一些浮

---

① "血蛙"是由于水体的重金属污染所致。
② ［美］丹·米都斯等：《增长的极限》，李宝恒译，四川人民出版社1984年版，第89页。

游生物被鱼吃了,这些鱼的一部分最后又被人吃了。DDT 都变为无害的物质,可以被排放到海洋,或者可以聚积在有生命的有机体组织里。① 在这一过程中的每一步都以"生态过程中的自然滞后"方式传递。再以基因技术为例:基因技术的显性伦理风险主要表现为两个方面:其一,基因技术通过对人的身体的自然进行改造,使"自然人"或"自然生命"成为生命增强后的"技术人"或"人工生命";其二,基因技术通过对生殖过程与人种繁衍方式的改造,进而改变了作为社会细胞的家庭及其血缘伦理关系的逻辑,使"自然家庭"成为"人工家庭"。基因技术的隐性伦理风险也表现为两个方面:其一在一定程度上改变了人的自然本性及其结构,进而在一定程度上颠覆了作为"道德起点的人性基础";其二在一定程度上,甚至从根本上消解了传统意义上的"家庭",进而,在一定程度上,甚至从根本上颠覆了作为"伦理始点"的"家庭自然"。②

最后,现代科技伦理风险生成,从其影响的空间(范围)和时间来看,有局部(或个体)的伦理风险与总体的伦理风险。就现代科技的局部(或个体)的伦理风险而言,在空间逻辑上,它主要影响局部的或个体的利益;从时间逻辑上看,它主要影响暂时的或短期的利益。再就现代科技总体的伦理风险而言,不仅关乎人—自然—社会系统,而且关涉社会的经济、政治、文化的全局和长远的利益,不仅影响一定的国家,而且可能波及全球。

上述的探索,对现代科技伦理风险生成及类型进行的划分只是有条件的与相对的,主要反映了现代科技伦理风险的多重样态。而这些现代科技伦理风险类型在其内涵上,又有一定的交叉性,这主要是因为在人—社会—自然的复杂系统中,各种不确定的因素常常相互交织在一起。如何消除现代科技的伦理悖论,规避现代科技的伦理风险,还须进一步探索现代科技发展的伦理价值协同。

---

① 参见〔美〕丹·米都斯等《增长的极限》,李宝恒译,四川人民出版社1984年版,第90页。
② 参见樊浩等《现代伦理学理论形态》,中国社会科学出版社2021年版,第506—507页。

> 作为完成了的自然主义＝人道主义，而作为完成了的人道主义＝自然主义，它是人和自然界之间、人和人之间的矛盾的真正解决，是存在和本质、对象化和自我确证、自由和必然、个体和类之间的斗争的真正解决。它是历史之谜的解答，而且知道自己就是这种解答。①
>
> ——马克思

第五章

现代科技发展的伦理价值协同

上一章探讨了现代科技伦理效应的多维性、多重性产生了多重伦理悖论和多重伦理风险，那么为什么现代科技会产生多维性、多重性的伦理效应，生成多重伦理悖论和多重伦理风险呢？其原因复杂而多样，其中既可能有诸多客观因素，也可能有科技伦理实体自身的诸多伦理因素。因此以一定社会伦理价值协同科技伦理实体道德认知、道德情感、道德意志，直接关系到科技伦理实体在现代科技发展与成果应用过程中，在"能做"与"应做"的博弈中的伦理价值选择；同时对于减少或者消除现代科技伦理悖论与规避现代科技伦理风险，都具有重要的作用。

第一节　现代科技发展的伦理价值协同的必要性

如上所述，现代科技产生的多维性、多重性伦理效应生成多重伦

---

① 《马克思恩格斯全集》第3卷，人民出版社2002年版，第297页。

理悖论和多重伦理风险的原因复杂而多样,而其中的诸多客观因素有待于现代科技伦理实体在现代科技发展的进程中进一步探索。这里主要解析上述原因中蕴含的科技伦理实体自身相关的伦理因素。进而揭示以一定社会伦理价值协同科技伦理实体道德认知、道德情感、道德意志,对于科技伦理实体在现代科技发展与成果应用过程中,在"能做"与"应做"的博弈中进行伦理价值选择的必要性。

一 现代科技发展的伦理价值①

"现代科技发展的伦理价值协同"与"伦理价值"两个概念之间具有属种关系,须先解读"伦理价值"的内涵,再解读"现代科技发展的伦理价值协同"的内涵。而"伦理价值"是一合成词,即由"伦理"和"价值"两个词组成,不过"价值"与"伦理价值"两个概念之间并不是严格的逻辑学意义上的属种关系。因此,解读"伦理价值"的内涵,须分别解读"伦理""价值"和"价值观"的概念。

所谓"伦理",如前所述,其一是指事物的条理。《礼记·乐记》曰:"乐者,通伦理者也。"郑玄注:"伦,犹类也,理,分也。"亦指安排有条理,亦包括社会的伦理秩序。其二是指处理人们相互关系所应遵守的道德规范和准则。②

所谓"价值"是指某事某物的效用或意义。在经济学视域中一般是指凝结在商品中的一般的、无差别的人类劳动。价值是商品的社会属性,其一,体现了商品生产者之间的生产关系;其二,体现了商品生产者(供方)与消费者(需方)之间的利益关系。显然,如果简单地将"伦理"与"价值"的意义合成,并不能完全揭示"伦理价值"的内涵。因为经济学视域中的"价值"属于实然范畴,而"伦理"属于应然范畴。一般说来,应然范畴的概念是实然范畴概念或者

---

① 参见陈爱华《略论高技术的伦理价值》,《学海》2004年第5期(本书根据研究对象对相关概念进行了重新诠释,对相关内容亦进行了一定的修改)。
② 参见本书第一章"现代科技伦理解析"第二节"伦理与现代科技伦理"中的"伦理释义"。

实然形态现象的抽象和概括，它源于实然又高于实然，因而对实然形态中人的行为或者观念具有引领作用。由此可见，"伦理价值"并非"价值"的种概念，同样，经济学视域中的"价值"也不尽然是"伦理价值"的严格逻辑学意义上的属概念。因而解读"伦理价值"的内涵须探询与之相关的概念——"价值观"。

所谓"价值观"，是指关于价值的一定信念、主张、倾向和态度的观点。具有行为取向、评价原则、评价标准和评价尺度的作用。其表现形式有经济价值观、政治价值观、道德价值观、职业价值观、生活价值观、人生价值观等。[①] 显而易见，"价值观"已超越了"价值"实然形态，进入了应然形态的观念层面，但是其意蕴十分宽泛，不能直接替代"伦理价值"。如同"价值"在经济学视域中体现了商品生产者之间的生产关系和商品生产者（供方）与消费者（需方）之间的利益关系，"伦理价值"也体现了一定的伦理价值关系。从现代伦理学来看，包含四个方面：人与人（他人）的伦理关系、人与社会的伦理关系、人与自我（己我）的伦理关系和人与自然的伦理关系。这些伦理价值关系之间既相互区别，又相互依存，构成了一个价值关系链。由此可见，"伦理价值"与"价值观"之间也不尽然是属种关系。

所谓伦理价值是社会生活中现存的伦理价值关系的反映与抽象。伦理价值关系则是一定社会伦理道德形态的发展与人的道德发展及其完善需要与满足的价值抽象。作为价值关系的伦理关系蕴含了道德主体（需要）与客体——社会伦理道德形态的发展（满足）之间相互作用的过程。这一过程亦蕴含了主体追求人与人（他人）、人与自我（己我）伦理关系和谐、人与社会伦理关系发展和谐和人与自然伦理关系和谐、可持续发展以及主体自身不断完善的过程。

"现代科技发展的伦理价值"与"伦理价值"之间具有属种关系。因而所谓"现代科技发展的伦理价值"是对现代科技发展中实存的伦理价值关系的抽象。现代科技发展中实存的伦理价值关系是多

---

① 参见《辞海》，上海辞书出版社1999年版，第787页。

重伦理关系（其中包括宏观、中观和微观维度的伦理关系）形成的价值关系链，体现了现代科技伦理实体对社会发展和人的发展需要及其满足的一种价值抽象。

首先，就现代科技伦理关系的宏观维度而言，一是关涉现代科技和自然之间的伦理关系。主要表现为，其一科技研发的选址、原料开采、运输及加工等；其二科技研发运行过程中的污水处理、废气排放和废料处理等。因为这关系到协调"人工自然"和天然自然之间的伦理关系、生态平衡和可持续发展。二是关涉现代科技与社会之间的伦理关系。主要表现为，现代科技研发的空间布局、社会的人力—物力资源的调配、现代科技对城市和社会发展的近期与长远影响。三是关涉现代科技与人之间的伦理关系。主要表现为，对人的价值取向、认知能力、心理承受力、思维方式、工作方式及生活方式的短期影响和长远影响。

其次，就现代科技伦理关系的中观维度而言，在现代科技与经济之间的伦理关系方面，主要关涉一定社会经济发展的产业格局与就业格局；在科技与政治之间的伦理关系方面，主要关涉一系列相关的政治决策、方针、路线的制定和落实，相关法律法规的制定和实施，还在一定程度上影响国际关系格局；在科技与文化之间的伦理关系方面，主要关涉文化的传承、保护和发展，即传承什么、保护什么和发展什么，怎样传承、怎样保护和怎样发展；在科技与国防之间的伦理关系方面，主要关涉国家的安全、军队的武器装备建设与相关技能的培养等。

最后，就现代科技伦理关系的微观维度而言，在现代科技和现代科技研发个体之间的伦理关系方面，主要关涉现代科技研发的协作与分工、个体兴趣、特长、专业、角色的定位等；在现代科技伦理实体与其个体之间的伦理关系方面，主要关涉现代科技伦理实体目标与其个体旨趣的协调，其中包括，怎样以现代科技伦理实体目标引领其个人的兴趣，个体如何以现代科技伦理实体目标统摄自己的专业、兴趣、特长；在现代科技伦理实体之间的伦理关系方面，主要关涉现代科技伦理实体目标之间的协调，即如何将不同的现代科技伦理实体目标之间达到一种"无缝链接",协同现代科技伦理实体集体行动过程,即以系统论的整体观统摄诸现代科技伦理实体的集体行动,做到统筹规划、统筹运作、统筹安排。

因此,"现代科技发展的伦理价值"亦反映了现代科技伦理实体在现代科技发展过程中,在追求人与自然关系协调与可持续发展的同时,亦在促进社会进步、人的自我完善和人际关系和谐。

二 现代科技发展的伦理价值协同的意蕴

"现代科技发展的伦理价值协同"包含"现代科技发展的伦理价值"与"协同"两个范畴。由于前者上面已经作了较为详尽的解读,因此,就着力解读后者。所谓"协同"是指同心合力,互相配合。[①] 所谓"现代科技发展的伦理价值协同",是指以现代科技发展的伦理价值协同科技运作的全过程。其中包括现代科技发展的战略协同、现代科技发展的研究目标的协同、研究(研制)过程的协同、运作过程的协同等。

从实践的维度看,这种伦理价值协同体现在现代科技运作的每一环节。如在现代科技决策的过程中,现代科技伦理实体须根据一定社会的道德原则与规范,按照一定的科技规范与科技道德规范,对科技诸招标方案之间进行利益的权衡、善恶与祸福等的利弊比较;对其科技研发项目的诸运作方案之间进行风险的高低、利益的大小、善恶与祸福等的利弊权衡与比较;对科技诸预警方案之间进行风险的高低、利益的大小、善恶与祸福等的利弊权衡与比较;对科技诸应急方案之间进行风险的高低、利益的大小、善恶与祸福等的利弊权衡与比较。[②] 在现代科技研发过程中,现代科技伦理实体须根据一定社会的道德原则与规范,按照一定的科技规范与科技道德规范,对科技研发过程中关涉的伦理关系进行协调。在现代科技运作过程中,现代科技伦理实体亦须根据一定社会的道德原则、规范,按照一定的科技规范与科技

[①] 参见《辞海》,上海辞书出版社1999年版,第1876页。
[②] 参见陈爱华《科学与人文的契合——科学伦理精神历史生成》,吉林人民出版社2003年版,第277页。

道德规范，作出一定的选择，对其科技研发过程中出现的伦理风险，进行及时的预警或者应急。为了实现人—社会—自然系统的可持续发展目标，现代科技伦理实体有时不得不暂时中止，或者中断某一科技项目的研发——防止其产生无法预测或无法控制的负效应。比如，目前 ChatGPT AI 智能对话机器人能像人类一样聊天交流，甚至能完成文案、翻译、代码，写脚本等任务；以通用人工智能（AGI，即 Artificial General Intelligence）为代表的人工智能技术的变革进入了加速发展的快车道。AGI 面向不同的情境，能够解释、解决普遍性的智力问题，通过不断学习，积累本领，进化成长。当前 AGI 发展已经远远超过了我们对其理解、消化与吸收的程度。[①] 与之相比，人类有限的认知能力则难以理解快速发展的通用人工智能。由于人类的理解力落后于以 AGI 为代表的人工智能技术，这将会带来技术、社会、法律等一系列伦理风险。为了缓解或者规避这些伦理风险，有学者提出，是不是应该放慢 AGI 的发展节奏，给 AGI 的快速发展按下暂停键？这就是体现了现代科技伦理实体"有所为和有所不为"——现代科技伦理实体对自己行为的自觉的道德理性控制。在对科技研发项目进行评价或检验的过程中，现代科技伦理实体须协调诸伦理关系，以保证对科技研发项目评价或检验过程的公正性与公平性以及（在不涉及泄密的情况下的）公开性。因此，现代科技伦理实体只有坚持现代科技发展的伦理价值协同，才能减少或者降低现代科技伦理的负效应及其伦理悖论，规避其伦理风险。

三 现代科技发展的伦理价值协同的现实困境

如前所述，随着现代科技活动的规模迅速扩展，已经从原来以科学的基础研究（其中包括理论与实验两个方面的研究）为主，迅速向应用研究和开发研究发展，并且后者发展的规模越来越大。由于基础研究的成果转化为应用研究与开发研究的过程越来越短，而且在基

[①] 参见肖仰华《像天使也似魔鬼：关于通用人工智能时代科学研究的 71 个问题》，澎湃新闻，https：//www.thepaper.cn/newsDetail_forward_22556072，2023 年 4 月 4 日。

础研究过程中运用现代高技术成果与方法越来越多,现代科学与技术越来越走向一体化。现代科技伦理实体既须为经济发展提供新的资源,为区域的或国家的发展服务,为加强国防服务,又须为人们的基础性生存(衣、食、住、行等)、发展性消费(工作、学习等)和享受性消费(旅游、娱乐、美容、健身等)提供多方面的服务。因而现代科技伦理关系形态具有多元性、多样性;其研究目标与价值取向也因项目、服务对象、服务水平等方面的不同,而趋于多元、多样。在现代科技发展的实然逻辑即现实运作中,关涉的利益主体具有多元性,其利益具有多重性,因而需要协调众多利益关系。同时,由于各种利益冲突与利益诱惑甚多,现代科技伦理实体不仅常常处于多元利益关系的博弈中,而且亦在"能做"与"应做"中博弈。其伦理实体中的个体的行为趋于多样,因而对于其所在的现代科技伦理实体的向心力减弱,因此,现代科技伦理实体的行为结果往往是正负效应并举,面临的伦理风险增大。不仅如此,现代科技发展及其成果运用还产生了多重的伦理悖论。因而现代科技发展伦理价值协同面临多重的现实困境。这种困境如同康德曾经指出的那样,事实上,一个人"越是处心积虑地想得到生活上的舒适和幸福,那么这个人就越是得不到真正的满足"。他"所得到终是无法摆脱的烦恼,而不是幸福"[1]。马克思深刻揭示了在机器大工业条件下的伦理悖论:"劳动为富人生产了奇迹般的东西,但是为工人生产了赤贫。劳动生产了宫殿,但是给工人生产了棚舍。劳动生产了美,但是使工人变成畸形。劳动用机器代替了手工劳动,但是使一部分工人回到野蛮的劳动,并使另一部分工人变成机器。劳动生产了智慧,但是给工人生产了愚钝和痴呆。"[2]爱因斯坦亦从人—机伦理关系的视角,揭示了科技发展没有使人们从单调的劳动中,得到真正的解放,反而成为机器的奴隶。[3] 他还指出,"最大的灾难是为自己创造了大规模毁灭的手段。这实在是难以忍受

---

[1] [德]康德:《道德形而上学原理》,苗力田译,上海人民出版社1986年版,第45页。
[2] 《马克思恩格斯全集》第3卷,人民出版社2002年版,第269—270页。
[3] 参见《爱因斯坦文集》第三卷,许良英、赵中立、张宣三编译,商务印书馆1979年版,第73页。

的令人心碎的悲剧"①。其深层原因，正如马克思在《1861—1863年经济学手稿》中所分析的那样，科学技术在资本主义生产方式下，成为资本家生产财富的手段和致富的手段。② 马尔库塞则从当代发达工业社会中，分析出了现代科学技术作为一种"新的控制形式"所起的决定性作用。他指出："在发达的工业文明中盛行着一种舒适、平稳、合理、民主的不自由现象，这是技术进步的标志。"③ 因为，这种技术进步已扩展至控制与调节系统，并创造出一些生活和权利形式，这些形式能够调和或者协调与这个系统对立的力量，击败或驳倒了为摆脱奴役和控制而提出的所有抗议。"这种协调靠既得利益来操纵需求。"④ 因此，在这种社会中，生产和分配的技术装备由于日益增加的自动化因素，不是作为脱离其社会影响和政治影响的单纯工具的总和，而是作为一个系统在发挥作用；生产的技术手段不仅决定着社会需要的职业、技能和态度，而且决定着个人的需要和愿望；它消除了私人与公众之间、个人需要和社会需要之间的对立。⑤ 对现存的制度说来，技术成了社会控制的新形式。⑥ 从外部来看，这意味着人类借助于现代科技改变、破坏和控制自然环境的能力越来越强。从内部来看，由于借助于现代科技，把他律的需要内在化，进而扩大社会对人内心的控制，这意味着人们的意识被操纵。⑦

当代，就现代科技发展实然逻辑的运作机制而言，在其客体向度上，由于资本逻辑的运作，也在一定程度上，控制着现代科技的运

---

① 《爱因斯坦文集》第三卷，许良英、赵中立、张宣三编译，商务印书馆1979年版，第259—260页。
② 参见《马克思恩格斯全集》第37卷，人民出版社2019年版，第570页。
③ [美] 马尔库塞：《单向度的人》，张峰、吕世平译，重庆出版社1988年版，第3页。
④ [美] 马尔库塞：《单向度的人》，张峰、吕世平译，重庆出版社1988年版，第5页。
⑤ 参见陈爱华《法兰克福学派科学伦理思想的历史逻辑》，中国社会科学出版社2007年版，第324页。
⑥ [美] 马尔库塞：《单向度的人》，张峰、吕世平译，重庆出版社1988年版，第3页。
⑦ 参见陈爱华《科学与人文的契合——科学伦理精神历史生成》，吉林人民出版社2003年版，第233—234页。

作：一是就其实践层面的逻辑而言，主要表现为，以经济理性为原则，以利润为生产动机，将自然资源、科学技术与人的创造能力等要素，仅仅作为资本积累的手段；二是就其价值哲学层面的逻辑而言，主要表现为，急功近利的价值取向，即以功利主义的道德价值观，权衡社会经济—文化的发展，以及相关的评价体系；三是就其哲学方法论层面的逻辑而言，主要表现为，工具理性大行其道，即以纯粹工具理性主义的态度，对待现代科技和人—财—物的开发和利用；四是就器物文化层面的逻辑而言，主要表现为，对自然资源的掠夺性开采，使得地球经过几十亿年形成的一次性能源，在短短的几百年中就面临枯竭之虞，与此相关，物种锐减、自然灾害频发、环境污染遍及全球；五是就关系文化层面的逻辑而言，主要表现为，人与人、人与自身、人与自然之间的伦理关系处于紧张状态，人们的幸福指数锐减；六是就观念文化层面的逻辑而言，主要表现为，急功近利的价值取向与工具理性思维方式腐蚀着人们的灵魂，拜物主义、拜金主义横行。这种资本逻辑的运作，就像海德格尔所说的"座架"：它"意味着对那种摆置的聚集，这种摆置摆置着人，也即逼迫着人，使人以订造方式把现实当作持存物来解蔽"[1]。现代科技发展实然逻辑的运作机制，从其主体向度来看，正如海德格尔所说，"在以技术方式组织起来的人的全球性帝国主义中，人的主观主义达到了它的登峰造极的地步，人由此降落到被组织的千篇一律状态的层面上，并在那里设立自身。这种千篇一律状态成为对地球的完全的（亦即技术的）统治的最可靠的工具。现代的主体性之自由完全消融于与主体性相应的客体性之中了。人不能凭自力离弃其现代本质的这一命运，或者用一个绝对命令中断这一命运"[2]。而海德格尔认为，"如果命运以座架的方式支配着，那么它是最高的危险"[3]。

---

[1] ［德］海德格尔：《海德格尔选集》（下），孙周兴选编，生活·读书·新知三联书店1996年版，第938页。

[2] ［德］海德格尔：《海德格尔选集》（下），孙周兴选编，生活·读书·新知三联书店1996年版，第921—922页。

[3] 转引自［德］冈特·绍伊博尔德《海德格尔分析新时代的技术》，宋祖良译，中国社会科学出版社1993年版，第178页。

第五章 现代科技发展的伦理价值协同

那么,如何才能超越当下现代科技发展的伦理价值协同面临的多重的实然困境和"最高的危险",复归其真善美的本然逻辑?显然,仅仅停留在其实然逻辑层面是找不到出路的。这正如福斯特,美国生态马克思主义思想家所指出的那样:"认为这些技术奇迹能够解决问题的想法不仅背离热力学的基本定律,而且否定了所有我们所了解的资本主义自身的运行机制,在这种机制里技术革新从属于市场需求。"① 对此,他通过解读"杰文斯悖论",发现了现代科技运作的现状:通过技术改进和革新,虽然使得某种自然资源的利用效率有所提高,但其结果是对这种资源的需求不是减少了而是增加了。因为资源利用效率的提高,使利润得以增加,进而导致生产规模的扩大,这样,又进一步增加了对资源的需求。② 由此可见,超越现代科技的实然逻辑的困境,须依据现代科技伦理的应然逻辑进行现代科技发展的价值协同。

再就现代科技伦理实体及其个体而言,在其科技研究(研制)活动中,往往注重"纯"事实即所谓"是其所是"的考量与描述,对于其按照一定社会或者其科技伦理实体自身范式的伦理价值,即按照"应是其所是"选择了事实及其考量与描述方式几乎不予考虑,甚至全然不知,处于集体无意识状态。正是基于这种伦理价值,即按照"应是其所是"选择的集体无意识,因而在现代科技的研究(研制)中,十分注重当下"能做什么"或者注重只是单向度地进行自身所在的学科"能做什么"的规划,而对于当下"能做什么"或者单向度地进行自身所在的学科"能做什么"的规划,对于人—社会—自然系统会产生哪些具有中长期的伦理负效应,生成哪些伦理悖论和伦理风险,几乎很少考虑,甚至认为这是"杞人忧天",对于现代科技伦理实体而言,这种担忧只是一种猜测和臆想,没有事实依据,既无必要,也无意义。因此,重要的是做好手边的事,关注当下的事。有的

---

① [美]约翰·贝拉米·福斯特:《生态危机与资本主义》,耿建新、宋兴无译,上海译文出版社 2006 年版,第 31 页。
② 参见陈爱华《福斯特关于超越资本主义生态危机相关方略的道德哲学审思》,《伦理学研究》2014 年第 4 期。

还产生这样的看法,考虑"应做什么",会影响"能做什么",也许会失去为人类带来福利的许多机遇,甚至与现代科技新的发展失之交臂,进而延缓甚至阻碍了现代科技的发展。① 基于这种单向度的现代科技研究实然逻辑的认识误区,有些人提出"科学自由"——科学无禁区,而且认为"应做什么"是对"能做什么"不必要的束缚。但是一个有道德责任感的现代科技伦理实体对于最新的科技研究事件会无动于衷吗?据英国《独立报》报道②,日本病毒学教授河冈义裕利用 H1N1 流感病毒成功研制出一种超级病毒。据称,这一病毒一旦泄漏,人类将毫无抵抗能力,恐酿成大灾难。对此英国皇家学会前主席罗伯特梅教授认为,这一工作完全疯狂、极度危险。哈佛大学教授马克利普西奇也对此表示担忧并认为,即便在最安全的实验室中,这也是危险行为。

如何使现代科技伦理实体及其个体超越单向度的现代科技研究的实然逻辑呢?须揭示现代科技研发过程中蕴含的"能做什么"与"应做什么"双重逻辑,并且"应做什么"即一定的伦理价值对于"能做什么"具有选择性。进而启发和提高现代科技伦理实体及其个体道德认知的自觉性,在其科技研发活动中,以高度的道德责任感,协同其伦理价值,以减少或者降低现代科技伦理的负效应及其伦理悖论,规避其伦理风险。

第二节 现代科技发展的伦理价值协同何以可能[③]

马克思在《路易·波拿巴的雾月十八日》中指出:"人们自己创造自己的历史,但是他们并不是随心所欲地创造,并不是在他们自己选定的条件下创造,而是在直接碰到的、既定的、从过去承继下来的

---

① 参见唐红丽《科技与伦理:"能做什么"和"应做什么"的博弈》,《中国社会科学报》2014 年 7 月 23 日第 4 版。
② 参见唐红丽《科技与伦理:"能做什么"和"应做什么"的博弈》,《中国社会科学报》2014 年 7 月 23 日第 4 版。
③ 参见陈爱华《论科学的伦理价值选择》,《学术与探索》2012 年第 7 期。

条件下创造。一切已死的先辈们的传统，像梦魇一样纠缠着活人的头脑。"① 而伦理价值对于现代科技伦理发展而言，正是一种"直接碰到的、既定的、从过去承继下来的"认知的观念及评价系统。一定时代的科学技术（包括现代科技）的发展总是被一定社会的伦理价值选择，其中包括科学技术的研究项目的选择、研究对象的选择、事实的陈述、理论呈现的样态、科学技术研究成果的评价等。诚然，一定时代的科学技术也会对一定社会的伦理价值发生影响，但是这种影响无论在时间还是空间上总是具有一定的滞后性。因此，伦理价值对于现代科技发展的选择不仅是一种社会现象，也是现代科技自身发展的内在需求，其通过研究对象——事实、研究过程——研究成果的生成与发展及其评价和科技活动主体意志自由对科学自由的伦理价值的选择表现出来。

一　伦理价值对事实的选择性

一般说来，科学是对事实的判断或者描述，而与价值无涉。因为在传统科学的视域中，似乎科学就是"对个别现象的一般性、共同性、规律性的描述"，"力图对事物做出统一的、数量化的、因果性的解释"。② 这里"事实"所关涉的即所谓"是其所是"；而价值关涉的则是所谓"应是其所是"。要弄清这一问题的症结不能从既成意义上描述"是其所是"的事实，而应从生成意义上追问"事实何以可能？"卢卡奇认为，在生成意义上，所谓"事实"是"因认识目的不同而变化的方法论的加工下"③ 形成的。皮尔逊在分析事实的生成时，曾以黑板为例加以阐释，他说："首先，我借助我的感官，接受到大小、形状和颜色的确凿印象。"④ 于是便可推断，它是硬的和重的。这说明，若干感觉印象的存在导致人们推断其他感觉印象的可能

---

① 《马克思恩格斯全集》第11卷，人民出版社1995年版，第131—132页。
② 王大珩、于光远主编：《论科学精神》，中央编译出版社2001年版，第54页。
③ [匈] 卢卡奇：《历史与阶级意识——关于马克思主义辩论法的研究》，杜章智等译，商务印书馆1992年版，第53页。
④ [英] 卡尔·皮尔逊：《科学的规范》，李醒民译，华夏出版社1999年版，第40页。

性。由于"过去的感觉印象存储的结果,在很大程度上形成了我们称之为的'外部客体'的东西",因此,"必须清楚地认识到,这样的客体主要是由我们自己建构的"。① 因而,劳埃德·摩根提议,以"构象"(construct)称呼外部客体。②

由此可见,自然科学的所谓"纯"事实,实际上是一种幻想。卢卡奇认为,这种"事实"是研究者将现实世界的现象放到不受外界干扰而探究其规律的环境中得出的。"这一过程由于现象被归结为纯粹数量、用数和数的关系表现的本质而更加加强。"③ 霍克海默则进一步从历史辩证法的视域揭示了事实被伦理价值的选择性——感官呈现给我们的事实,一般通过两种方式成为社会的东西:"通过被知觉对象的历史特性和通过知觉器官的历史特性。这两者都不仅仅是自然的东西,它们是由人类活动塑造的东西。"④ 作为一定科学研究对象的"事实"总是由一定社会中的人去感知、描绘和陈述。而一定社会中的人"不仅仅穿着打扮和情感特征是历史的产物,甚至连看和听的方式也是与经过多少万年进化的社会生活过程分不开"⑤。这在一定程度上,是被一定社会的伦理价值选择。因此,"纯"事实亦即"是其所是"的抽象之所以可能,是受一定社会伦理价值的认识目的和伦理价值机制亦即"应是其所是"所中介或选择的。

既然如此,为什么作为一定的科学技术研究对象的"事实"给人留下的印象似乎是一种独立于人之外的客观现象或者事物?究其原因就在于研究者对于"事实"认知的过程中,"忽略了作为其依据的事

---

① [英]卡尔·皮尔逊:《科学的规范》,李醒民译,华夏出版社1999年版,第41页。
② 参见[英]卡尔·皮尔逊《科学的规范》,李醒民译,华夏出版社1999年版,第41页。
③ [匈]卢卡奇:《历史与阶级意识——关于马克思主义辩论法的研究》,杜章智等译,商务印书馆1992年版,第53页。
④ [联邦德国]麦克斯·霍克海默:《批判理论》,李小兵等译,重庆出版社1989年版,第192页。
⑤ [联邦德国]麦克斯·霍克海默:《批判理论》,李小兵等译,重庆出版社1989年版,第192页。

实的历史性质"。① 科学技术中"事实"的"精确性"以各种因素始终"不变"为前提，而"事实"及其相互联系的内部结构本质上是历史的，即处在一种连续不断的变化过程之中。实际上，那些似乎被科学以这种"纯粹性"掌握了的"事实"的历史性质，是从历史发展的产物，不仅处于不断地变化中，而且它们——正是按它们的客观结构——还是一定历史时期的产物。人的感官在很大程度上预先决定了"事实"在实验中出现的次序。因为当研究者在记录事实时，"他分离现实并把现实的碎片重新连接起来，他关注某些特殊的东西而注意不到其他东西，这个过程是现代化生产方式的结果"②。可见，在一定的科学研究过程中，"事实"总是存在着一个决定着其"是其所是"的、隐匿着的"是其所应是"的他者——伦理价值，并以文化的方式隐匿在研究者研究的动机与兴趣之中，以"是其所应是"描述着事实的"是其所是"，进而生成事实的"构象"。

二 伦理价值对科技发展的选择性

伦理价值不仅对事实及其认知具有选择性，对科技研究（研制）也具有一定的选择性。

在传统科学的视域中，似乎科学研究（研制）总是通过实验达到追求真理的目标而与伦理价值无涉。然而，海德格尔发现，"自然科学并非通过实验才成为研究，而是相反地，唯有在自然知识已经转换为研究的地方，实验才是可能的"。黑格尔曾从理性—精神—伦理的关系中，辩证地阐述了真与伦理价值之善之间的关系。他指出，"当理性之确信其自身即是一切实在这一确定性已上升为真理性，亦即理性已意识到它的自身即是它的世界、它的世界即是它的自身时，理性就成了精神"。精神本身则是伦理现实。"当精神所具有的这个理性最后作为一种理性而为精神所直观时，当它是存在着的理性时，或者说，当它

---

① ［匈］卢卡奇：《历史与阶级意识——关于马克思主义辩证法的研究》，杜章智等译，商务印书馆1992年版，第54页。
② ［联邦德国］麦克斯·霍克海默：《批判理论》，李小兵等译，重庆出版社1989年版，第193页。

在精神中是一现实并且是精神世界时，精神就达到了它的真理性：它即是精神，它即是现实的、伦理的本质。"①而霍克海默则从历史生成性的视域进一步揭示了一定社会中个人及其理论碰到的事实是社会地生产出来的，因此"在进行认识的个人有意识地从理论上阐述被知觉的事实以前，这个事实就由人类观念和概念共同规定好了"②。

从科技史上看，科技发展总是这样或者那样地为一定社会的伦理价值——一定社会的发展、人的发展的需要及其满足所选择。比如"数学是从人的需要中产生的，如丈量土地和测量容积，计算时间和制造器械"③。这不仅表明，现代科技的生成与一定社会的发展、人的发展的需要及其满足密切相关，而且还与一定社会生产力的发展水平以及人的认知水平密切相关。马克思曾指出，"人们用以生产自己必需的生活资料的方式，首先取决于他们得到的现成的和需要再生产的生活资料本身的特性"④。这在更大程度上是这些个人的一定的活动方式、表现他们生活的一定形式、他们的一定的生活方式。"个人怎样表现自己的生活，他们自己也就怎样。因此，他们是什么样的，这同他们的生产是一致的——既和他们生产什么一致，又和他们怎样生产一致。"⑤一定社会的伦理价值对于现代科技的生成的选择性也是如此。正如恩格斯所说："社会一旦有技术上的需要，则这种需要就会比十所大学更能把科学推向前进。"⑥现代高科技的生成与发展，更是与人类试图解决环境问题、资源问题、战争问题、交往问题、代际关系（可持续发展）问题等的需要密切相关。

科技发展不仅受到社会伦理价值的选择，还受到科学研究传统的伦理价值的选择。劳丹论及这一问题时指出，"实际上一切理论活动都发生在一定的研究传统背景之中；研究传统对它属下的理论起到限

---

① [德]黑格尔：《精神现象学》下卷，贺麟等译，商务印书馆1979年版，第1—4页。
② [联邦德国]麦克斯·霍克海默：《批判理论》，李小兵等译，重庆出版社1989年版，第192页。
③ 《马克思恩格斯全集》第26卷，人民出版社2014年版，第42页。
④ 《马克思恩格斯全集》第3卷，人民出版社1960年版，第24页。
⑤ 《马克思恩格斯全集》第3卷，人民出版社1960年版，第24页。
⑥ 《马克思恩格斯全集》第39卷，人民出版社1974年版，第198页。

定、激励以及提供辩护的作用"。他还指出，理论极少能独立存在，因为理论没有自明性。理论关于自然界总是要作出一些假设，却不能为其提供理论基础。因此，"通常仅当一个理论为另一个更成功的研究传统所吸引（即为之提供辩护）时，它才能脱离原来的研究传统"①。这里，劳丹所说的"当一个理论为另一个更成功的研究传统所吸引"会突破原有的传统，实际上这又是伦理价值选择性的样态。因为现代科技的研究主体总是被一定的"社会内在的伦理规范"在"过滤着"，即被一定的伦理价值引领，当已有的研究传统不适应一定社会的发展、人的发展的需要及其满足，现代科技突破原有的研究传统，"为另一个更成功的研究传统所吸引"则成为必然。

然而，我们必须清醒地看到，作为体现满足一定社会的发展、人的发展的需要的伦理价值对于科技发展的选择性，未必能够满足人—自然—社会的长远的、全局的、可持续发展的需要。霍克海默指出，"人与人在战争与和平中的斗争，是理解种的贪心以及随之而来的实践态度的关键，也是理解科学思想的范畴和方法（自然越来越显得处于它的最有效的开发地位）的关键"②。为生存而进行的坚持不懈的斗争（它既表现为特殊社会内部的冲突也表现为全球规模的社会之间的冲突）是驱使控制自然（内部的和外部的）越来越紧张。弗洛姆在反思了科技发展与伦理价值之间诸多伦理悖论后指出，"现代人却感到心神不安，并越来越困惑不解。他努力地工作、不停地奋斗，但他朦胧地意识到，他所做的事情全是无用的。当他的处世能力增强时，他在个人生活和社会中却是软弱无力的。人创造了种种新的、更好的方法以征服自然，但他却陷入在这些方法的网罗中，并最终失去了赋予这些方法以意义的人自己。人征服了自然，却成了自己所创造的机器的奴隶。他具有关于物质的全部知识，但对于人的存在之最重要、最基本的问题——人是什么、人应该怎样生活、怎样才能创造性

---

① ［美］劳丹：《进步及其问题》，刘新民译，华夏出版社1999年版，第95页。
② ［联邦德国］麦克斯·霍克海默：《理性的暗淡》，第109页，转引自［加拿大］威廉·莱斯《自然的控制》，岳长龄、李建华译，重庆出版社1993年版，第136页。

地释放和运用人所具有的巨大能量——却茫无所知"①。这正如霍克海默所说,"当对一个更加美好的社会的关注,让位于去证明当下社会应当是永恒不变的东西的企图后,一种致命的、瓦解的因素就浸入到科学中"(《科学及其危机札记》)②。尽管科学使现代工业体系成为可能;科学是人类心灵的工具,是人类世界和自然界的信息贮存;是研究者的知识装备,并被研究者用以影响社会、创造社会价值。但是,科学所影响的社会经济进程日益脱离人的需要而发展,例如,"经济平衡只有在付出了人类资源和物质资源的重大毁灭的代价后才会恢复"③。现代科技在当代发展中遇到的困境——蕴含双重矛盾:一方面它"认定这样一个原则:它的每一步都具有批判的根基,然而,它所有步骤中最重要的一步即科学任务的确定,却缺乏理论的根基,似乎是随意选定的";另一方面,它"必须涉及全部相关的知识,然而,它对它自身的存在以及它的工作的方向所依的东西,即社会立于其上的全部关系,却尚未实实在在地把握住"。④ 当代,人类借助于"人类基因组计划"试图建立人类基因组图——"人体第二张解剖图"。人们可以通过基因组图,窥探生命生成的奥秘;同时,这种智慧也蕴含了"毁物""毁己"的隐患。如果不加以控制,不仅祸害人类,也将危及人类赖以生存的自然界。英国科学家约瑟夫·罗林布拉特说:"我们担心的是,在人类科学领域取得的其它进展可能会比核武器更容易产生严重的后果,遗传工程很可能就是这样的一个领域。克隆技术一旦被滥用,社会将会陷入无穷的罪恶之中。"⑤ 再就纳米技术而言,也是一把"双刃剑"。因为有些东西(以砷化钾等为原料制成的集成电路芯片)变成纳米级之后,它的活性更大,毒性

---

① [美]埃·弗洛姆:《为自己的人》,孙依依译,生活·读书·新知三联书店1988年版,第25页。
② [联邦德国]麦克斯·霍克海默:《批判理论》,李小兵等译,重庆出版社1989年版,第3页。
③ [联邦德国]麦克斯·霍克海默:《批判理论〈中译本序〉》,李小兵等译,重庆出版社1989年版,第2页。
④ [联邦德国]麦克斯·霍克海默:《批判理论〈中译本序〉》,李小兵等译,重庆出版社1989年版,第6页。
⑤ 转引自辛力《高新科技与伦理建设》,《南昌教育学院学报》2002年第2期。

也更大,其废弃之后对环境将造成严重的破坏。正如因此,坚持以真—善的伦理价值取向引领科技发展既是人—自然—社会协调发展的需要,也是现代科技伦理实体和伦理价值主体对科技发展的伦理风险有一定认知后,所进行的道德选择。

三 伦理价值主体的自由意志对其科学自由的选择性

现代科技伦理实体作为伦理价值主体如何对科技发展进行道德选择呢?具体说来,就是其自由意志——"应做什么"对其科学自由"能做什么"的选择性。

一般说来,"科学自由"强调现代科技伦理实体"能做什么"——探索、创新无禁区。"科学自由"在我们看来也许是人区别于动物的显著特点。然而,黑格尔曾指出,"人是能思维的,他要在思维中寻求他的自由以及伦理的基础。但是这种法无论怎样崇高、怎样神圣,如果他仅仅把这个(意见)当作思维,而且思维只有背离公认而有效的东西并且能够发明某种特殊物的时候才觉到自己是自由的,那末这种法反而变成不法了"①。这就是说,如果我们只强调"科学自由",即只强调现代科技伦理实体"能做什么","以为思维的自由和一般精神的自由只有背离,甚至敌视公众承认的东西,才能得到证明"②,把任性即其特殊性提升到普遍物之上,并且把其作为原则,并通过行为来实现,在黑格尔看来,这"有可能为非作歹"③。因为这是一种抽象的自我确信,"在自身中既包含着希求概念这种普遍物的可能性,又包含着把某种特殊内容作为原则并加以实现的可能性"④,所以,这种抽象的自我确信则是恶。这似乎令人难以理解,其原因在于,"如果我们仅仅停留在肯定的东西上,这就是说,如果我们死抱住纯善——即在它根源上就是善的,那末,这是理智的空虚规定,而理智是坚持这种抽

---

① [德]黑格尔:《法哲学原理》,范扬、张企泰译,商务印书馆1961年版,序第3—4页。
② [德]黑格尔:《法哲学原理》,范扬、张企泰译,商务印书馆1961年版,序第4页。
③ [德]黑格尔:《法哲学原理》,范扬、张企泰译,商务印书馆1961年版,第142—143页。
④ [德]黑格尔:《法哲学原理》,范扬、张企泰译,商务印书馆1961年版,第144页。

象的和片面的东西的,而它之提出问题,正好把它推上成为难题"①,进而有可能导向恶。因此,"科学自由"如果仅仅是形式的主观性,即现代科技伦理实体仅仅以其主观性、自然意志的冲动和感觉为转移,那就有可能处于转向作恶的待发点上。尤其在信息网络和人工智能等高技术迅速发展和经济全球化的今天,现代科技伦理实体享有比以往更充分、更广泛的科学自由,能否合理利用这些高技术,不仅关涉科学的发展,而且关系到科学与人—自然—社会能否协调发展;不仅关系到一定国家的科学与政治—经济—文化能否协调发展——社会正义的实现程度,而且关系到全球性的科学与政治—经济—文化能否协调发展——全球正义和环境正义的实现程度。正如歌德说,立志成大事者,必须善于限制自己。② 对于现代科技伦理实体的"科学自由"而言,唯有通过自由意志的决断,才能超越其主观性和自然意志的冲动。施韦泽指出,"敬畏生命的伦理促使任何人,关怀他周围的所有人和生物的命运,给予需要他的人真正人道的帮助"③。为什么伦理能引领人的行为,引领现代科技伦理实体的"科学自由"?正如黑格尔所说,"伦理是自由的理念。它是活的善,这活的善在自我意识中具有它的知识和意志,通过自我意识的行动而达到它的现实性;另一方面自我意识在伦理性的存在中具有它的绝对基础和起推动作用的目的。因此,伦理就是成为现存世界和自我意识本性的那种自由的概念"④。而自由是意志的根本规定,"意志而没有自由,只是一句空话;同时,自由只有作为意志,作为主体,才是现实的"⑤。"意志一般说来不仅在内容的意义上,而且也在形式的意义上是被规定的。从形式上说,规定性就是目的和目的的实现。"⑥ 现代科技伦理实体的

---

① [德] 黑格尔:《法哲学原理》,范扬、张企泰译,商务印书馆1961年版,第145页。
② 参见 [德] 黑格尔《法哲学原理》,范扬、张企泰译,商务印书馆1961年版,第24页。
③ [法] 阿尔贝特·施韦泽:《敬畏生命——五十年来的基本论述》,陈泽环译,上海社会科学院出版社2003年版,第26页。
④ [德] 黑格尔:《法哲学原理》,范扬、张企泰译,商务印书馆1961年版,第164页。
⑤ [德] 黑格尔:《法哲学原理》,范扬、张企泰译,商务印书馆1961年版,第12页。
⑥ [德] 黑格尔:《法哲学原理》,范扬、张企泰译,商务印书馆1961年版,第20页。

"科学自由",只有通过这种规约,才能真正摆脱其单纯主观性的缺点。"人不可能没有意志而进行理论的活动或思维,因为在思维时他就在活动。被思考的东西的内容固然具有存在的东西的形式,但是这种存在的东西是通过中介的,即通过我们的活动而被设定的。所以这些区别是不可分割的。"①

就道德认识论而言,现代科技伦理实体的自由意志是一种思维的理智,是通过思维把自己作为本质来把握,从而使自己摆脱偶然。而这种把握恰恰是一种具有拘束力的义务。这种"具有拘束力的义务,只是对没有规定性的主观性或抽象的自由和对自然意志的冲动或道德意志(它任意规定没有规定性的善)的冲动,才是一种限制"②。因而在义务中,现代科技伦理实体及其个体获得了解放。一方面,其摆脱由于自己的主观特殊性、狭隘性而陷入现代科技研究的困境;另一方面,其又摆脱不受道德义务规约的主观性——不计现代科技研究及其成果应用严重后果的、盲目的研究冲动,自己为自己"立法"——将科学道德规范和社会道德规范内化为心中的道德法则,并指导自己所从事的科学活动,这又常常以一种道德义务的形式出现。进而强化自己对科学特别是高技术伦理风险的道德责任。所以,"义务所限制的并不是自由,而只是自由的抽象,即不自由。义务就是达到本质、获得肯定的自由"③。由于"伦理性的规定构成自由的概念,所以这些伦理性的规定就是个人的实体性或普遍本质"④。因此,对于现代科技伦理实体而言,只有以一定社会的伦理性的规定塑造其实体性或普遍本质,以一定的道德义务引导与规约其行为,即成为伦理价值的自由意志主体,具有"应做什么"的认知与行为能力,才能"得到解放",达到科学自由——获得现代科技研究道德选择的自主、自知和自觉。⑤ 这正体现了伦理价值主体的自由意志对其科学自由的选择性。

---

① [德]黑格尔:《法哲学原理》,范扬、张企泰译,商务印书馆1961年版,第13页。
② [德]黑格尔:《法哲学原理》,范扬、张企泰译,商务印书馆1961年版,第167页。
③ [德]黑格尔:《法哲学原理》,范扬、张企泰译,商务印书馆1961年版,第168页。
④ [德]黑格尔:《法哲学原理》,范扬、张企泰译,商务印书馆1961年版,第165页。
⑤ 参见陈爱华《法兰克福学派科学伦理思想的历史逻辑》,中国社会科学出版社2007年版,第36—37页。

再从道德社会学的视角看，当代，随着科学的迅猛发展和广泛运用，任何一个现代科技伦理实体及其个体都不可能是一个"纯粹的"数学家、"纯粹的"生物学家或"纯粹的"物理学家，而首先是作为担负着一定的社会道德责任的主体而存在。马克思曾指出，"甚至当我从事科学之类的活动，即从事一种我只在很少情况下才能同别人直接进行联系的活动的时候，我也是社会的，因为我是作为人活动的。不仅我的活动所需的材料——甚至思想家用来进行活动的语言——是作为社会的产品给予我的，而且我本身的存在是社会的活动"①。现代科技伦理实体无论在实验环节，还是在具体的科学管理决策及其应用过程中，都不仅必须明确"能做什么"——科学自由，更应明确"应做什么"——意志自由。爱因斯坦曾经说过："在我们这个时代，科学家和工程师担负着特别沉重的道义责任。"② 由此，他十分强调科学家有为人类福利而不用于破坏的责任。③ 这里不仅揭示了"能做什么"——科学自由与"应做什么"——意志自由之间的关系，而且深刻昭示了伦理价值主体的自由意志对其科学自由的选择性。

第三节　现代科技伦理发展如何进行伦理价值协同④

为了减少或者降低现代科技伦理的负效应及其伦理悖论，规避其伦理风险，一是在战略上须注重现代科技发展顶层设计的伦理价值协同；二是在战术上即在实践中须注重规避现代科技伦理风险的伦理价值协同。

---

① 《马克思恩格斯全集》第 3 卷，人民出版社 2002 年版，第 301—302 页。
② 《爱因斯坦文集》第三卷，许良英、赵中立、张宣三编译，商务印书馆 1979 年版，第 287 页。
③ 参见《爱因斯坦文集》第三卷，许良英、赵中立、张宣三编译，商务印书馆 1979 年版，第 73 页。
④ 参见陈爱华《构建美丽中国生态之行的伦理探索》，《南京社会科学》2013 年增刊（在本书中根据研究对象的不同进行了一定的修改）。

一 注重顶层设计的伦理价值协同

首先，在现代科技发展的进程中，现代科技伦理实体须遵循绿色发展的生态理念，以"敬畏生命"和珍爱生命为生态伦理原则。具体表现为，不仅须敬畏和珍爱人的生命，而且须敬畏和珍爱绿化植物的生命与环境。这既体现了现代科技伦理应然逻辑的生态伦理精神，亦是其生态伦理实践。因为伦理总是以实践—精神的方式把握世界的。就其生态伦理精神层面而言，须将这一生态伦理精神贯穿于现代科技发展的设计理念与规划理念以及相关的法律法规之中，并以之指导现代科技发展的诸环节；就现代科技伦理实体及其个体的生态伦理实践而言，须将绿色发展的生态理念融入珍爱人的生命与珍爱绿化植物的生命及其环境的生态伦理精神落到实处，不仅从大处着眼，还要从小处着手。① 须将珍爱生命的生态伦理原则不仅作为发展与规划的理念，而且在实施过程中建立相应的评估与监督机制。与此同时，须通过多渠道的道德教育途径，加强对现代科技伦理实体及其个体敬畏和珍爱生命的生态伦理意识，与此同时，全面加强全体公民敬畏和珍爱生命的生态伦理意识，使之成为人们的行为习惯。

其次，在现代科技发展的进程中，现代科技伦理实体及其个体遵循绿色发展的生态理念，还须"按照美的规律来构造"②。为了克服原来科技发展规划的片面性和短视性，不仅关注科技成果的形式美（外在美），更关注科技成果的内在美即科技成果—人—（自然）环境之间的内在和谐。因为正如康德所说，一个有机自然产物的"所有一切部分都是交互为目的与手段的。在这样一个产物里面，没有东西是无用的，是没有目的的"③。在科技成果中应体现人文生态的再造、绿色生态的再生、智能生态的提升——兼指挥、协调、控制、疏导、

---

① 比如在立体交通的建设中，敬畏和珍爱人的生命，须体现在路权分配的均衡性中：相关路口的行道灯、交通指示牌及其相关的时间与空间等方面的设置，须让行人、行车安全便利。敬畏和珍爱绿化植物的生命，体现在不乱砍滥伐绿化植物、任意践踏草坪，须经常爱护、维护绿化植物，即使因修路也须悉心管理或者谨慎移植绿化植物。
② 《马克思恩格斯全集》第 3 卷，人民出版社 2002 年版，第 274 页。
③ [德] I. 康德：《判断力批判》下卷，韦卓民译，商务印书馆 1964 年版，第 25 页。

预警、应急等于一体。

再次，在现代科技发展的进程中，现代科技伦理实体遵循绿色发展的生态理念，须将科技成果的量增到生态伦理的质的提升，即现代科技伦理实体及其个体在发展现代科技的进程中，从"能做什么"转向"应做什么"，在其设计的理念与规划中，必须从以科技"成果为本"转向"以人为本"与"以环境为本"的辩证统一。在过去发展科技的进程中，我们只是把自然界作为"自然科学的对象"与"艺术的对象"，使其成为"人的意识的一部分"，成为"人的精神的无机界"，进而形成科技发展规划的蓝图，同时在实践中，把整个自然界"首先作为人的直接的生活资料，其次作为人的生命活动的材料、对象和工具"，即将其变成了"人的无机的身体"。① 然而，却忽略了"人靠自然界生活"，即"自然界是人为了不致死亡而必须与之处于持续不断交互作用过程的、人的身体"。② 因而目前人类正在遭受噪声污染、雾霾天气等人为污染和自然灾害等的困扰，这种情形诚如恩格斯所警示的，尽管我们通过"所作出的改变来使自然界为自己的目的服务，来支配自然界"但是"我们不要过分陶醉于我们对自然界的胜利"，因为，对于"每一次这样的胜利，自然界都对我们进行了报复"。③ 尽管每一次胜利，"起初确实取得了我们预期的结果，但是往后和再往后却发生完全不同的、出乎预料的影响，常常把最初的结果又消除了"④。虽然恩格斯的警示已经过去了一百多年，但是现代科技发展的过程中这样的情形仍然在不断出现，困扰着现代科技伦理实体，进而困扰着人类及其社会发展。要摆脱这一困境，不仅须从"能做什么"转向"应做什么"，而且须以绿色发展的生态理念变革原有的规划理念。

又次，"人无远虑，必有近忧"。在现代科技发展的进程中，现代科技伦理实体遵循绿色发展的生态理念，须变革过去仅仅从局部规划、短期规划的理念转向总体规划和长期规划的理念。恩格斯在《劳动在

---

① 《马克思恩格斯全集》第3卷，人民出版社2002年版，第272页。
② 《马克思恩格斯全集》第3卷，人民出版社2002年版，第272页。
③ 《马克思恩格斯全集》第26卷，人民出版社2014年版，第769页。
④ 《马克思恩格斯全集》第26卷，人民出版社2014年版，第769页。

❖ 第五章 现代科技发展的伦理价值协同 ❖ ·133·

从猿到人转变过程中的作用》中，通过将动物的计划性与人的计划性加以比较以后指出，"一切动物的一切有计划的行动，都不能在地球上打下自己的意志的印记"。它们"仅仅利用外部自然界，简单地通过自身的存在在自然界中引起变化"；而"人则通过他所作出的改变来使自然界为自己的目的服务，来支配自然界"。① 这便是人同其他动物的最后的本质的区别。与此同时，恩格斯又从生态正义的伦理视域指出了人劳动的计划性蕴含了生态伦理悖论。② 从现代科技发展过程中出现的伦理悖论来看，其问题的症结在于，仅仅着眼于解决当下的问题。比如，在城市立体交通建设中，主要着眼于解决交通拥堵问题。由于交通拥堵又集中表现为车多路窄、出行线路单一，因此所作的城市立体交通的近期规划的决策思路——"以车为本"——拓宽道路、增加出行线路，这似乎是合情合理的选择。然而这种"以车为本"的交通规划思路或者理念，忽视了城市立体交通的规划是一项系统工程，它牵一发而动全身：行车与行人、机动车与非机动车、道路与环境（绿地、空气、噪声）等一系列生态伦理关系与生态伦理问题会接踵而至。其一，当下的问题解决了，但是其中生态伦理悖论的出现，将需要付出长期的代价。其二，局部性的问题尚未完全解决，总体性的问题又应接不暇。这些情形表明，仅仅解决了当下或者局部性的问题，生态伦理悖论却难以避免。如果要消除这些生态悖论，只有坚持绿色发展的生态理念，进行现代科技发展的总体性规划和长远规划，才能避免急功近利的短视与片面效应，实现"以人为本"和"以环境为本"的辩证统一，兼顾人—社会—城市—环境（自然）的利益的辩证统一。

最后，在现代科技发展的进程中，必须由原来单一化运作转向跨行业、跨地区、跨学科的联合。以立体交通建设与发展为例，这不仅是一项系统工程，而且是一个巨型网络。不仅某一城镇的立体交通建设形成了一个网络，而且城镇与城镇之间、国与国之间的立体交通建设也形成了不同层级的网络。一是要立足于这样一个多层级、多因

---

① 《马克思恩格斯全集》第 26 卷，人民出版社 2014 年版，第 768 页。
② 参见陈爱华《恩格斯〈劳动在从猿到人转变过程中的作用〉的生态正义伦理思想解读》，《南京林业大学学报》（人文社会科学版）2013 年第 1 期。

素、多重问题复合、多个子系统交叉的立体交通建设网络，在学理上仅从某一学科原理出发，仅举某一学科之力不免捉襟见肘，只有通过跨学科的联合，通过多学科的互补、互通，共同商讨解决立体交通网络建设中多重复合问题的良策；二是在这一巨型网络的规划中，仅靠交通行业也会顾此失彼，只有通过跨行业如与建筑业、制造业、文化创意产业等多行业的联合共建攻坚，才可能做到统筹兼顾；三是这一巨型网络的运作，仅举某一城镇之力不免势单力孤，力不从心，只有通过跨地区的联合，才有望取得全面的突破性的进展。

二 规避伦理风险的伦理价值协同

关于在现代科技发展的进程中，规避其伦理风险，究其本质而言，关涉两个方面的问题：一是作为现代科技活动主体"如何进行规避现代科技伦理风险的道德选择？"二是作为现代科技伦理实体，"如何建构现代科技伦理风险规避的制度机制？"

就现代科技伦理实体而言，首先，其伦理风险的意识和道德责任感的生成，与其确立了造福人类，以促进人—社会—自然系统的和谐、可持续发展的崇高理想及与之相关的科技伦理范式密切相关。如果现代科技伦理实体缺乏造福人类的崇高理想，只为完成某一科技研发项目或者获取某一科技专利，也许能获得一时的成功，得到一时之利，然而，却缺乏可持续发展的空间，尤其是现代科技研发总是充满了艰难险阻与伦理风险，长此以往，其凝聚力就会减弱，团队精神与拼搏精神便会消退，进而会怨天尤人，更不会产生"受之社会须回报社会"的感恩之心与报恩之志[①]，也无心探索规避现代科技伦理风险的方略，其感情、思想和行动将与造福人类，促进人—社会—自然系统的和谐、可持续发展格格不入。只有当现代科技伦理实体确立了造福人类、促进人—社会—自然系统的和谐、可持续发展的崇高理想与相关的科技伦理范式，才能认清其"所选择的职业的全部分量，了解

---

① 参见陈爱华《解读作为美德的感恩德性》，《道德与文明》2009年第1期。

它的困难以后，仍然对它充满热情"①，并且觉得适合它，当面对现代科技伦理风险时，就会从其对于人—社会—自然系统的伦理关系和谐的道德责任感出发，如同爱因斯坦那样，为了预警与规避科技发展的伦理风险进行不懈的努力和积极的探索。爱因斯坦为了制止滥用科技成果，使科技成果造福于人类，以高度的道德责任感，警示后人，告诫学生，从而彰显了其伟大的道德人格②："在世时倾心奉献，使人类受益良多……去世时对世人一无所求，对世界一无所取。"③ 如果现代科技伦理实体及其个体都有这样的道德人格，就会产生这样的道德共鸣："如果我们选择了最能为人类而工作的职业，那么，重担就不能把我们压倒，因为这是为大家作出的牺牲；那时我们所享受的就不是可怜的、有限的、自私的乐趣，我们的幸福将属于千百万人，我们的事业将悄然无声地存在下去，但是它会永远发挥作用，而面对我们的骨灰，高尚的人们将洒下热泪。"④

其次，现代科技活动主体的现代科技伦理风险的意识与道德责任感和现代科技伦理风险意识的生成，与其发展现代科技、献身科学的道德认知、道德情感和道德意志密切相关。如果缺乏对于发展现代科技、献身科学的认知，认为科学仅仅是给他具有超乎常人的智力上的快感，或者是其特殊的娱乐，进而可以寻找生动活泼的经验和雄心壮志的满足，或者是为了纯粹功利的目的，他就会无法认知科学发展的伦理风险，甚至即使知道其科技活动存在一定的伦理风险，还是对此熟视无睹。如果缺乏发展现代科技、献身科学的情感，他就会对现代科技发展的伦理风险产生两极化的情感，要么因恐惧现代科技发展的伦理风险，而望而却步；要么仅仅为了自己或者小团体的利益，不顾现代科技发展的伦理风险及其可能产生的后果，铤而走险。如果缺乏发展现代科技、献身科学的意志，面临现

---

① 《马克思恩格斯全集》第 1 卷，人民出版社 1995 年版，第 457 页。
② 参见陈爱华《爱因斯坦科学发展风险伦理观及启示》，《徐州工程学院学报》（社会科学版）2012 年第 2 期。
③ 李醒民：《爱因斯坦的当代意义》，《光明日报》2005 年 3 月 1 日第 B4 版。
④ 《马克思恩格斯全集》第 1 卷，人民出版社 1995 年版，第 459—460 页。

代科技伦理风险，就会止步不前，犹豫徘徊；或者退避三舍，隔山观火；或者面临现代科技伦理风险经受不住同行或其他人的非议，断然放弃研发和应用；或者虽然历经甘苦，但由于久不见其成果，而中途放弃。由此可见，培养现代科技伦理实体及其个体的道德责任感和现代科技伦理风险的意识，必须首先启发其发展现代科技、献身科学过程中所蕴含的现代科技伦理风险及其应该担负的道德责任的道德认知，激励其道德情感，磨砺其道德意志。这样才能在应对现代科技伦理风险、发展现代科技的过程中，善于兼收并蓄，博采众长；百折不挠，勇于探索；在对立的两极，甚至异质的多元利益的冲突中仍然能不忘献身科学，坚守造福人类的初心，以及一定的科学规范和科技伦理规范，在科技发展的多元张力中进行科技创新，积极探索规避现代科技伦理风险的方略。

三　建构规避伦理风险的伦理价值协同的科技伦理治理机制

对于现代科技伦理实体而言，在构建规避现代科技伦理风险的科技伦理治理机制的过程中，一方面须建立规避现代科技伦理风险的预测、预防与预警机制；另一方面须建构规避现代科技伦理风险的应急、救援与善后机制。同时在其伦理价值协同制度机制的构建中须注重以下三个方面。

首先，在建构规避现代科技伦理风险的伦理价值协同的科技伦理治理机制中，要确立必仁且智[①]的价值取向。这里的"智"关涉了求真的价值取向，而"仁"则关涉臻善的价值取向。这两种取向体现了真与善之间的必要张力和互制性。主要表现为，一是善对真的引导与规约，即一定社会科技伦理（道德）原则、伦理（道德）规范对现代科技伦理实体及其个体研发活动的引导与规约。而这种引导与规约常常又以一种道德义务（或者道德责任）的形式出现。如同黑格尔曾指出的那样，"具有拘束力的义务，只是对没有规定性的主观性

---

① 周辅成：《序一》，载陈爱华《现代科学伦理精神的生长》，东南大学出版社 1995 年版，第 3 页。

或抽象的自由、和对自然意志的冲动或道德意志（它任意规定没有规定性的善）的冲动，才是一种限制。但是在义务中个人毋宁说是获得了解放"①。对于现代科技伦理实体及其个体而言，只有确立了这种"具有拘束力的义务"（或者道德责任），才能在以下两个方面"获得了解放"。其一可以在现代科技研发中，摆脱对其产生的自然冲动的依附，通过道德反思，清醒地意识到，"能做什么"和"应做什么"；同时亦可以摆脱由于自己主观特殊性与狭隘性使其陷入某种伦理困境。其二可以使自己摆脱不受道德义务规约的某种主观性，增强自己对现代科技伦理风险的道德责任。由此可见，正是在道德义务的引导与规约中，作为现代科技伦理实体及其个体"得到解放而达到了实体性的自由"②。二是上述真与善的互制性又表现为真对善的制约性，即现代科技伦理实体及其个体对于现代科技发展内在规律及其科学规范的认知与运用的水平制约着其对于善（一定的科技伦理原则与规范）的认知与实现程度。如前所述，古希腊哲人苏格拉底曾说过，"凡是能够辨别，认识那些事情的，都决不会选择别的事情来做而不做它们；凡是不能辨识它们的，决没有能力来做它们，即便试着做，也要做错"③。恩格斯亦指出，"犹豫不决是以不知为基础的"④。就现代科技的发展而言，更是如此。如果现代科技伦理实体及其个体不掌握现代科技的关键性技术，不了解其运作的诸程序与各个环节及其伦理风险，试图运用现代科技造福人类，使人—自然—社会系统协调发展，只能使其停留在理想中，而不能将其变为现实。因而，在此意义上可以说，现代科技伦理实体及其个体对现代科技及其发展规律了解得越深入，对其关键性技术、运作的诸程序与各个环节掌握得越全面，其产生伦理风险的各要素及其相互关联性了解得越细致而全面，规避其伦理风险的可能性越大，就越能造福人类，促进人—社会—自然系统的和谐、可持续发展，即越能获得为善的自由。

---

① ［德］黑格尔：《法哲学原理》，范扬、张企泰译，商务印书馆1961年版，第167页。
② ［德］黑格尔：《法哲学原理》，范扬、张企泰译，商务印书馆1961年版，第168页。
③ 周辅成编：《西方伦理学名著选辑》上卷，商务印书馆1964年版，第51页。
④ 《马克思恩格斯全集》第26卷，人民出版社2014年版，第121页。

其次，在建构规避现代科技伦理风险的伦理价值协同的科技伦理治理机制的运作方略上，要坚持德—得相通的伦理原则。这里的"德"与"得"分别关涉可持续发展[①]和当下发展这两重向度，两者之间存在着必要的张力，主要表现为，"德"之可持续发展必须建立在"得"之当下发展的基础之上；而"得"之当下发展必须促进而不是影响"德"之可持续发展。由此，德—得相通的运作方略的伦理原则就表现为，现代科技伦理实体及其个体依据可持续发展的原则，统筹兼顾地处理好人—社会—自然系统中的纵向（时间维度张力）利益的关系即眼前（当下）利益与长远利益的关系和横向（空间维度张力）利益的关系，其中包括局部利益与全局利益、单一利益与整体利益之间的伦理关系。由于在实际运作中，上述纵向（时间维度张力）利益的关系和横向（空间维度张力）利益的关系往往相互交错、相互影响。因而，在伦理价值协同中，如果对此处理不当，往往会顾此失彼。因此在现代科技伦理实体及其个体伦理价值协同的过程中，不能采取急功近利竭泽而渔的短视行为，不仅须考虑现在人类的需求，而且须考虑未来人类的需求，并对由地球造成的不能同时兼顾的因素，作出权衡。因为"地球是有限的，任何人类活动愈是接近地球支撑这种活动的能力限度，对不能同时兼顾的因素权衡就变得更加明显和不可能解决"[②]。在时间维度张力上，不仅要关注现代科技发展对当代人的利益，更要关注现代科技发展对后代人的利益，给子孙后代留下可以进一步发展的空间。正是在这一意义上，现代科技伦理实体及其个体的德—得相通的运作方略，体现了必仁且智的价值取向——为实现代内公平和代际公平进行不懈的探索。同时，在空间维度张力上，要关注并处理好人—自然—社会系统中横向利益的关系，

[①] 关于"可持续发展"的思想是挪威前首相布伦特兰夫人主持的世界环境与发展委员会，于1987年提出的长篇报告《我们共同的未来》中提出的。该报告认为：可持续发展是指"人类有能力使发展持续下去，也能保证使之满足当前的需要，而不危及下一代人满足其需要的能力"（世界环境与发展委员会：《我们共同的未来》，王之佳、柯金良等译，吉林人民出版社1997年版，第10页）。

[②] [美]丹·米都斯等：《增长的极限》，李宝恒译，四川人民出版社1984年版，第95页。

即现代科技伦理实体及其个体在其伦理价值协同中,不能片面地仅从个人、人类等单一利益出发,尤其不能受"盈亏底线专制"的资本逻辑的控制。因为"任何允许'盈亏底线专制'主导我们与整个自然关系的企图都将导致灾难性的后果"[①]。为此,必须从人—自然—社会系统的整体利益出发。防止滥用信息技术或生物技术等现代科技成果,由此才能避免对全局的、整体的利益的负面影响。

最后,在建构规避现代科技伦理风险的伦理价值协同的科技伦理治理机制的过程中,应当具有"天人合一"的伦理境界。这里的"天"与"人"分别关涉自然目的性与人的目的性这两重向度,亦是将"人道主义"与"自然主义"两者结合起来。马克思在《1844年经济学哲学手稿·共产主义札记》中指出:"作为完成了的自然主义＝人道主义,而作为完成了的人道主义＝自然主义,它是人和自然界之间、人和人之间的矛盾的真正解决,是存在和本质、对象化和自我确证、自由和必然、个体和类之间的斗争的真正解决。"[②] 因为"作为完成了的人道主义,等于自然主义",这就是说,规避现代科技伦理风险的伦理价值协同的科技伦理治理机制所体现的"人道主义"即人的目的性不是与"自然主义"即自然目的性相分离的,而是在"人道主义"即人的目的性中蕴含了"自然主义"即自然目的性。两者之间存在必要的张力。因而,这种"人道主义"与"自然主义"的结合体现了"天人合一"的伦理境界,体现了现代科技伦理实体对人—社会—自然系统的合理生存方式的积极探寻。在建构规避现代科技伦理风险的伦理价值协同的科技伦理治理机制的过程中,现代科技伦理实体不能将其注意力仅仅聚焦于"尽人之性"即"人道主义"的人的目的性,而是要了解"尽物之性"即"自然主义"的自然的目的性。[③] 一方面,人本来就属于自然的一部分,自然能否可持续发展,直接制约着人与社会能否可持续发展。目前的能源危

---

① [美]约翰·贝拉米·福斯特:《生态危机与资本主义》,耿建新、宋兴无译,上海译文出版社2006年版,第23页。
② 《马克思恩格斯全集》第3卷,人民出版社2002年版,第297页。
③ 参见[德]康德《判断力批判》上卷,宗白华译,商务印书馆1964年版,第18页。

机、环境恶化（水污染、空气污染）、自然灾害频发等，已经警示并且在一定程度上制约了人与社会的可持续发展，因为人赖以生存的环境出现了多重现代科技伦理悖论。另一方面，"尽人之性"的"人道主义"即人的目的性，对于人—社会—自然系统的目的性而言，仅仅是其中的一部分，如果不关注甚至忽略自然的目的性，不仅自然无法尽其物之性，而且人也不能"尽物之性"，进而亦不能"尽人之性"，实现"人道主义"即人的目的性。上述多重现代科技伦理悖论的出现，恰恰证明了这一点。正如罗尔斯顿指出的那样，"如果人们以麻木不仁的态度对待其环境——作为其生活背景的动物、植物和大地——那么，他们的道德生活就是不完整的"[①]。由此可见，现代科技伦理实体在处理关涉人的目的性与自然的目的性这两种向度之间的关系的过程中，所关涉的人—社会—自然系统并不是一个简单的线性的关联系统，而是一个复杂的高度敏感而多元多变的系统。因而分析和处理该系统多元多变的各类关系的过程中，不能采取某种狭隘的、偏执的和单向因果性方法，而应以积极而谨慎的态度，遵从该系统进化过程中的非线性与复杂性的关系。这样，才能达到老子所说的，"生而不有，为而不恃，长而不宰"（《道德经·第十章》）[②]。在"尽物之性""制天命而用之"的同时，不仅"尽人之性"，实现人的目的性，而且应当"赞天地之化育"，以达到"天人合一"的境界。

总之，在建构规避现代科技伦理风险的伦理价值协同的科技伦理治理机制中，既要确立必仁且智的价值取向，坚持德—得相通的伦理原则，又要具有"天人合一"的伦理境界，由此才能规避现代科技发展的伦理风险，使科技向善、造福人类的同时，促进人与自然的和谐共生和可持续发展。

[①] ［美］霍尔姆斯·罗尔斯顿：《环境伦理学——大自然的价值以及人对大自然的义务》，杨通进译，中国社会科学出版社2000年版，第466页。

[②] （魏）王弼注：《老子道德经注校释》，楼宇烈校释，中华书局2011年版，第26页。

第三篇　现代科技伦理治理的"应然"机制

　　本篇"现代科技伦理治理的'应然'机制"旨在探索现代科技伦理应然逻辑的三重治理机制的建构（包括第六章至第八章），其中包括构建基于现代科技伦理实体的伦理评价—伦理监督—伦理问责的三重治理机制。这是现代科技伦理应然逻辑内蕴的理论与实践逻辑——体现了以实践—精神把握世界的伦理特质。因而，现代科技伦理治理的"应然"机制不仅要继承科技伦理的传统，不断关注和完善科技活动个体道德规范体系的构建，更要注重对于科技伦理实体集体行动的伦理调控。因为现代科技伦理实体的集体行动大都关涉国家或者地区的重大的综合性科技研发项目，一般都汇聚了多学科、多元的科技伦理实体共同协作攻关和研发，这些项目的研发与运作将对人—自然—社会有重大而长远的影响。进行这些项目研发的科技伦理实体往往融基础研究（理论和实验两个方面的研究）、应用研究和开发研究三个方面于一体。因此，这些科技伦理实体蕴含多重复合型的伦理关系，其中包括不同研究类型的科技伦理实体之间的伦理关系，同一研究类型的科技伦理实体之间的伦理关系等；在科技伦理实体内部由于角色、分工和职责的不同，形成了其伦理实体与个体之间的伦理关系，个体与个体之间的伦理关系等。因而不仅要强调科技伦理实体及其个体对于伦理规范应然逻辑的认知与自觉，对于其道德行为的自律与自省[1]，还须制定相关的具有一定的道德他律性的科技伦理治理机制，以此引导和约束现代科技伦理实体的集体行动与现代科技伦理实体中个体的认知和行为，使其自觉担负起历史赋予的"推动科技向善、造福人类"的神圣使命。

构建现代科技伦理的治理机制是一项系统工程，其中包括构建基于现代科技伦理实体伦理评价—伦理监督—伦理问责三个相互联系的治理机制，进而使现代科技伦理的治理机制的构建落到实处。其中基于现代科技伦理实体伦理评价的治理机制是现代科技伦理治理机制构建的首要环节——对现代科技伦理实体履行科技—伦理规范评价体系，体现了现代科技伦理应然的理论—实践逻辑，又是对其进行伦理监督和伦理问责的基础；基于现代科技伦理实体伦理监督的治理机制，一方面反馈了现代科技伦理实体履行科技—伦理规范执行力的状况，另一方面，体现了现代科技伦理应然的理论—实践逻辑执行力的监控；基于现代科技伦理实体伦理问责的治理机制一方面把基于现代科技伦理实体伦理监督的治理机制运行结果付诸实施，另一方面，体现了现代科技伦理应然的理论—实践逻辑现实的效能，同时对现代科技伦理实体及其个体具有提示与警示作用。

---

[1] 在本课题组进行的"我国科技伦理现状的调研"中，我们发现，被调查者中有53.0%认为"个人与团队行为的不道德"，"团队行为不道德危害更大"，认为"二者危害同样"的占33.1%，认为"个人行为不道德危害更大"的占7.0%；在问及需要设立科研/工程伦理委员会等科学道德与责任机构的原因时，被调查者中认为"道德自觉不可靠，科技活动需要这些机构监管和维护"的占48.7%；认为"科技活动是否道德主要由个人自身道德素质决定"的占19.3%；关于"问题奶粉、问题胶囊、劣质建筑等食品、药品和工程安全事故是否涉及企业的社会道德"，被调查者中有95.6%的人认为，涉及企业的社会道德；当问及发生上述事件的主要原因时（该题为多选题），位列第一的是"监管机构监管力度不够"占78.4%，位列第二的是"企业缺乏社会责任担当"占70.8%，"相关法律法规不健全"占66.1%位列第三（详见本书附录"当前我国科技伦理现状调查研究报告"第二部分"关于当前我国科技伦理的现状、新特点与新问题"）。

> 善良意志,并不因它所促成的事物而善,并不因它期望的事物而善,也不因为它善于达到预定的目标而善,而仅是由于意愿而善,它是自在的善。①

——康德

第六章

现代科技伦理实体伦理评价治理机制的构建②

构建基于现代科技伦理实体伦理评价的治理机制③是构建现代科技伦理应然逻辑的三重治理机制的首要环节,因而在其建构的过程中,一方面,须解读构建基于伦理评价的治理机制的理论逻辑——论证构建其伦理评价治理机制的理论必要性与合理性;另一方面,须探寻该伦理评价治理机制的具有一定可行性的实践逻辑——现代科技伦理实体履行科技—伦理规范评价体系的相关评价依据、评价目标和评价原则。

第一节 构建基于伦理评价的治理机制何以必要

解读构建基于现代科技伦理实体伦理评价的治理机制何以必要,

---

① [德]康德:《道德形而上学原理》,苗力田译,上海人民出版社1986年版,第43页。
② 参见陈爱华《论现代科技伦理实体行为的伦理评价机制》,《伦理学研究》2016年第5期。
③ 为了便于表述和解析"基于现代科技伦理实体伦理评价的治理机制",以下在标题中将其简称为"基于伦理评价的治理机制"。

首先须了解"现代科技伦理实体的伦理评价"的内涵，进而才能深入探索现代科技伦理实体的伦理评价的现实意义与实践意义。其现实意义主要表现为，提高现代科技发展的积极影响即正效应，减少或者降低其消极影响即负效应；其实践意义主要表现为，使现代科技伦理实体及其复合型伦理关系协调，使其运作更为有序等。

一　伦理评价与现代科技伦理实体的伦理评价

解读"现代科技伦理实体的伦理评价"的内涵，首先须了解"伦理评价"的内涵。而"伦理评价"是一合成词，即由"伦理"和"评价"两个词组成。

所谓评价是指评定货物的价格、评定价值。[①]《宋史 戚同文传》曰："市物不评价，市人知而不欺。"今泛指衡量人物或者事物的作用或价值。[②]

所谓伦理评价[③]就是人们依据一定社会、一定阶级的道德标准，

---

① 参见《新华词典》（大字本），商务印书馆2002年版，第758页。
② 参见《辞海》，上海辞书出版社1999年版，第1295页。
③ 在伦理学的教科书和相关专著中一般的提法是"道德评价"。这里采用"伦理评价"，不是旨在标新立异，而在于与传统"人伦"伦理有所区别。这种区别基于两个方面，一是道德与伦理的区别，二是两种不同伦理实体之间的区别。后者已经在第二章中作了详细解析，而前者即道德与伦理的区别，黑格尔指出"道德和伦理在习惯上几乎是当作同义词来用，在本书中则具有本质上不同的意义。普通看法有时似乎也把它们区别开来的"。尽管"从语源学上看来道德和伦理是同义词，仍然不妨把既经成为不同的用语对不同的概念来加以使用"。（［德］黑格尔：《法哲学原理》，范扬、张企泰译，商务印书馆1961年版，第42页）在他看来，道德是完全表述自由的概念的实在方面，因此道德的意志是他人所不能过问的。因而道德的观点就是自为地存在的自由。（［德］黑格尔：《法哲学原理》，范扬、张企泰译，商务印书馆1961年版，第110—111页）黑格尔认为，无论法的东西和道德的东西都不能自为地实存，而必须以伦理的东西为其承担者和基础，因为法欠缺主观性的环节，而道德则仅仅具有主观性的环节，所以，法和道德本身都缺乏现实性。（［德］黑格尔：《法哲学原理》，范扬、张企泰译，商务印书馆1961年版，第162—163页）而伦理则是自由的理念。"它是活的善，这活的善在自我意识中具有它的知识和意志，通过自我意识的行动而达到它的现实性；另一方面自我意识在伦理性的存在中具有它的绝对基础和起推动作用的目的。因此，伦理就是成为现存世界和自我意识本性的那种自由的概念。"（［德］黑格尔：《法哲学原理》，范扬、张企泰译，商务印书馆1961年版，第164页）在传统"人伦"伦理实体中，其伦理关系的协调与"人伦"伦理实体中个体的道德行为密切相关。比如，在传统"五伦十教"的规范体系中，"君惠臣忠"关系到君臣伦理关系的和谐，"父慈子孝"关系到父子伦理关系的和谐；"夫义妇顺"关系到夫妇伦理关系的和谐；"兄友弟恭"关系到兄弟伦理关系的和谐；"朋友有信"关系到朋友伦理关系的和谐，作为每对伦理关系中的个体都能安伦尽分，才能保持"长幼有序"的传统"人伦"伦理实体伦理关系的和谐与协调。然而，在现代科技实体中，其伦理关系的协调，不仅与个体即科技活动主体的道德行为密切相关，而且与现代科技伦理实体的集体行动相关。基于这样的伦理境遇，笔者以为，对于现代科技伦理实体而言，"伦理评价"的提法显得更为合理。

以社会舆论或者个人心理活动等方式，对他人或者自己的伦理行为（即对人、社会、自然或者自身产生了利害关系的行为）进行善恶判断并表明其褒贬态度。由此可见，伦理评价实际上是一种伦理价值评价活动，因而，对人关于善恶的伦理认知即对于人们认识什么是善，什么是恶，如何辨别善恶具有重要的启迪作用。对于人的善恶爱憎的伦理情感取向即对于人们爱善憎恶的情感具有导向作用，对于人的趋善避恶或者扬善抑恶的意志即对于人的趋善避恶或者扬善抑恶的坚持精神、百折不挠精神具有导控作用，即对人关于善恶的行为选择亦即对于人在伦理行为选择的过程中，扬善去恶的具有引领作用，对人内心关于善恶的伦理信念即对于"好""坏"的观念，利害、得失的取舍态度等都具有强化作用。在此意义上，伦理评价又是一种教育活动——启迪认知，统一认识，还是一种协调活动——调节人们的情感、意志取向和行为的目的及内心信念等。

现代科技伦理实体的伦理评价就是在科学活动领域，人们依据一定的科学伦理原则和道德规范，以社会舆论、现代科技伦理实体科技—伦理范式或该伦理实体中的个体心理活动等方式，对现代科技伦理实体及其个体所从事的科技研发行为（即对人、社会、自然或者自身产生了利害关系的行为）进行善恶判断，表明褒贬态度。如前所述，由于现代科技伦理实体或科技活动主体在科技活动中的行为，对人—自然—社会产生了多重效应，进而生成了多重伦理悖论，因而在对现代科技伦理实体或科技活动主体在科技活动中的行为进行伦理评价时，如果其对人—自然—社会协调发展有积极作用的，即有利于人—自然—社会协调可持续发展的称为善，反之，则为恶。现代科技伦理实体的伦理评价在运作中包括以下几个方面：一是社会对于现代科技伦理实体的伦理评价即社会舆论；二是现代科技伦理实体系统的伦理评价；三是不同科技伦理实体内部的伦理评价；四是科技伦理实体中不同科技共同体和科技活动个体之间的伦理评价；五是科技伦理实体及其个体的自我伦理评价。

现代科技伦理实体伦理评价不同于传统的"人伦"实体的伦理评价。因为传统的"人伦"实体的伦理评价主要关涉的是传统的"人伦"伦理关系中个体的伦理行为对于传统的"人伦"伦理关系协调的影响。就中国传统的"人伦"伦理关系而言,主要包括君臣、父子、夫妇、兄弟、朋友。而现代科技伦理实体伦理评价不仅关涉科技伦理实体中的伦理关系,还关涉科技伦理实体与自然—社会—人的伦理关系,其中对于自然的伦理关系主要关涉对山、水、林、地、大气、能源等多元伦理关系的影响以及对整个生态系统伦理关系可持续发展的影响;对社会伦理关系的影响则包括对政治、经济、文化等多重影响;对人的伦理关系的影响,不仅包括传统人伦关系,还包括对人基本生存(如衣、食、住、行等)、发展(如学习、就业等)和人的享受(如休闲、娱乐、健身等)等方面的影响。因此,现代科技伦理实体伦理评价无论在内涵还是外延方面都比传统的"人伦"伦理评价更为丰富和复杂。

另外,现代科技伦理实体的伦理评价是现代科技伦理实体的"应做"对其"能做"的规约与引领,因而其伦理评价的机制须建立在科技发展规律的科技范式与自然规律的基础之上,同时又要与一定社会的伦理规范原则及其规范体系相结合,体现了自然史与人类史彼此的相互制约性。[1]

二 构建基于科技伦理实体伦理评价治理机制的必要性

为了使科技伦理实体的各项科技活动相应的规划、目标的有序运作,其伦理实体中的不同行业,从事不同科技活动的共同体、个体须遵循不同的科技活动规范,履行不同的职责。再从现代科技伦理实体的运作对于人—社会—自然系统的影响来看,不仅影响社会的经济—政治—文化的发展、国家安全,而且影响人们基础性生存(衣、食、住、行等)的安全、发展性消费(工作、学习等)和享受性消费(旅游、娱乐、美容、健身等)等多个方面。其中既有积极影响即正效应,又有消极影响即负效应。那么,现代科技伦理实体的复合型伦理关系能否协调,其运作能否有序,其对于人—社会—自然系统的影

---

[1] 参见《马克思恩格斯全集》第 3 卷,人民出版社 1960 年版,第 20 页(注)[1]。

响力如何等都须进行伦理评价。

首先，科技伦理实体伦理评价能增强科技伦理实体对资本逻辑的抵御能力。如前所述，当代由于资本逻辑运作的渗透，在现代科技发展的实然运作中，现代科技伦理实体不同程度地受到一定的影响。一是其运作的实践逻辑表现为，以经济理性为原则，以利润为生产动机，把自然资源、科学技术、人的创造能力等要素均作为资本积累的手段；二是其价值哲学的逻辑表现为，以急功近利为价值取向，以功利主义权衡和评价社会经济与文化的发展。因而构建现代科技伦理实体伦理评价机制，有助于唤醒现代科技伦理实体中科技活动主体对于珍爱生命的生态伦理原则与相关的科技伦理原则和伦理规范的集体意识。即通过对于现代科技伦理实体的社会舆论、科技活动主体的内心信念等力量，运用珍爱生命的生态等科技伦理原则、规范，评判科技活动主体活动中的伦理行为的社会伦理效应和科技活动主体活动的德性品质，进而使其对科技伦理原则、规范产生价值认同，增强抵御资本逻辑侵蚀的意识与能力，促进现代科技向着造福人类、使人与自然和谐、可持续的方向发展。

其次，科技伦理实体伦理评价能增强科技活动主体的伦理风险意识。科技伦理实体在推进现代科技发展的过程中，其伦理风险无处不在。就与人们生活密切相关的衣、食、住、行的科技活动而言，食品安全的伦理风险首当其冲。比如，食品添加剂是现代科技的成果之一，它使食物的口感、色泽，柔润度更好。然而，在运用中其伦理风险日益显露，主要表现为食品添加剂的滥用成灾。一是食品添加剂的过量添加对人体产生危害；二是将非食用的化工原料添加到食品配方中，如毒奶粉事件——在婴儿配方奶粉中添加三聚氰胺，使婴儿食用这样的奶粉后患肾结石。毒大米事件——对陈米进行反复研磨后，掺进工业原料白蜡油，使其色泽透明，卖相好。但是一旦食用后，就会引起人体全身乏力、恶心、头晕、头疼等症状。还有，地沟油、瘦肉精等不胜枚举。由于有了媒体与用户的伦理评价机制，将那些食品安全方面的恶性事件曝光，比如三鹿奶粉事件、广东毒大米事件、河南瘦肉精事件等引起了全社会及公众的广泛关注，同时使得相关科技伦理实体（包括运用相关科技成果的企业及相关管理部门等）的伦理风险意识觉醒，才使其从资本逻辑运作的模式中挣脱出来，增强了对食品安全问题伦理的预警和应对。

再次，科技伦理实体伦理评价能促进科技活动主体的道德自律精神。由于科技伦理实体在推进现代科技发展的过程中，其伦理风险无处不在，这不仅关系到社会的经济、政治、文化的发展，而且关系到与人们生活密切相关的衣、食、住、行，因而科技伦理实体及其科技活动主体的道德自律精神显得更为重要。就现代科技发展的过程而言，无论是技术发明、科学发现、科技产品的研发与推广，还是大型工程的设计、施工、监测、验收，都是通过科技伦理实体及其科技活动主体的集体行动、分工协作得以完成，进而对社会的经济、政治、文化的发展和人们的衣、食、住、行产生影响。在科技伦理实体伦理评价的机制中，社会舆论相对而言具有滞后性即须在伦理负效应产生实际影响之后，才会曝光。但是对于国家与人民的财产或者对人的生命安全已经造成了损失，有的已难以挽回。如果科技伦理实体及其科技活动主体能够在科技发展的每一环节都加强伦理评价[①]，提高道德自律精神，防患于未然，尽管科技的伦理风险无处不在，但是其负效应将大大减少或者降低。进而国家与人民的财产损失可以减少，人的生命安全更有保障。

最后，科技伦理实体伦理评价能提高科技伦理实体的伦理责任意识与责任能力。由于科技伦理实体在推进现代科技发展的过程中，其伦理风险无处不在，这不仅关系到社会的经济、政治、文化的发展，而且关系到与人们生活密切相关的衣、食、住、行，因而科技伦理实体及其科技活动主体的科技活动行为不仅仅是单纯的科技研究行为即"能做"——按照一定的科技规范与科技活动规律运作的行为，而且是一种伦理行为即"应做"——会产生善恶效果并且是可以进行善恶评价的行为。虽然"能做"和"应做"都是"做"，从其特性而言，此"做"非彼"做"（参见表6-1）。

[①] 因为如第五章第二节"现代科技发展的伦理价值协同何以可能"中所述，伦理价值的选择贯穿于科技研究的全过程。

表6-1 **科技伦理实体及其科技活动主体"能做"和"应做"的行为比较**

比较的相关属性	"能做"	"应做"
认知水平	基于对科技研究目标与研究对象的认知	基于科技发展及其成果应用的正负伦理效应
行为动力	受科技研究现象好奇心驱使或者完成相关项目契约	对于推进人—社会—自然系统和谐、可持续发展的伦理责任感
行为自觉	受范式、契约和法律法规的制约	对于珍爱生命等生态伦理原则的自觉与伦理认同
行为选择	由于他律的强制,而不得不为之	"自己为自己立法"的道德自律精神

由上表可知,"能做"和"应做"行为的异同如下有四点。

其一,在认知水平上,虽然"能做"和"应做"都是自知的行为,但是"能做"只是科技伦理实体及其科技活动主体对于科技的探索、应用或者开发的研究目标与研究对象的认知;而"应做"是科技伦理实体及其科技活动主体对于科技的探索、应用或者开发对于社会的经济、政治、文化的发展,或者对于人们衣、食、住、行等方面将可能产生哪些伦理效应,进而可能产生哪些伦理悖论,将可能承担哪些伦理风险的伦理认知。

其二,在行为动力方面,"能做"或者是受到科技伦理实体及其科技活动主体对于科技研究现象的好奇心驱使,而现在更多是为了完成国家、企事业单位或者其他社会团体的委托、资助或者招标项目;而"应做"是科技伦理实体及其科技活动主体对于促进社会的经济、政治、文化的发展,或者改善人们衣、食、住、行,或者推进人—社会—自然系统的和谐、可持续发展等方面的伦理责任感。

其三,在行为自觉程度方面,"能做"或者是受到科技伦理实体中科技共同体范式的引领,或者是受到与项目委托方签订契约的制约,或者是职业(行业)的法律法规的制约;而"应做"是科技伦理实体及其科技活动主体对于珍爱生命的生态伦理原则与相关的科技伦理原则和伦理规范及其伦理价值的自觉意识与伦理认同。

其四，在行为选择方面，"能做"或者受到科技伦理实体内"违规必处"，或者在与委托方之间"违约必罚"，在遵循法律法规方面"违法必究"的他律强制，因而不得不为之；而"应做"是科技伦理实体及其科技活动主体基于珍爱生命的生态伦理原则与相关的科技伦理原则和伦理规范及其伦理价值的自觉意识与伦理认同之上自愿、自择的行为，是"自己为自己立法"的道德自律精神。通过对于现代科技伦理实体的社会舆论、科技活动主体的内心信念等力量，运用珍爱生命等科技伦理原则、规范，评判科技活动主体活动中的伦理行为、社会伦理效应和科技活动主体活动的德性品质，有助于培养科技伦理实体及其科技活动主体"应做"的强烈的伦理责任意识与责任能力，进而更好地引领其"能做"。

第二节　伦理评价原则

现代科技伦理实体的伦理评价尽管有一般伦理评价（道德评价）的特点，如伦理评价的教育功能——启迪认知，统一认识，协调功能——调节人们的情感、意志取向和行为的目的及内心信念等，但是更有其自身的特点。由于现代科技伦理实体在现代科技发展进程中，发挥着举足轻重的作用，因而在对其进行伦理评价的过程中，须坚持全面性原则、公正性原则、主体性原则和历史性原则。

一　全面性原则

这里所谓的"全面"是相对于"局部"而言的。这又与对于"全"的解读密切相关。"全"是指完备、完整[1]；整个、完全[2]。然而，正如《列子·天瑞》曰，"天地无全功，圣人无全能，万物无全用"[3]，这里的"全面性原则"是指对现代科技伦理实体的伦理评价

---

[1] 参见《新华词典》（大字本），商务印书馆2002年版，第810页。
[2] 参见《辞海》，上海辞书出版社1999年版，第1377页。
[3] 《辞海》，上海辞书出版社1999年版，第1377页。

防止居于一隅的片面评价，尽可能从科技伦理蕴含的三重逻辑①即本然逻辑、实然逻辑和应然逻辑对现代科技伦理实体行为的价值取向、价值选择、实然成效进行伦理评价。

首先，须评价现代科技伦理实体在科技活动中的在本然逻辑意义上的价值选择。其一在"是其所是"的客体向度，是否遵循自然的规律、科技发展的规律及相关的科学规范。其二在"是其所是"的主体向度上，是否具有求真的精神——不仅要探索自然的奥秘，而且要探索自然和生态平衡的内在规律；是否具有臻善的精神——探索走出人类生存与发展的多重困境，在造福人类的同时，促进人—社会—自然的和谐、可持续发展；是否具有达美的精神——"按照美的规律来构造"②。

其次，须综合评价现代科技伦理实体在科技活动中，在其实然逻辑意义上产生的善（正效应）和恶（负效应）的具体状况，主要包括以下四种情况：低正效应与低负效应、低正效应与高负效应、高正效应与高负效应、高正效应与低负效应。这样，须具体问题具体分析。

最后，须评价现代科技伦理实体在科技活动中，在应然逻辑意义上的价值选择。③ 其一在研究目标的确立上，是否坚持珍爱生命等科技伦理原则与规范；其二在现代科技发展的进程中，是否"按照美的规律来构造"，不仅注重产品或者工程的形式美、外在美，更注重其内在美、与自然环境的和谐美；其三在规划与设计的理念上，是否从"以科技成果为本"，转向"以人为本"和"以环境为本"的统一；其四在现代科技发展的进程中，是否从局部规划、短期规划转向总体规划和长期规划；其五在现代科技发展的进程中，是否由原来单一化运作转向跨行业、跨地区、跨学科的联合。

二 公正性原则

所谓"公正"即秉公处理④；公正作为伦理范畴，一是指从一定

---

① 参见本书第三章。
② 《马克思恩格斯全集》第3卷，人民出版社2002年版，第274页。
③ 参见本书第五章第二节。
④ 参见《新华词典》（大字本），商务印书馆2002年版，第325页。

社会的伦理原则和伦理准则出发，对人们的伦理行为及其产生的利害关系的效应进行评价；二是指一种平等的社会状况即按同一伦理原则与标准，平等地对待相同情况的人和事。① 这里所关涉的"公正性原则"是指对现代科技伦理实体的伦理评价。其一，须以一定的伦理评价的原则和准则对不同的科技伦理实体的伦理行为主体及其行为产生善恶效应进行伦理评价。换言之，对不同的科技伦理实体的伦理行为主体及其行为产生善恶效应都须按照这些伦理评价的原则和准则进行评价，无一例外。其二，对于不同的现代科技伦理实体在科技活动中，在实然逻辑意义上产生善（正效应）与恶（负效应）的不同状况，即对于低正效应与低负效应、高正效应与低负效应、低正效应与高负效应、高正效应与高负效应等，不能采取"一刀切"的伦理评价，而应视具体的产生善（正效应）与恶（负效应）的不同状况进行伦理评价。其三，对于不同的科技伦理实体而言，在其相应的现代科技活动中所遇到的伦理风险不尽相同，对此所进行的预测、预警及采取应急措施的力度与执行力也有所差异，所产生的成效也不相同，因此亦不能采取"一刀切"的伦理评价，而应"具体问题具体分析"。因为公正观念受社会历史条件制约，具有时代性和阶级性。

三 主体性原则

所谓"主体"作为哲学范畴与"客体"相对应，是指承担实践活动和认识活动的人。② 而"客体"是指主体实践和认识的对象。③ "主体性"常常与"实体性"相对应，是指人在主体与客体关系中的地位、作用、能力和性质，其核心是人的能动性问题。④

伦理评价的主体性原则是指伦理实体伦理评价过程中的自主性和能动性。由于现代科技伦理实体的伦理评价的主体既包括科技伦理实体（共同体）的组织（行业组织）、科技伦理实体（共同体），也包

---

① 参见《辞海》，上海辞书出版社 1999 年版，第 543 页。
② 参见《新华词典》（大字本），商务印书馆 2002 年版，第 1295 页。
③ 参见《辞海》，上海辞书出版社 1999 年版，第 2253 页。
④ 参见《辞海》，上海辞书出版社 1999 年版，第 2254 页。

括一定的科技伦理共同体中的个体，因此，现代科技伦理实体伦理评价的主体性原则既要体现科技伦理实体（共同体）的组织（行业组织）、科技伦理实体（共同体）在伦理评价过程中的自主性和能动性，又要体现科技伦理实体（共同体）中的个体在伦理评价过程中的自主性和能动性。

首先，科技伦理实体（共同体）的组织（行业组织）在伦理评价过程中的自主性和能动性主要表现为，建立一套合理的科技伦理评价体系、规范科技伦理评价的程序与激励机制，形成一定的舆论氛围，以引领和提高科技伦理实体及其科技活动主体对于科技的探索、应用或者开发对于社会的经济、政治、文化的发展，或者对于人们衣、食、住、行等方面将可能产生哪些伦理效应，进而可能产生哪些伦理悖论，将可能承担哪些伦理风险的伦理认知，对于促进社会的经济、政治、文化的发展，或者改善人们衣、食、住、行，或者推进人—社会—自然系统的和谐、可持续发展等方面的伦理责任感，对于珍爱生命的生态伦理原则与相关的科技伦理原则和伦理规范及其伦理价值的自觉意识与伦理认同与道德自律精神。

其次，科技伦理实体（共同体）在伦理评价过程中的自主性和能动性主要表现为，不仅能根据科技发展的规律和研究对象的特点及自然规律构建"能做"的相关科技探索、应用或者开发的科技范式及相关的科技评价机制，还要对"能做"可能对社会的经济、政治、文化的发展，或者对于人们衣、食、住、行等方面将可能产生哪些伦理效应，可能产生哪些伦理悖论，将要承担哪些伦理风险构建相关的"应做"伦理范式及其伦理评价机制。通过相关的伦理评价，不仅对科技伦理实体（共同体）自身的集体行动产生一种道德自律精神，而且能引领与规范科技伦理实体（共同体）中的个体在科技集体行动与个体活动中"能做"与"应做"的行为，不仅提高其"能做"的能力，还要增强其"应做"的伦理责任与道德自觉，真正将珍爱生命的伦理原则与伦理精神贯穿于科技活动的全过程。

最后，科技伦理实体（共同体）中的个体在伦理评价过程中的自主性和能动性主要表现为，能根据科技伦理实体（共同体）的组织

（行业组织）科技伦理评价体系和一定科技伦理实体（共同体）"能做"的相关科技探索、应用或者开发的科技范式与"应做"伦理范式形成一定的内心信念，进而对自己在科技伦理实体（共同体）集体行动中发挥的作用、对自己在科技活动中的个体行为对社会的经济、政治、文化的发展，或者对于人们衣、食、住、行等方面将可能产生的伦理效应，可能产生的伦理悖论，将要承担的伦理风险所做的自我反省、反思，同时还包括对科技伦理实体（共同体）的组织（行业组织）和自己所处的科技伦理实体（共同体）科技伦理评价体系、评价程序、评价结果的认知与认同。其中对科技伦理实体（共同体）的组织（行业组织）和自己所处的科技伦理实体（共同体）科技伦理评价体系、评价程序、评价结果的认知，蕴含了科技伦理实体（共同体）中的个体对于上述科技伦理评价体系、评价程序、评价结果积极地了解与理解的过程，并且通过科技活动不断深化对其的认知水平，进而对其产生认同感。这里所说的认同不是盲从，而是科技伦理实体（共同体）中的个体在对上述科技伦理评价体系、评价程序、评价结果认知的基础上，通过履行相关的科技范式与科技伦理规范，并将其内化为一种内心信念。由此生成了科技道德自律精神。

四 历史性原则

所谓历史是指事物发展的过程和认识发展的过程[①]，历史性原则就是坚持历史唯物主义和历史辩证法，对科技伦理实体（共同体）的组织（行业组织）及其个体的伦理行为进行伦理评价。因为科技伦理实体（共同体）的组织（行业组织）的科技伦理行为总是在一定的历史情境中，为了满足一定时代、一定社会人们的物质文化需要，所以科技伦理实体（共同体）的组织（行业组织）及其个体对于科技发展及其成果的应用也受制于当时的社会历史条件。正如马克思在《路易·波拿巴雾月十八日》中所说，"人们自己创造自己的历史，但是他们并不是随心所欲地创造，并不是在他们自己选定的条件

---

① 参见《辞海》，上海辞书出版社1999年版，第1006页。

下创造,而是在直接碰到的、既定的、从过去承继下来的条件下创造"①。因此,对科技伦理实体(共同体)及其个体的组织(行业组织)的伦理行为进行伦理评价也要注重其科技伦理行为发生的历史情境。从认识论的角度来看,正如毛泽东在《实践论》中指出的那样,"马克思主义者认为人类社会的生产活动,是一步又一步地由低级向高级发展,因此,人们的认识,不论对于自然界方面,对于社会方面,也都是一步又一步地由低级向高级发展,即由浅入深,由片面到更多的方面"②。现代科技发展及其成果应用是一个历史活动,它既是过去科技探索活动的承继,又须对新的科学发现、科技问题进行探索与创新。而这一过程不仅充满艰难险阻,而且具有伦理风险(主要是指伦理负效应)。这些伦理风险,如前所述,有的可以预测,有的一时无法预测;即使可以预测的也许只是近期效应,而长期效应则有一个积累过程,即只有当量积累到一定程度,才会发生质变。而对于这些效应产生的科技伦理问题,科技伦理实体(共同体)及其个体的认识也有一个过程,不可能一蹴而就。因此,只有将科技伦理实体(共同体)及组织(行业组织)伦理行为置于其所处的社会历史情境中,才有可能对其科技伦理行为及其产生的正负伦理效应进行客观全面的评价。

第三节 构建伦理评价的依据

在进行现代科技伦理实体伦理评价的过程中应该依据什么对科技伦理实体(共同体)的组织(行业组织)、科技伦理实体(共同体)及其个体对科技伦理行为进行善恶伦理评价呢?在伦理思想史上,关于伦理评价有动机论与效果论之争和目的正当与手段正当之争。其中动机论者认为,动机是评价人们行为善恶的唯一依据,而效果论者则认为,效果是评价人们行为善恶的唯一依据;目的者认为,目的正当

---

① 《马克思恩格斯全集》第 11 卷,人民出版社 1995 年版,第 131—132 页。
② 《毛泽东选集》第 1 卷,人民出版社 1991 年版,第 283 页。

是评价人们行为善恶的唯一依据,而手段论者则认为,手段正当是评价人们行为善恶的唯一依据。那么现代科技伦理实体伦理评价能否仅仅依据动机论或者效果论,或者依据目的正当或者手段正当作为评价科技伦理实体(共同体)及其个体科技伦理行为的唯一依据呢?为此,我们须进行以下考察。

一 动机论或者效果论能否作为唯一依据

考察现代科技伦理实体伦理评价能否仅仅依据动机论或者效果论作为评价科技伦理实体(共同体)及其个体对科技伦理行为的唯一依据?这里需要考量一是动机或者效果自身的多样性、多元性与复杂性;二是动机与效果关系的不确定性。

首先,就动机而言,它是使人或动物发生和维持其行动的一种内在动力,它是以满足个体需要的有关活动为目的或出发点的。因而它总是指向能够满足个体自身需要的某种事物或行动。① 动机论者主张,人的行为的善恶只取决于其行为的动机,与其行为的效果无关。因而,动机是进行善恶评价的唯一根据。② 从西方伦理学史上看,以德国哲学家康德为主要代表。因为在康德看来,"要使一件事情成为善的,只是合乎道德规律还不够,而必须同时也是为了道德而作出的"③。人作为理性存在者,应该按照善良意志与绝对命令行事,因为"善良意志,并不因它所促成的事物而善,并不因它期望的事物而善,也不因为它善于达到预定的目标而善,而仅是由于意愿而善,它是自在的善"④。

然而,现代科技伦理实体及其个体在推进现代科技发展及其成果应用的过程中,其动机具有多样性、多元性与复杂性。正如爱因斯坦在谈到他所处的那个时代,科技伦理实体及其个体从事科学探索活动的动机时指出,有许多人爱好科学,是由于科学给他们不同于常人的智力上的快感,因而科学是他们特殊的娱乐,在这种娱乐中,他们不

---

① 参见《辞海》,上海辞书出版社1999年版,第364页。
② 参见《辞海》,上海辞书出版社1999年版,第364页。
③ [德]康德:《道德形而上学原理》,苗力田译,上海人民出版社1986年版,第38页。
④ [德]康德:《道德形而上学原理》,苗力田译,上海人民出版社1986年版,第43页。

仅寻找到生动活泼的经验，而且能满足其雄心壮志；还有许多人出于纯粹功利的目的，把他们的智力奉献在祭坛上；再有一些人为了逃避日常生活中令人绝望的沉闷，而产生了向往艺术和科学的强烈动机。显然，这些是消极的动机。而与之形成鲜明对照的则是另外一些积极的动机。这种动机是思辨哲学家、诗人、画家与自然科学家所做的，即想以一种最适当的方式画出一幅简单而又易懂的世界图像，并试图以这种世界体系代替经验的世界。正是因为如此，他们把建构关于世界体系及其构成作为其感情生活的支点，进而寻找到在其个人经验狭小的范围内所找不到的一份宁静和安定。①

当代，科技伦理实体的科技活动与爱因斯坦所处的那个时代相比，发生了巨大的变化。其一，科技伦理实体的科技活动不仅要满足人们基础性生存（衣、食、住、行等）、发展性消费（工作、学习等）和享受性消费（旅游、娱乐、美容、健身等）等多方面的需求，还要考虑科技发展及其成果应用对于人—社会—自然系统的影响，以及对于社会的经济—政治—文化的发展和国家安全等方面的影响。因此，科技伦理实体的行为动机比爱因斯坦所处的那个时代更为复杂、多元、多样。其二，从科技伦理实体的科技活动模式上看，为了完成对于人—社会—自然系统的影响的大型工程项目，科技伦理实体的集体行动、科技伦理实体之间的协作行动亦比爱因斯坦所处的那个时代更为普遍，已然成为科技伦理实体的行为常态。由于这里关涉的利益集团与利益关系众多，科技伦理实体的行为动机的复杂、多元、多样已成为一种新常态。其三，从科技伦理实体的活动结果来看，由于其对于人—社会—自然系统，对于社会的经济—政治—文化的发展和国家安全等方面的影响极为深远，与人们衣、食、住、行乃至人们的生命安全的关系极为密切，因而认为人的行为的善恶只取决于行为的动机，与行为的效果无关，很难自圆其说。因为科技伦理实体的活动之所以会产生上述结果，不仅与其最初对这些项目的预期相关，而且与

---

① 参见《爱因斯坦文集》第一卷，许良英、范岱年编译，商务印书馆1976年版，第100—101页。

承接这些项目的动机密切相关。

其次，就效果而言，是指由行为产生的有效结果、成果。[①] 效果论者主张，人的行为的善恶只取决于其行为的效果，与其行为的动机无关。因而，效果是进行善恶评价的唯一根据。[②] 在西方伦理学史上，以英国的边沁、约翰·穆勒为主要代表；我国古代"义利之辩"中，注重功利，反对空谈亦属于效果论。现代科技发展及其成果应用的效应（效果）如前所述，呈现多元、多样的复杂样态。由于现代科技伦理实体或科技活动主体在科技活动中的行为，对人—自然—社会产生了多重效应，进而生成了多重伦理悖论，主要表现为，一种科技活动行为的目的（即在其本然逻辑层面）是好的或者是善的，然而其产生的结果（即在其实然逻辑层面）却是利与害并举、善与恶相伴的。如果仅以科技伦理实体的行为效果（结果）善恶作为评价其行为善恶的唯一根据，完全不看其行为的动机，一定会失之偏颇。其一，仅以科技伦理实体的行为效果（结果）善恶作为评价其行为善恶的唯一根据，不但无法正确评价科技伦理实体的行为效果，还会引发科技伦理实体片面地追求其行为的短期效应或者局部效应的功利倾向。其二，与此相关，还会引发科技伦理实体在伦理评价中报喜不报忧，影响人们对现代科技发展及其成果应用的伦理风险意识和预警机制的建构。其三，如前所述，当面对现代科技发展的高伦理风险时，这些科技伦理实体及其个体或者会退避三舍，隔山观火，或者经受不住同行或其他人的非议，而断然放弃进一步的深入研究，或者虽然历经甘苦，却由于久不见其成效而中途放弃。

由此可见，无论仅以动机论即仅以行为的动机善恶作为评价科技伦理实体的行为的善恶的唯一根据，完全不看其行为的效果，还是仅以科技伦理实体的行为效果（结果）善恶作为评价其行为善恶的唯一根据，完全不看其行为的动机，都是片面的。应该以科技伦理实体的行为善恶的动机与效果的统一为根据，历史地评价其行为善恶才能

---

① 参见《辞海》，上海辞书出版社1999年版，第1875页。
② 参见《辞海》，上海辞书出版社1999年版，第1875页。

使得伦理评价全面而公正。因为科技伦理实体的行为善恶的动机与效果有时在短期内或者局部范围内呈现出一致性,然而从长远或者全局的观点看,其行为善恶的动机与效果呈现为不一致性的状况。比如化肥的使用,的确在刚刚开始时对农作物起到了增产增收作用。这一结果与科技伦理实体的行为善的初始动机一致。然而,施用化肥过量,对农作物造成危害,主要表现为两个方面:一是使粮食作物容易倒伏,进而导致其减产;二是容易使农作物发生病虫害。比如,氮肥施用过多,会使农作物抗病虫害的能力减弱,易遭病虫害的侵染。为此,须增加消灭病虫害的农药用剂量,而农药含量过高直接影响了食品的安全性。与此同时,过量的施用化肥,会使肥料渗入20米以内的浅层地下水中,进而使地下水中的硝酸盐含量增加,从而加剧了水污染。更值得注意的是,硫酸铵、氯化铵、过磷酸钙等都属于生物酸性肥料,当植物吸收了这些肥料中的养分后,土壤中的氢离子增多,易造成土壤酸化和退化。另外,我国引进地膜覆盖栽培技术也是为了农作物增产。地膜覆盖栽培技术实施初始的确使农作物的产量较原来有了大幅度的提高,同时也获得了较为显著的经济效益。人们称誉其为农业上的"白色革命"。但是,农用塑料地膜是一种高分子碳氢化合物,它在自然环境条件下,难以降解。因而,随着地膜栽培年限的延长,这些耕地土壤中的残膜含量就会不断增加。而残留的地膜在土壤中会形成隔层,阻碍农作物根系对水肥的吸收,影响其生长发育,进而引起农作物的减产。由此,专家们把这种现象称为"白色污染"。还有,化学农药发明的初衷也是防治农作物的病虫害。众所周知,农药的施用对于治理农作物病虫害的确具有一定的成效,从目前来看,通用人工合成的化学农药有500余种,但是从这些农药使用的后果来看,不仅加重了环境污染,而且危害了人体健康。农药进入人体主要有三条途径:一是长期接触一定量的农药,比如农药厂的工人与其周围的居民以及使用农药的农民;二是由于误食而偶然接触;三是日常生活接触的环境和食品、化妆品中残留的农药。前两者是直接遭受农药污染的人群,而第三种情形即环境中大量的残留农药,可通过食物链经过生物富集作用进入人体。因此,长期接触或食用了含有农药残留的食品，可以使农药在人体内不断蓄积，进而对人体健康构成潜在性的威胁，甚至造成其慢性中毒，亦可影响其神经系统，破坏其肝脏功能，造成其生理障碍，影响其生殖系统而产生畸形怪胎，也可导致癌症发生。由此可见，在当代由于科技成果被广泛使用，科技伦理实体的行为善恶的动机与效果呈现为不一致性的状况极为普遍，仅以行为的动机或者后果作为伦理评价的根据，其偏颇在所难免，因而只有以科技伦理实体的行为善恶动机与效果的统一为根据，历史地评价其行为善恶，才能使得相关的伦理评价全面而公正。

二 目的论或者手段论能否作为唯一依据？

考察现代科技伦理实体伦理评价能否仅仅依据目的论或者手段论作为评价科技伦理实体（共同体）及其个体的科技伦理行为的唯一依据？这里需要考量两个方面：一是目的或者手段自身的多样性、多元性与复杂性；二是目的与手段关系的不确定性。

首先，就目的而言，它是指人在行为之前，根据其需要，在观念上为自己设计的要达到的目标或结果。因而目的贯穿于实践过程的始终，但是目的的产生和实现是以客观世界为前提的，同时还会受一定的历史条件的制约。① 尽管目的总是通过主体运用一定的手段，通过改造客体来实现，然而，目的有正当和不正当（或者称为正确和错误）之分。只有符合客观规律与历史发展趋势的目的，才能实现。

其次，就手段而言，是指为了达到某种目的而采取的方法和措施。② 正如目的有正当和不正当或者正确和错误之分，手段亦有正当与不正当之别。所谓正当，在伦理学上是指符合一定社会道德原则和规范的行为，并且这一行为亦得到社会的肯定评价。由于一定的道德都具有一定的阶级性、时代性和民族性，因此，对行为正当与否的理解与评价往往具有时代、阶级乃至民族的差别。③ 因此，关于手段正当与否的评价，亦需要依据一定社会道德原则和规范，同样，这种评

---

① 参见《辞海》，上海辞书出版社1999年版，第1201页。
② 参见《辞海》，上海辞书出版社1999年版，第1544页。
③ 参见《辞海》，上海辞书出版社1999年版，第2174页。

价亦具有时代性、阶级性和民族性。一般说来，符合一定社会道德原则和规范的手段称为正当，反之则称为不正当。

最后，哲学上的目的论认为世界上的一切都为某种目的所决定，因而是一种唯心主义的学说。[①] 伦理学上的目的论是指在对人的善恶行为的评价中，十分强调其目的是否正确（或者正当），并且认为只要目的是正确（或者正当）的，采取何种手段不重要；而手段论则认为，只要手段是正当的，无论目的正确（或者正当）与否，可以不予追究。显而易见，目的论或者手段论作为评价人的伦理行为的唯一依据都是片面的。因为就目的与手段的关系而言（参见图6-1），呈现为错综复杂的关系，主要表现为目的正当（或者正确），手段正当；目的不正当（或者错误），手段正当；目的正当（或者正确），手段不正当；目的不正当（或者错误），手段不正当等。

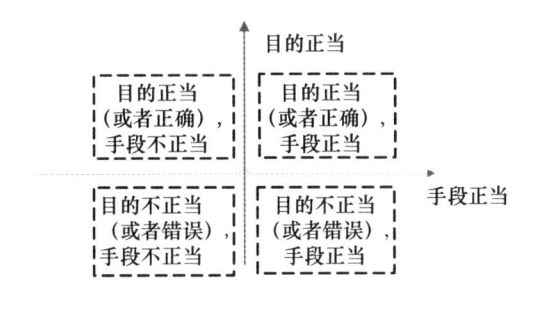

图 6-1 目的与手段的关系

由此可见，现代科技伦理实体伦理评价不能仅仅依据目的论或者手段论作为评价科技伦理实体（共同体）及其个体的科技伦理行为的唯一依据。现代科技伦理实体发展现代科技及应用科技成果的目的是造福人类，促进人—社会—自然的和谐与可持续发展，但是这一目的在实现的过程中，往往会受到方方面面的多重复杂因素的影响。现代科技伦理实体发展现代科技及应用科技成果的目的总是在一定的时代、一定的社会之中，由一定的国家或者社会组织来导控。因而在其

---

① 参见《辞海》，上海辞书出版社1999年版，第1201页。

确立目的时，必须权衡利弊和协调多方面的利益关系，加之，市场经济条件下，现代科技伦理实体也会受到各个市场活动的利益主体自发的趋利倾向和资本逻辑逐利本质的影响。比如发达国家，在发展科学技术和工业化的进程中，就采取了先污染后治理的方略。再就现代科技伦理实体发展现代科技及应用科技成果的手段而言，一方面不同的学科发展有不同的方法（手段），另一方面，即使使用的方法（手段）相同，根据具体的状况，投入的人力、物力、财力，实施的深度、广度和运作的复杂程度也有较大的区别。

因此，在现代科技伦理实体伦理评价中，只有坚持目的与手段的辩证统一，才能避免伦理评价的偏颇和不公。当然，在具体的伦理评价中，目的与手段两者之间孰轻孰重、孰主孰次，则视具体情境而定，不能"一刀切"。

第四节　如何构建基于伦理评价的治理机制

关于现代科技伦理实体基于伦理评价（亦称为道德评价）的治理机制，是依照一定的道德（伦理）原则与规范作为标准对他人和自己的道德（伦理）行为作出评价。一般以善和恶、正义和非正义、公正和偏私、诚实和虚伪、光荣和耻辱等作为伦理评价时使用的伦理范畴。伦理评价主要有社会评价与自我评价。前者表现为组织评价与社会道德舆论等，后者则表现为个人的良心。[①] 因为个人的良心是在其自身中"意识着的"和在其自身中"规定其内容的那无限的主观性"[②]。因而其良心"是特殊性的设定者、规定者和决定者"[③]。由此，黑格尔认为，"良心是自己同自己相处的这种最深奥的内部孤独，在其中一切外在的东西和限制都消失了，它彻头彻尾地隐遁在自身之中"[④]。正因为如此，良心对于道德个体而言，其重要的功能就是自我反省。因为良

[①] 参见《辞海》，上海辞书出版社1999年版，第301页。
[②] ［德］黑格尔：《法哲学原理》，范扬、张企泰译，商务印书馆1961年版，第131页。
[③] ［德］黑格尔：《法哲学原理》，范扬、张企泰译，商务印书馆1961年版，第139页。
[④] ［德］黑格尔：《法哲学原理》，范扬、张企泰译，商务印书馆1961年版，第139页。

心"有权知道在自身中和根据它自身什么是权利和义务,并且除了它这样地认识到是善的以外,对其余一切概不承认",与此同时,它肯定"这样地认识和希求的东西才真正是权利和义务"。① 因此,"良心作为主观认识跟自在自为地存在的东西的统一"②。那么对于现代科技伦理实体伦理评价的方法而言,其主要有三种形式:一是基于个体良心自我反省性的伦理评价;二是基于现代科技伦理实体科技—伦理范式的伦理评价;三是基于社会舆论的伦理评价。

一 基于个体良心自我反省性的伦理评价

基于现代科技伦理实体中科技活动个体良心自我反省性的伦理评价,其中既包括科技活动个体基于科技伦理荣誉对自己的科技伦理行为产生正效应的肯定性伦理评价,进而形成了对自身科技伦理行为的正向激励,亦包括对自己的科技伦理行为产生负面效应的批判性的伦理评价,如焦虑、自责、内疚,进而形成对自身科技伦理行为的负向鞭策。这种基于科技活动个体良心自我反省性的伦理评价是对传统美德的传承。如曾子曰:"吾日三省乎吾身。为人谋而不忠乎?与朋友交而不信乎?传不习乎?"(《论语·学而》)③ 诚然,这里"吾日三省乎吾身"的自我反省依据是传统"人伦"伦理规范,但是科技活动个体良心自我反省不是对传统"人伦"伦理美德的简单地承继,而是需要融入现代科技伦理的内涵。因为传统"人伦"伦理美德的自我反省依据是传统"人伦"伦理规范,主要基于"人伦"关系(君臣、父子、夫妇、兄弟、朋友等),其主要关涉血缘关系或者熟人圈中的伦理关系。而现代科技伦理实体中科技活动个体良心自我反省不仅关涉熟人圈(朋友、同事)或者血缘关系中的伦理关系,更多关涉的是与自己所在的科技共同体、非血缘关系的陌生人——作为自己的服务对象或者(并非直接联系)同行,还要关涉作为科学活动所依存的自然生态环境的伦理关系。

---

① [德] 黑格尔:《法哲学原理》,范扬、张企泰译,商务印书馆1961年版,第140页。
② [德] 黑格尔:《法哲学原理》,范扬、张企泰译,商务印书馆1961年版,第140页。
③ 《四书五经》(上册),陈戍国点校,岳麓书社1991年版,第17页。

在现代科技伦理实体中的科技活动个体关涉的这些伦理关系中，科技活动个体的"真实的良心是希求自在自为地善的东西的心境，所以它具有固定的原则，而这些原则对它说来是自为的客观规定和义务"①。因而，首先他需要以其所在的科技共同体为依托，处理好与同事之间的分工与协作的伦理关系，以满足或者引领自己服务对象的正当需要为己任，不断提高、改进和拓宽科技成果开发应用的领域和相关产品的质量与功能，使之更加人性化、功能集约化、体积轻型化、安全—可靠化、节能—环保生态化。作为科技活动的决策者，须反省科技—伦理决策是否合理，是否符合科技—伦理原则与规范，是否有利于协调上述诸伦理关系；作为科技活动的设计者，须反省科技—伦理设计是否符合科技—伦理原则与规范，是否有利于协调上述伦理关系；作为科技活动的实施者，须反省科技—伦理实施过程是否符合科技—伦理原则与规范，是否有利于协调上述伦理关系；作为科技活动的检测或验收者，须反省科技—伦理检测或验收过程是否符合科技—伦理原则与规范即是否符合现代科技伦理实体的科技—伦理范式，是否有利于协调上述诸伦理关系等。

在上述处于不同分工及岗位的诸科技活动个体的自我反省过程中，如果发现自身科技伦理行为产生正效应的，就会给予其肯定性伦理评价，激发自己的科技伦理荣誉感，进而形成对自身科技伦理行为的正向激励；如果发现自身科技伦理行为产生负面效应的，就会给予其批判性的伦理评价，并通过焦虑、自责、内疚等批判性的伦理评价，进而形成对自身科技伦理行为的负向鞭策，使自己幡然悔悟，积极采取将功补过的应对方略，尽可能减小其科技伦理行为产生的负面效应。

通过上述基于科技活动个体良心自我反省性的伦理评价，增强科技活动主体的道德自律精神，提高其伦理责任意识、伦理行为的选择能力和履行科技伦理原则与规范及其伦理责任的能力。然而，正如黑格尔所指出的那样，"特定个人的良心是否符合良心的这一理念，或良心所认为或称为善的东西是否确实是善的，只有根据它所企求实现

---

① [德] 黑格尔：《法哲学原理》，范扬、张企泰译，商务印书馆1961年版，第139页。

的那善的东西的内容来认识"①。为了避免基于科技活动个体良心自我反省性的伦理评价的偏颇性,还需要进行现代科技伦理实体系统的伦理评价即基于现代科技伦理实体科技—伦理范式的伦理评价和基于社会舆论的伦理评价。

二 基于科技—伦理范式的伦理评价

现代科技伦理实体系统的伦理评价即基于现代科技伦理实体科技—伦理范式的伦理评价,其中包括科技伦理实体内部的伦理评价、科技伦理实体中不同科技共同体和科技活动个体之间的伦理评价。所谓基于科技—伦理范式的现代科技伦理实体内部的伦理评价是相对于其外部即科技伦理实体的主管部门、同行、社会媒体、国际学术团体或者机构等的伦理评价而言的。现代科技伦理实体内部的结构,包括管理层、技术设计层、实际操作层、检测检验层等。

首先,就现代科技伦理实体的管理层而言,既有其高层决策层,又有其一般管理层。其高层决策层不仅是现代科技伦理实体集体行动②——"行动什么""怎么行动"进行总体性的规划与决策,也是其科技—伦理范式概括与提炼——"应有什么科技—伦理范式",以统摄该伦理实体决策与集体行动,与此同时,其高层决策层还是进行科技伦理实体内部的伦理评价的仲裁——"科技—伦理范式的总体执行力如何":既要对其一般管理层提出相关的科技—伦理范式伦理评价指标体系的可行性、可操作性及其执行力进行伦理评价,又要对其技术设计层在科技研发项目设计体现的科技—伦理范式理念进行伦理评价,还要对其实际操作层、检测测验层等的科技—伦理范式实际执行力进行总体性的伦理评价。

其次,就其一般管理层而言,一方面要制定一套基于其科技伦—理范式对其现代科技伦理实体内部科技伦理集体行动与成员的行为切实可行的科技伦—理范式伦理评价指标体系,另一方面要按照这一伦

---

① [德]黑格尔:《法哲学原理》,范扬、张企泰译,商务印书馆1961年版,第140页。
② 关于"集体行动"的内涵将在下一章进行具体的探讨。

理评价指标体系对其管理的各个层面进行相应的定期的伦理评价，并反馈给其高层，为高层决策层进行科技伦理实体内部的伦理评价的仲裁提供评价实证基础。

再次，就技术设计层而言，是该现代科技伦理实体的核心技术层，因而须以其科技—伦理范式为研发理念，研发项目或产品，与此同时将其科技—伦理范式蕴含于其项目或产品设计中，进行研发的分工合作。在此基础上，不仅注重设计每个环节的伦理评价，而且注重整体设计的伦理评价，一方面，将伦理评价结果反馈给其一般管理层，另一方面，为其高层决策层进行科技伦理集体行动科技伦理决策提供技术预案。

最后，对于实际操作层、检测检验层而言，是该现代科技伦理实体实施基于其科技—伦理范式研发其项目或产品，而进行集体行动的基础层。其研发其项目或产品能否体现其科技—伦理范式，这是关键性环节。科技操作与检测检验无小事，科技操作的稍稍疏忽、检测检验看似微小的疏漏，都会酿成重大科技事故，严重的甚至造成重大灾难。这不仅使科技活动的伦理风险大大增加——危及人的生命安全、危及国家与人民的公共财产，而且会给人—社会—自然系统带来生态危机，影响人与自然生命共同体的和谐与可持续发展。因此，对于现代科技伦理实体实际操作层、检测检验层的伦理评价不仅十分必要，而且非常重要。为此，不仅一般管理层要对该现代科技伦理实体的实际操作层、检测检验层定期进行伦理评价，作为该现代科技伦理实体实际操作层、检测检验层自身须基于该现代科技伦理科技—伦理范式对于每个环节进行伦理评价的同时，亦须对其总体进行伦理评价。一方面，将伦理评价结果反馈给其一般管理层，另一方面，为其高层进行科技伦理集体行动伦理仲裁并制定相关的应急预案提供实证基础。

尽管现代科技伦理实体系统的伦理评价即基于现代科技伦理实体科技—伦理范式的伦理评价对于现代科技伦理实体集体行动的顺利展开，促进现代科技健康有序的发展具有重要的作用，但是总是有"不识庐山真面目，只缘身在此山中"之虞。因而，为了进一步完善现代科技伦理实体的伦理评价，进行基于社会舆论的伦理评价必不可少。

三 基于社会舆论的伦理评价

基于社会舆论的伦理评价的形式具有多样性，其中包括组织评价和非组织评价。组织评价包括主管部门评价、同行评价、社会媒体评价、国际学术团体或者机构的伦理评价等。非组织评价主要是指民间的非正式的伦理评价。这些伦理评价中，有的是基于荣誉的肯定性伦理评价，其中既包括对科技伦理实体（共同体）集体荣誉的正向激励伦理评价，也包括对科技伦理实体（共同体）中个体的正向激励伦理评价，其伦理评价的表现形式包括物质奖励和精神奖励。一般说来，主管部门、国际国内学术团体或者机构等组织的基于荣誉的肯定伦理性评价有三种。其一，物质奖励的形式，如，颁发奖金、奖品等。其二，精神奖励的形式，如，授予一定的荣誉称号，颁发奖状、奖章等；或者以科学发现或技术发明者的名字命名这些科学发现或技术发明，比如科学发现的现象、定理、定律中，有麦克斯韦方程、欧姆定律、哈雷彗星等；冠之以某学科之父，如"逻辑学之父""管理学之父"等。其三，物质奖励与精神奖励并举，比如晋升职称、申报专利、发表论文等。另外，社会媒体基于荣誉的肯定性伦理评价形式，如在报刊、广播电视、网络上的新闻报道、长篇通讯、专访等，最高荣誉就是载入科技发展史。与此同时，上述伦理评价亦有基于批评性的负面鞭策伦理评价。比如，社会媒体基于批评性的负面鞭策伦理评价，即通过报刊、广播电视、网络上的新闻报道、长篇通讯、专访等，对产生科技伦理负效应的事件，如上述提及的三鹿奶粉事件、毒大米事件、瘦肉精事件等给予曝光，对于产生科技伦理负效应的肇事者、渎职者进行抨击，对各种导致环境污染的现象与行为给予揭露等，营造科技伦理批评性的评价氛围，对于上述关涉科技伦理负效应的人与事产生了"千人所指"的舆论压力与伦理威慑力。

通过基于社会舆论的伦理评价的科技伦理治理方略，在弘扬科技伦理精神，增强科技活动主体向善和造福人类的道德荣誉感的同时，强化其科技伦理风险意识和伦理责任意识，使其自觉抵御资本逻辑的强制和诱惑，提高应当有所为和有所不为的伦理自觉。

> 真实的良心是希求自在自为地善的东西的心境,所以它具有固定的原则,而这些原则对它说来是自为的客观规定和义务。①
> ——黑格尔

第七章

现代科技伦理实体伦理监督治理机制的构建

构建现代科技伦理实体伦理监督的治理机制是构建现代科技伦理应然逻辑三重治理机制的重要环节。这有助于提高科技伦理实体集体行动的自我约束能力与他律约束效能,进而使现代科技研究及其成果应用真正造福人类,促进人—社会—自然的和谐、可持续发展。由此,本章将着重探讨构建基于现代科技伦理实体伦理监督的治理机制②何以必要、构建伦理监督的原则以及如何构建基于伦理监督的治理机制。

第一节 构建基于伦理监督的治理机制何以必要

解读构建基于现代科技伦理实体伦理监督的治理机制何以必要,首先须了解"现代科技伦理实体伦理监督"的内涵,进而才能深入探索现代科技伦理实体伦理监督的现实意义与实践意义。其现实意义

---

① [德]黑格尔:《法哲学原理》,范扬、张企泰译,商务印书馆1961年版,第139页。
② 为了便于表述和解析"基于现代科技伦理实体伦理监督的治理机制",以下在标题中将其简称为"基于伦理监督的治理机制"。

是提高科技伦理实体集体行动的自我约束能力与他律约束效能，使得科技发展产生更多的积极影响即正效应，减少或者降低其消极影响即负效应，以规避相关的伦理悖论和伦理风险。其实践意义是使现代科技伦理实体及其复合型伦理关系协调，伦理行为规范、运作有序等。

一　伦理监督与现代科技伦理实体伦理监督

解读"现代科技伦理实体伦理监督"的内涵，首先须了解"伦理监督"的内涵。而"伦理监督"是一合成词，即由"伦理"和"监督"两个词组成。

所谓监督是指监察督促。[1] 其中监察是指监视考察。而监视即从旁察看注视[2]；考察则含有两重意蕴：一是指实地观察调查，二是指深入分析研究[3]。督促之"督"有统率、监督[4]之意；"促"则有推动、催[5]之意，综其意，督促具有推动与催其实现的意思。由此可见，监督就是在观察调查的基础上进行研究分析，发现问题，指出问题，并且推动问题的解决，与此同时，还须考察问题解决的结果。

所谓伦理监督是指对于一定社会的伦理行为主体遵循相关的伦理原则、伦理规范的监察督促。如果说伦理评价是人们依据一定社会占主导地位的道德标准，通过个人内心信念的道德心理活动或社会舆论等形式，对他人行为或自己的行为进行善恶判断，进而表明褒贬态度，其作用是通过这种价值评价对人关于善恶的伦理认知即对于人们认识什么是善，什么是恶进行启迪，那么伦理监督则主要是对一定社会的伦理行为主体遵循相关的伦理原则、伦理规范的执行力的监察督促。前者重在知，即启迪一定社会的伦理行为主体对于善恶的伦理认知；后者则重在行，即对于一定社会的伦理行为主体遵循相关的伦理原则、伦理规范的执行力的监察督促。前者一般在一定社会的伦理行

---

[1]　参见《辞海》，上海辞书出版社1999年版，第790页。
[2]　参见《新华词典》（大字本），商务印书馆2002年版，第475页。
[3]　参见《新华词典》（大字本），商务印书馆2002年版，第554页。
[4]　参见《辞海》，上海辞书出版社1999年版，第371页。
[5]　参见《辞海》，上海辞书出版社1999年版，第253页。

为主体伦理行为发生后,即对于人—社会—自然的和谐、可持续发展产生的一定的善恶效应进行伦理评价;而后者不仅在一定社会的伦理行为主体伦理行为发生后要对其进行实地观察调查,深入分析研究其对于人—社会—自然的和谐、可持续发展产生的一定的善恶效应,提出整改的措施,并督促其执行,而且要在一定社会的伦理行为主体伦理行为发生的过程中,对其遵循相关的伦理原则、伦理规范的执行力进行监察督促,以提高一定社会的伦理行为主体遵循相关的伦理原则、伦理规范的执行力。伦理监督在运作中包括以下几个方面:一是基于良心自律的伦理行为个体的自我监督;二是基于集体伦理范式的集体伦理监督,包括集体→个体、个体→集体、集体→集体伦理监督;三是一定社会组织基于管理系统中的、作为一种组织行为的他律制约性的伦理监督;四是社会舆论的伦理监督等。

所谓现代科技伦理实体伦理监督是指对于现代科技伦理实体遵循相关的科技伦理原则、科技伦理规范的伦理行为的监察督促,即对于现代科技伦理实体遵循相关的科技伦理原则、科技伦理规范的执行力的监察督促。现代科技伦理实体伦理监督在运作中包括以下几个方面:一是基于良心自律的科技伦理行为个体的自我监督;二是基于科技共同体或曰科技伦理实体科技伦理范式的集体伦理监督,包括集体→个体、个体→集体、集体→集体科技伦理监督;三是一定科技社会组织基于管理系统中的、作为一种组织行为的他律制约性的伦理监督;四是社会舆论的科技伦理监督等。

现代科技伦理实体伦理监督不同于一般伦理监督。因为科技伦理主体的伦理行为不仅应遵循应然逻辑层面的科技伦理规范,还应遵循实然逻辑层面的科技规范。[①] 后者强调"能做",须探询"物理"——万物之理,即对于自然界与科技发展的客观规律的探索与遵循;而前者则强调"应做",要求现代科技伦理主体在科技活动中须遵循科技伦理规范,有所为,有所不为。因此,现代科技伦理实体伦理监督包括两个方面:一是监察督促现代科技伦理实体对于相关的科

---

① 参见本书第二章第三节。

技伦理原则、科技伦理规范的执行力;二是监察督促现代科技伦理实体对于相关的科技规范的执行力。因为前者的基础是后者,只有履行相关的科技规范,科技伦理行为及其伦理效应才会发生;后者须以前者为引领与规约,如此现代科技伦理实体科技伦理行为才能提高其正伦理效应。

二 构建基于现代科技伦理实体伦理监督治理机制的必要性

第一,构建基于现代科技伦理实体伦理监督的治理机制之所以必要,是因为"没有监督的权力必然导致腐败,这是一条铁律"[1]。而现代科技伦理实体的行为对人—自然—社会影响巨大,更应该构建相关的伦理监督的治理机制。要构建这一伦理监督的治理机制,首先要根据现代科技伦理实体自身的特点。俗话说,有比较才有鉴别。要认识现代科技伦理实体自身的特点须与传统伦理实体的特点加以比较。

在我国传统的家国一体的农耕社会,其伦理实体生成的基础是血缘关系,即以血缘关系为基础而生成伦理关系实体。其伦理监督机制与伦理关系实体具有共生性。主要表现为,这种伦理关系实体首先是生命共同体——生死相依;其次是情感共同体——君臣之义、父子之亲、夫妻之敬、兄弟之恭、朋友之信、长幼之序,父母与儿女的亲情、夫妻之间的爱情、朋友之间的友情等;再次是生产共同体——生活资料的生产和人的生命的生产(种族的繁衍)与(伦理主体体力、智力与能力的)再生产——生命与共,进而是伦理关系共同体——尊卑分明、长幼有序、和睦相处;最后是利益共同体———荣俱荣、一毁俱毁——同生死、共进退。其主要关涉的是君臣、父子、夫妇、兄弟、朋友五伦关系。由于伦理行为主体的日常伦理行为大都是个体行为,个体的伦理行为的影响力主要在熟人圈内,即抑或在家庭之中,抑或在朋友圈内,抑或在君臣关系之中等。置身于其中的伦理行为个体时刻处于熟人圈内各种伦理关系的相互制约之中——不仅要遵循君臣有义、父子有亲、长幼有序、朋友有信的伦理秩序和"五伦十教"

---

[1] 《习近平著作选读》第一卷,人民出版社2023年版,第136页。

的伦理规范，还要遵守家规、家训、传统习俗等。这些不同层次的伦理规范与传统习俗经过长期的历史积淀，代代相传，不仅成为社会的伦理"原素"，亦形成相互联系、相互依存的伦理氛围与伦理监督机制。这些不同层次的伦理规范与传统习俗不仅家喻户晓，而且得到了伦理行为主体的认同——似乎是"与生俱来"、不可抗拒的，同时也成为整个社会对于伦理行为主体为人处世等伦理行为进行伦理评价的依据。这样，就使得伦理行为主体置身于这样的伦理监督机制的伦理氛围和伦理实体中"不敢越雷池一步"。与此同时，在传统伦理实体中，亦十分强调伦理行为主体"吾日三省吾身"和"慎独"的道德自律精神即伦理行为的自我监督。

而现代科技伦理实体生成的基础是非血缘关系即趣缘关系也即研究兴趣的一致性而形成的科技伦理关系实体；或者是基于业缘关系即专业、职业或者是行业的相同而形成的科技伦理关系实体；或者是基于供—需的利益关系即提供科技服务的主体和接受科技服务的主体，一般是通过招标和投标而形成的科技伦理关系实体。因此，现代科技伦理实体的伦理行为的影响力主要在"生人"圈中，而这种"生人"圈与传统伦理关系的熟人圈内的人与人之间的相互约束性相比，则显得十分松散。一是基于非血缘关系的现代科技伦理实体首先是利益共同体，即因趣缘关系也即研究兴趣，或者是基于业缘关系即专业、职业或是行业而结成利益共同体，然而一旦研究兴趣转移，跳槽或者转行等，其利益的相互制约性便随之解体。二是现代科技伦理实体是基于供—需的利益关系结成的利益共同体，一旦供—需的利益关系终结，其相互制约性则终止。总之，无论现代科技伦理实体，还是具有供—需的利益关系的伦理实体，其相互制约性都是因利益而聚（生成或者缔结），利益关系结束而散（解体）。因而其相互之间的伦理制约性与传统"人伦"伦理制约性相比则较弱。

与传统伦理实体强制约性相比，现代科技伦理实体的弱制约性的特征主要表现为以下五点：其一，形成基础单一（主要是利益关系）；其二，维系伦理关系基础单一（谋生手段）；其三，制约手段单一（以契约或者合同制约）；其四，伦理规范的认同度参差不齐

(各自均从自身的文化背景与利益出发解读);其五,道德责任感与道德自律精神面对各种利益的诱惑时显得较为薄弱。《韩非·解老》曰:"人有欲,则计会乱;计会乱,而有欲甚;有欲甚,则邪心胜;邪心胜,则事经绝;事经绝,则祸难生。"① 这里韩非阐述了欲望→邪心→祸难(灾难)之间的相互关系,即祸难(灾难)产生于邪心,邪心产生于欲望。一旦邪心占了上风,办事的人就不遵守准则,这样,灾难就会发生。为了减少现代科技研究及其成果应用的负效应,规避相应的伦理悖论与伦理风险,增强现代科技伦理实体及其个体对于科技—伦理原则规范双重执行力的约束效能,使现代科技研究及其成果应用真正造福人类,促进人—社会—自然的和谐、可持续发展,构建基于现代科技伦理实体伦理监督的治理机制十分必要。正如《韩非·解老》曰:"心畏恐,则行端直;行端直,则思虑熟;思虑熟,则得事理。"而"行端直,则无祸害";"得事理,则必成功"。②

第二,构建基于现代科技伦理实体伦理监督的治理机制是基于现代科技伦理实体的成果及其应用对于人—社会—自然的和谐、可持续发展的广泛性、普及性与伦理风险性。

就广泛性而言,现代科技伦理实体的成果及其应用对于人们生活的方方面面产生了深刻影响,比如现代科技伦理实体的成果及其应用对于人们的衣食住行几乎无所不及;对于社会各个领域包括政治、经济、文化几乎无所不涉;对于自然的影响从天上到地上—地下、从海洋到高山、从森林到矿藏几乎无所不关。

就普及性而言,现代科技伦理实体的成果及其应用上到老年人,下到儿童,中到青少年、中年都"一机在手"(游戏机或者手机或者多功能智能手机)、"一网打尽"——全球网络化、全民网民化。因而,与此相关的伦理风险性是传统伦理实体的伦理行为无法比拟的。

就伦理风险性而言,包括现代科技伦理主体的研究成果及其应用影响的范围(空间)和影响的绵延性(时间),既包括个体性(或局

---

① 《韩非子》,高华平等译注,中华书局2015年版,第206页。
② 《韩非子》,高华平等译注,中华书局2015年版,第193页。

部性）也包括总体性。就其个体性（或局部性）的伦理风险而言，在其空间逻辑上，主要影响局部或个体的利益；在其时间逻辑上，主要影响短期或者暂时的利益。就其总体性的伦理风险而言，则关乎人—社会—自然系统，包括一定社会的经济、政治、文化的全局与长远的整体利益，不但影响一定的国家、地区，而且可能波及全球。①不仅如此，还包括显性伦理风险和隐性伦理风险。这里所说的现代科技伦理主体的研究成果及其应用影响的显性伦理风险是能够普遍地被人们直接感知的，并且可以通过运用一定的方法或一定的现代科技手段进行预测、预警和预防的现代科技伦理风险。然而，更值得注意的是现代科技伦理主体的研究成果及其应用影响的隐性伦理风险。因为其具有隐蔽性、后发性且无法被当下直接感知，其影响不仅基于可考量的利益层面，而且深入人或者社会的心理或意识层面，无法直接运用现代科技手段来预测、预防和预警。比如，手机、网络、计算机和人工智能等对人的生理、心理包括健康，如由手机的"低头症"引发的颈椎病；还有上网引发的网瘾、电子游戏引发的游戏瘾；再有智能机器人能够通过学习和理解人类的语言来进行对话，甚至能完成文案、翻译、代码、写脚本等任务，这样就对人际关系、生活方式、工作方式、思维方式已经产生了，或者正在产生，或者还隐含着未曾显现的多重伦理风险。

由此可见，无论是从现代科技伦理实体自身的特点，还是从现代科技伦理实体的成果及其应用对于人—社会—自然的和谐、可持续发展的广泛性、普及性与伦理风险性的多重性来看，都亟须构建基于现代科技伦理实体伦理监督的治理机制。

第二节 构建伦理监督的原则

基于现代科技伦理实体伦理监督的治理机制尽管有一般伦理监督

---

① 参见陈爱华《全球化背景下科技—经济与伦理悖论的认同与超越》，《马克思主义与现实》2011 年第 1 期。

机制的特点，如对一定社会的伦理行为主体遵循相关的伦理原则、伦理规范的执行力的监察督促等，但是更有其自身的特点，如前所述，现代科技伦理实体伦理监督包括两个方面：一是监察督促现代科技伦理实体对于相关的科技伦理原则、科技伦理规范的执行力；二是监察督促现代科技伦理实体对于相关的科技规范的执行力。为了充分发挥这样的伦理监督的作用，在对现代科技伦理实体及其个体双重执行力进行伦理监督的过程中，须坚持全面性原则、公正性原则、公平性原则和公开性原则。

一 伦理监督的全面性原则

这里的"全面性原则"是指对现代科技伦理实体及其个体双重执行力的伦理监督在时空维度方面的全面性和一贯性，在主客体维度上的兼顾性，对于科技伦理三重逻辑即本然逻辑、实然逻辑和应然逻辑考量的贯通性。

首先，在时空维度方面的全面性和一贯性。因为现代科技伦理实体成果的产生并非一蹴而就，而需要艰辛的探索，其间会经历无数次失败。所以，我们不能因其出现失败，就断定现代科技伦理实体对于相关的科技伦理原则、科技伦理规范的执行力不够，或者是对于相关的科技规范的执行力不够。即使现代科技伦理实体取得了一定的成果，其本身可能还存在不完善之处，或者随着人们对物质文化需求水平的不断提高，这些成果本身也需要更新换代。这些成果的推广和应用的情形更是纷繁复杂，如前所述，其伦理风险样态各异，尤其是伴随着现代科技伦理实体最新的成果的应用与推广，新出现的伦理风险防不胜防，或者猝不及防。因此，对现代科技伦理实体的伦理监督，其一，在时间维度上，既注重其历史性，又关注其当下性；既注重发展的过程，又关注各个环节；既注重结果，又关注原因等。与此同时，要防止只注重其当下性，而轻视其历史性，或者只注重其历史性，轻视其当下性；或者只注重某一环节，轻视发展的过程，或者只注重发展的过程，轻视各个环节；或者只注重结果，轻视原因，或者只注重原因，轻视结果等。其二，在空间维度上，不仅要注重整体，也要注重局部；不仅要注重可量化要素，也要注重非量化的要素等。与此同时，防止只注重整体，轻视局部，或者只注重局部，轻视整体；只注重可量化要素，轻视非量化的要素等。因为其一，整体的合理、合规不能等同于局部即各个组成的部分或者环节都合理、合规；同样，某一或者某些局部即某个或者某些组成的部分或者环节的合理、合规不能等同于整体的合理、合规。其二，可量化的要素的确显而易见，但是非量化的要素更蕴含了现代科技伦理实体对于相关科技伦理原则、科技伦理规范的执行力，比如现代科技伦理实体的伦理精神、伦理凝聚力，现代科技伦理实体中个体内心的科技伦理信念、伦理责任感与责任能力等。这些非量化的（伦理）要素直接影响了现代科技伦理实体负责任的创新及其成果的推广应用，进而影响了对于人—社会—自然和谐、可持续发展的伦理认知、伦理觉悟和伦理责任感，以及对各类常态伦理风险或者突发性伦理风险的预警意识、防范能力和应急救助力等。

其次，在主客体维度上的兼顾性，主要表现为，既要关注现象层面，又要注重本质方面；既要考察形式，又要考察内容；既要注重物化样态，又要注重考察精神气质等；要防止只注重现象层面，轻视本质方面，只注重形式，轻视内容，只注重物化样态，轻视精神气质等。因为现象、形式与物化样态具有直接的显示度，常常吸引监督者关注的目光。然而，现象常常会掩盖本质，形式对于内容也会喧宾夺主，物化样态直观多样不一定能全面展示其内在的精神气质。这就要求监督者，善于透过纷繁复杂的现象解析其本质；在多姿多彩、绚丽多姿的形式中，关注其内容；在多元多样的物化样态中，考量其内在的精神气质。

二 伦理监督的公正性原则

关于"公正"，《辞源》对其的解释是："不偏私，正直。"《韩非·解老》曰："所谓直者，义必公正，公心不偏党也。"[1] 这里的"直"是指人的行为一定要公正，公正而无偏私。《荀子·赋》有

---

[1] 《韩非子》，高华平等译注，中华书局2015年版，第196页。

"公正无私"①之说。现代科技伦理实体伦理监督的公正性原则是全面性原则的进一步深化,主要表现为从科技伦理的三重逻辑即本然逻辑、实然逻辑与应然逻辑的贯通中,考量现代科技伦理实体对于相关科技规范的执行力、相关科技伦理原则与科技伦理规范的执行力。

如果对现代科技伦理实体对于相关科技规范的执行力,相关科技伦理原则、科技伦理规范的执行力的伦理监督仅仅注重从实然逻辑层面,而轻视其在本然逻辑和应然逻辑层面;或者仅仅注重从本然逻辑和应然逻辑层面对于相关科技伦理原则、科技伦理规范的执行力的伦理监督,轻视其实然逻辑层面的伦理监督,就不能真正贯彻现代科技伦理实体伦理监督的公正性原则。

从实然逻辑层面对现代科技伦理实体对于相关科技规范的执行力,相关科技伦理原则、科技伦理规范的执行力而产生的善即正效应与恶即负效应的状况进行考量,而这一状况较为复杂。如前所述,其状况具体呈现为四种样态,即高正效应—低负效应、高正效应—高负效应、低正效应—低负效应、低正效应—高负效应。但是这四种样态的出现,实际上已是"木已成舟",而在实然逻辑层面呈现的这四种样态与其在本然逻辑和应然逻辑层面对于相关的科技伦理原则、科技伦理规范的执行力密切相关。

因而,在从实然逻辑层面考量现代科技伦理实体对于相关科技规范的执行力,相关科技伦理原则、科技伦理规范的执行力状况的同时,须考量现代科技伦理实体在科技活动中在本然逻辑意义上对于相关科技伦理原则、科技伦理规范的执行力,即在其认知与行为中的原初意义上的伦理价值选择。因为这种原初意义上的伦理价值选择体现了现代科技伦理实体在其科技活动中基于自然规律、现代科技发展的规律以及社会规律,对现代科技和人—自然—社会—自身的伦理关系及其内在秩序的认知、选择和设计。并在此基础上,对于现代科技发展的样态,即发展什么、如何发展、运用什么、怎样运用等所展开的

---

① 邓汉卿:《荀子绎评》,岳麓书社 1994 年版,第 553 页。

一系列的探索、谋划与选择。这包括主客体双重向度。① 一是"是其所是"的客体向度，具体表现为，根据一定社会的经济与文化发展及人们的需求，遵循自然的规律与科技发展的规律及相关的科学规范，推进科技发展。二是"是其所是"的主体向度，具体表现为，以求真的精神——不仅要探索自然的奥秘，而且要探索自然和生态平衡的内在规律；以臻善的精神——探索走出人类生存与发展的多重困境，在造福人类的同时，促进人—社会—自然的和谐、可持续发展；还有达美的精神——"按照美的规律来构造"②。因此，从本然逻辑层面对现代科技伦理实体对于相关科技规范的执行力和相关科技伦理原则与科技伦理规范的执行力的伦理监督，就是要考量现代科技伦理实体在其认知与行为中的原初意义上的伦理价值选择，既包括考察其"是其所是"的客体向度——相关执行力产生的原因，也包括考察其"是其所是"的主体向度——相关执行力的原初构想。

与此同时，还须考量现代科技伦理实体在应然逻辑意义上，对于相关科技伦理原则、科技伦理规范的执行力即"应做"与"能做"的伦理价值选择，包括"应做"对"能做"的引领与统摄。这蕴含了现代科技伦理实体对于其现代科技发展的顶层设计③，体现了现代科技伦理实体道德责任与道德责任能力的辩证统一、理性选择与价值选择的辩证统一、自律与他律的辩证统一，因而体现了现代科技主体的生存智慧、认知智慧、实践智慧、战略抉择智慧。④

由此可见，如果仅仅从实然逻辑层面对现代科技伦理实体对于相关科技伦理原则、科技伦理规范的执行力和对于相关科技规范的执行力进行伦理监督，就会使伦理监督流于表面，进而影响伦理监督的公正性。同样，如果仅仅从本然逻辑或者应然逻辑层面对现代科技伦理实体对于相关科技伦理原则、科技伦理规范的执行力和对于相关科技

---

① 参见陈爱华《现代科技三重逻辑的道德哲学解读》，《东南大学学报》（哲学社会科学版）2014年第1期。
② 《马克思恩格斯全集》第3卷，人民出版社2002年版，第274页。
③ 参见陈爱华《论科学的伦理价值选择》，《学术与探索》2012年第7期。
④ 参见陈爱华《现代科技三重逻辑的道德哲学解读》，《东南大学学报》（哲学社会科学版）2014年第1期。

规范的执行力进行伦理监督,轻视或者忽视从实然逻辑层面进行伦理监督,也会影响伦理监督的公正性。

三 伦理监督的公平性原则

所谓公平是指处理事情合情合理,不偏袒某一方或某一个人。"公平"作为伦理范畴,是指按照一定社会的标准(如法律和政策及道德等),按照正当的秩序,合理地待人处世。"公平"亦是一定社会制度系统的重要的德性本质。①《管子·形势解》曰:"天公平而无私,故美恶莫不覆;地公平而无私,故小大莫不载。"②

这里所论及的"公平性原则"是指在对现代科技伦理实体进行伦理监督的过程中,依据一定社会法律、法规、科技政策、科技规范和相关科技伦理规范等,按照正当的秩序与程序对其进行伦理监督,不偏袒某科技伦理实体或某科技伦理实体中的某一成员对于相关科技伦理原则、科技伦理规范的执行力和对于相关科技规范的执行力。

首先,就现代科技发展而言,一方面高度综合,一方面又高度分化。现代科技发展的高度综合需要现代科技伦理实体之间的跨学科、跨行业的联合,协作攻关;现代科技发展的高度分化,需要分工明确,职责明晰。而现代科技伦理实体在推进现代科技发展的过程中,现代科技发展的高度综合与高度分化是相互联系的辩证统一体:一方面现代科技发展的高度综合须以高度分化为基础,在这个意义上可以说,没有高度分化就没有高度综合,或者说高度分化有利于更高层次上的高度综合;另一方面,现代科技发展的高度分化亦需要高度综合,正是在其高度综合的前提下,其高度分化有了更高的要求和更高的层次,在这个意义上可以说,没有高度综合就没有高度分化,或者说高度综合促进了更高层次的高度分化。因此,在对现代科技伦理实体进行伦理监督的过程中,不仅要对现代科技伦理实体推进现代科技发展高度综合的科技—伦理执行力进行伦理监督,也要对其推进现代

---

① 参见《辞海》,上海辞书出版社1999年版,第542页。
② 《管子校注》(全三册),黎翔凤撰,梁运华整理,中华书局2004年版,第1178页。

科技发展高度分化的科技—伦理执行力进行伦理监督，两者不可偏废。

其次，由于现代科技发展的高度综合需要现代科技伦理实体之间的跨学科、跨行业的联合，协作攻关，因此，对于现代科技发展中的每一个重大科技研究项目或者相关的工程而言，一般都有多个（至少两个或者两个以上）科技伦理实体参与研究或者研制。因此，在对参与每一个重大科技研究项目或者相关工程的现代科技伦理实体进行伦理监督的过程中，不仅要对其中研究或者研制核心技术的现代科技伦理实体的科技—伦理执行力进行伦理监督，也要对其他参与该项目或者工程研究或者研制的现代科技伦理实体的科技—伦理执行力进行伦理监督，两者不可偏废。

再次，对于工程来说，工程运作的每一个环节都环环相扣，相互影响，因而"工程无小事！"其中的每一个环节都蕴含了现代科技伦理实体包括工程活动伦理实体的科技（工程）道德选择。其一，在工程决策过程中，现代科技伦理实体包括工程活动伦理实体应依据一定社会的科技（工程）道德原则、规范，按照一定的科技（工程）道德要求，对工程诸招标方案进行善恶、祸福的比较和利益权衡；对工程诸运作方案之间的伦理风险进行善恶、祸福的比较和利益权衡；对工程诸预警方案、应急方案之间进行善恶、祸福的比较和利益权衡。① 其二，在工程研究（研制）过程中，现代科技伦理实体包括工程活动伦理实体须依据一定社会的科技道德原则、规范，按照一定的科技道德要求对工程研究（研制）的诸伦理关系进行协调。② 其三，在工程运作过程中，现代科技伦理实体包括工程活动伦理实体亦须依据一定社会的科技—道德原则、规范，按照一定的科技—道德要求进行道德选择。与此同时，还需要对工程运作中出现的伦理风险进行及时的预警或者应急。有时，为了实现人—社会—自然的协调、可持续

---

① 参见陈爱华《科学与人文的契合——科学伦理精神历史生成》，吉林人民出版社2003年版，第277页。

② 参见陈爱华《工程的伦理本质解读》，《武汉科技大学学报》（社会科学版）2011年第5期。

发展，现代科技伦理实体包括工程活动伦理实体，不得不暂时中断或者中止某一工程项目的运作，要"有所为和有所不为"，以防止其产生无法预测或无法控制的负效应。就其本质而言，这体现了现代科技伦理实体包括工程活动伦理实体对自己行为的道德自觉和道德自律。其四，在工程评价或检验过程中，现代科技伦理实体包括工程活动伦理实体，须坚持工程检验或者评价过程的公正性和公平性（在不关系到泄密的情况下的）及公开性。其五，随着科学的迅猛发展和广泛运用，对于科学技术的研究项目而言，参与其中研究的任何一个科技伦理实体（个体或者共同体）都不再是一个"纯粹的"数学家，或者"纯粹的"生物学家，或者"纯粹的"物理学家等①，而是首先作为担负着一定社会道德责任的主体，其研究的每一环节都蕴含了现代科技伦理实体的伦理价值和伦理行为的选择②。因此，只有对每一个参与重大科技研究项目或者相关的工程研究或者研制的现代科技伦理实体相关研究或者研制环节的科技伦理执行力进行伦理监督，才能做到如管子所说的，"天公平而无私，故美恶莫不覆；地公平而无私，故小大莫不载"（《管子·形势解》）③，才能促进现代科技伦理实体的伦理责任感和道德自律精神。

最后，对现代科技伦理实体伦理评价的伦理监督。如前所述，现代科技伦理实体伦理评价就是在科学活动领域，人们依据一定的科学伦理原则和道德规范，通过社会舆论、现代科技实体范式或个人心理活动等形式，对现代科技伦理实体或科技活动主体所从事的科技活动中的行为进行善恶判断，表明褒贬态度。④ 由于现代科技伦理实体伦理评价不仅关涉科技伦理实体中的伦理关系，还关涉科技伦理实体与自然—社会—人的伦理关系，其中对于自然的伦理关系主要关涉山、水、林、地、大气、能源等多元伦理关系的影响以及对整个生态系统

---

① 参见［匈］卢卡奇《历史与阶级意识——关于马克思主义辩证法的研究》，杜章智等译，商务印书馆1992年版，第52—53页。
② 参见陈爱华《论科学的伦理价值选择》，《学术与探索》2012年第7期。
③ 《管子校注》（全三册），黎翔凤撰，梁运华整理，中华书局2004年版，第1178页。
④ 参见陈爱华《论现代科技伦理实体行为的伦理评价机制》，《伦理学研究》2016年第5期。

伦理关系可持续发展的影响；对社会伦理关系的影响则包括政治、经济、文化等多重影响；对人的伦理关系的影响，不仅包括传统人伦关系而且还包括对人基本生存（诸如衣、食、住、行等）、发展（如学习、就业等）和人的享受（诸如休闲、娱乐、健身等）等方面的影响。因此，对于现代科技伦理实体伦理评价必须进行伦理监督，即在对现代科技伦理实体进行伦理评价的过程中，是否坚持了全面性、公正性、主体性和历史性等伦理原则；是否坚持了目的与手段伦理评价的辩证统一等，只有通过这样的伦理监督才能发挥现代科技伦理实体伦理评价机制在推进现代科技健康发展和现代科技伦理实体和谐运作的"正能量"。

四 伦理监督的公开性原则

所谓公开是与秘密相对的，是指不加隐蔽，面对大家。① 现代科技伦理实体伦理监督的公开性原则具有多重内涵：其一，指公开（公布）进行现代科技伦理实体伦理监督的组织机构、组织条例，进而使得伦理监督合法、合理、合度地进行；其二，公开现代科技伦理实体伦理监督的范围和相关的伦理监督原则与规范，使从事科技研究及其成果应用的科技伦理实体对此知晓；其三，对于那些影响科技伦理实体与自然—社会—人的伦理关系，包括对于自然的伦理关系中的山、水、林、田、湖、草等多元伦理关系的影响，对整个生态系统伦理关系可持续发展影响的社会政治、经济、文化等多重伦理关系，对人的诸伦理关系，其中不仅包括对人基本生存、发展和享受等方面的科技研究及其成果应用项目须公开招标，如果取得成果，在其推广前，还须公布其可行性分析、风险预测及其规避风险的方略（不包括涉密的内容），不仅要接受相关的现代科技伦理实体伦理监督的组织机构的伦理监督，还要接受使用者及公众与媒体的伦理监督。

现代科技伦理实体伦理监督的公开性原则是形成对现代科技伦理实体的科技—伦理的双重执行力进行伦理监督的举措。只有真正向社

---

① 参见《新华词典》（大字本），商务印书馆 2002 年版，第 326 页。

会公开现代科技伦理实体的科技—伦理的双重执行力，拓宽公开的渠道，才能使现代科技伦理实体的科技—伦理的双重执行力实现有效的伦理监督。

第三节　如何构建基于伦理监督的治理机制

监察督促现代科技伦理实体的科技—伦理双重执行力即对于相关科技伦理原则、科技伦理规范的执行力；对于相关科技规范的执行力，使得上述伦理监督的全面性原则、公正性原则、公平性原则和公开性原则得以贯彻实施，必须构建相关的基于伦理监督的治理机制。其中包括构建现代科技伦理实体内部监督的治理机制和外部监督的治理机制。

一　基于现代科技伦理实体内部监督治理机制的构建

伦理就其本质而言，是基于一种道德自律精神。因此，对于现代科技伦理实体相关科技伦理原则、科技伦理规范的执行力和相关科技规范的执行力进行监察督促，首先须构建基于现代科技伦理实体内部监督的治理机制，主要包括以下五个方面。

一是建立科技伦理实体伦理监督平台。依托科技伦理实体内部的网络平台，建立网络监管模式，把相关科技伦理原则、科技伦理规范的执行力和相关科技规范的执行力在内部网络上加以展示，使科技伦理实体及其成员对其有全面了解，便于以其指导和自觉规范自身的科研行为，提高科技伦理实体及其成员科技—伦理的双重执行力。

二是构建科技伦理实体科技—伦理的双重执行力的伦理监督组织体系。其一强化基于科技伦理实体成员科技良心的科技—伦理的双重执行力的自我伦理监督。其二构建科技伦理实体自身行为链和行为过程中科技—伦理双重执行力的伦理监督组织链。进而使科技伦理实体科技—伦理的双重执行力的伦理监督环环相扣，消除伦理监督的真空，防止伦理监督链的脱节或者断裂。

三是加强科技伦理实体科技—伦理的双重执行力过程的伦理监

督。在伦理监督过程中采取企业管理中流程控制的理念，按照固定流程进行内部伦理监督，减少人为因素对科技伦理实体伦理监督程序的影响。伦理监督相关组织链对每个环节科技——伦理的双重执行力都要进行独立的调查评审。

四是实施科技伦理实体科技——伦理的双重执行力的伦理监督预警。对各个环节的科技——伦理的双重执行力未达标的，可以设定预警标准。对超过预警标准的，监察组织链可以对这个或者这些环节的成员发出预警报告。

五是构建科技伦理实体科技——伦理的双重执行力的考核制度。通过制定相关的伦理评估标准，对各个环节的科技——伦理的双重执行力进行自评和他评，并由相关环节监察小组进行审定。确定其科技——伦理执行力的相关等级，并且与其奖惩积分及内部行政或纪律处分或者激励相结合。

二 基于现代科技伦理实体外部监督治理机制的构建

建构现代科技伦理实体外部监督的治理机制，主要包括以下四个方面。

一是完善制度制约机制。将科技伦理实体监督制度化，大体分为根本性制度、工作性制度和保障性制度三种。"不立规矩，不成方圆。"这些制度一经设定，每个科技伦理实体及其成员都要身体力行，不折不扣地执行，不容许任何人自恃特殊而加以藐视或破坏。对违反制度者要依法依规严肃惩处。只有这样，科技伦理实体及其成员才会"不想""不能""不敢"冒伦理风险，自觉履行伦理规范。对科技伦理实体伦理行为失范不能姑息迁就、息事宁人，而要考虑其在政治、经济、人格、声誉以及人力资本等方面所支付的成本，纳入相关人员的综合考评，使他们从利益比较、得失对比中，重新选择自己的价值观和人生观。

二是发挥公众监督与舆论监督的作用。尽可能地扩大科技伦理实体伦理监督的透明度和公开性。其一公开那些科技——伦理的双重执行力未达标的科技伦理实体。其二公开其研究成果及其应用对自然——社会—人的伦理关系，特别是对于自然的伦理关系主要关涉山、水、林、地、大气、能源等多元伦理关系的影响以及对整个生态系统伦理关系可持续发展的影响，对于社会的政治、经济、文化等多重伦理关系的影响，对于人基本生存，诸如衣、食、住、行等方面的影响。其三（在一定范围内）公开对于这些科技—伦理的双重执行力未达标的科技伦理实体处理的过程和执行情况（不包括涉密的内容）。接受广大公众的监督，使科技伦理实体及其成员的伦理行为规范化。一旦出现伦理行为失范，将会受到来自社会和公众的关注与批评，让科技伦理实体监督的行为时刻在社会舆论和媒体监督之下。

三是完善举报奖励制度。事实证明，实施举报机制对加强科技伦理实体及其成员的伦理行为将起到重要的警示与威慑作用。为了加强来自各方面的举报工作，必须制定举报的各种政策、激励机制和相关举措，完善举报程序，公示举报电话和邮箱，专人专管。

四是强化绩效监督机制。在坚持立案、立项监察、接受投诉等方式进行监察的同时，以抽查档案资料等方式监督科技伦理实体及其个体科技—伦理的双重执行力。此外，要发挥媒体对此的舆论监督作用等。

> 人必须承认他对自己负有责任,而且,他必须接受这个事实,即只有运用他自己的力量,才能使他的生命富有意义。[①]
>
> ——弗洛姆

第八章

现代科技伦理实体伦理问责治理机制的构建

构建基于现代科技伦理实体伦理问责的治理机制是构建现代科技伦理应然逻辑的三重治理机制的第三环节,亦是三重治理机制中不可或缺的重要环节。其一,从制度伦理逻辑看,要将构建基于现代科技伦理实体伦理评价与伦理监督的两重治理机制落到实处,必须构建与之相适应的伦理问责机制,进而才能进一步完善现代科技伦理应然逻辑的制度伦理建构。其二,从现代科技伦理应然的理论—实践逻辑来看,科技伦理实体的伦理行为选择是由其基于对科技规范与科技伦理原则和科技伦理规范的基础上的自知、自主、自觉与自愿的选择,因而科技伦理实体应当对其科技伦理行为及其后果负有伦理责任。为此,本章将从制度伦理逻辑和现代科技伦理应然的理论—实践逻辑解读基于现代科技伦理实体伦理问责的治理机制。[②]

[①] [美]埃·弗洛姆:《为自己的人》,孙依依译,生活·读书·新知三联书店1988年版,第60页。

[②] 为了便于表述和解析"基于现代科技伦理实体伦理问责的治理机制",以下在标题中将其简称为"基于伦理问责的治理机制"。

第一节　构建基于伦理问责的治理机制何以必要

探讨构建基于现代伦理科技实体伦理问责的治理机制何以必要，首先须了解"现代科技伦理实体伦理问责"的内涵，这又与"什么是伦理问责"相关。而解读"伦理问责"又须解读"责任与伦理责任"的内涵。进而才能更深地了解现代科技实体的伦理问责治理机制的必要性。

一　责任与伦理责任

所谓责任即应尽的职责，或者是应该承担的过失。[①] 关于伦理责任，亚里士多德曾在《尼各马可伦理学》中指出，"如果一个人在某种意义上对他的品质负有责任，他也在某种意义上要自己对其善的观念负有责任"[②]。斯宾诺莎从理性、德性与责任的关系中进行了阐释，他认为："如果在一个依理性的命令而生活的人，则是主动的德行或德性，叫做责任心。"[③] 康德则把责任概念置于其伦理学的中心地位。他认为，责任是一切道德价值的泉源。尽管合乎责任原则的行为不必然善良，而违反责任原则的行为却肯定都是恶邪的，因而，在责任面前一切其他动机都黯然失色（苗力田：《德性就是力量（代序）》）。[④] 福山在《信任》一书中指出，"社会品德，诸如诚实、可靠、乐于合作、对他人责任感等，对个人的培养至关重要"[⑤]。

伦理责任按其所属的相关领域，可以分为：社会伦理责任、岗位伦理责任（不同职业的不同岗位具有不同的责任）、家庭伦理责任等；按责任主体自身的特点可以将责任分为：角色伦理责任、能力伦

---

① 参见《新华词典》，商务印书馆2002年版，第1229页。
② [古希腊] 亚里士多德：《尼各马可伦理学》，廖申白译注，商务印书馆2003年版，第75页。
③ [荷兰] 斯宾诺莎：《伦理学》，贺麟译，商务印书馆1983年版，第242页。
④ 参见 [德] 康德《道德形而上学原理》，苗力田译，上海人民出版社1986年版，代序第6页。
⑤ [美] 福山：《信任》，彭志华译，海南出版社2001年版，第42页。

理责任等；按对责任主体的认同与感知可以将责任分为：义务伦理责任和原因伦理责任。下面着重分析后两者。

所谓角色伦理责任，正如马克思在《德意志意识形态》中所指出的，"作为确定的人，现实的人，你就有规定，就有使命，就有任务，至于你是否意识到这一点，那都是无所谓的"。因为这个规定、使命和任务是由人自身的"需要及其与现存世界的联系而产生的"①。因此，我们可以把角色责任理解为，由于角色自身的属性所应该承担的和必须承担的事情。

所谓能力伦理责任，如同康德所说，"一个出于责任的行为，意志应该完全摆脱一切所受的影响，摆脱意志的对象，所以，客观上只有规律，主观上只有对这种实践规律的纯粹尊重"②。黑格尔在《法哲学原理》中更进一步指出，道德责任是基于意识的意向或故意，因此"意志一般说来对其行动是有责任的"③。因为能力伦理责任是具有自觉意识的责任主体伦理意识到并且愿意做和选定去做的即"故意"做的，因而须对自己的所作所为负有责任。这正如赫舍尔所说，"只有人才可以说是有责任感的"④，因为人正是凭借自己的责任、能力才成为其自我；如果丧失了其责任感和责任能力，他就不再是一个自我⑤。

所谓义务伦理责任，如同赫舍尔在《人是谁》中所指出的那样，"我们的责任感存在于生存之中"⑥。虽然作为义务的责任不是在角色责任所限定范围的责任，但是正如黑格尔所说，"在义务中个人毋宁说是获得了解放"⑦。因为具有拘束力的义务，"只是对没有规定性的

---

① 《马克思恩格斯全集》第 3 卷，人民出版社 1960 年版，第 328—329 页。
② [德] 康德：《道德形而上学原理》，苗力田译，上海人民出版社 1986 年版，第 50 页。
③ [德] 黑格尔：《法哲学原理》，范扬、张企泰译，商务印书馆 1961 年版，第 118 页。
④ [美] A. J. 赫舍尔：《人是谁》，隗仁莲、安希孟译，贵州人民出版社 2019 年版，第 123 页。
⑤ 参见 [美] A. J. 赫舍尔《人是谁》，隗仁莲、安希孟译，贵州人民出版社 2019 年版，第 123 页。
⑥ [美] A. J. 赫舍尔：《人是谁》，隗仁莲、安希孟译，贵州人民出版社 2019 年版，第 108 页。
⑦ [德] 黑格尔：《法哲学原理》，范扬、张企泰译，商务印书馆 1961 年版，第 167 页。

主观性或抽象的自由"和"对自然意志的冲动"或没有规定性善的道德意志的冲动,才是一种限制。但是一个人一旦"在关于应做什么"和"可做什么"的道德反思中,生成了作为义务的责任,一方面,他既"摆脱了对赤裸裸的自然冲动的依附状态",又摆脱了作为"主观特殊性所陷入的困境";另一方面,他"摆脱了没有规定性的主观性"。① 因而在作为义务的责任中,"个人得到解放而达到了实体性的自由"②。进而产生具有道德价值的幸福。这正如康德所说,"增进幸福并非出于爱好而是出于责任的规律仍然有效,正是在这里,他的所作所为,才获得自身固有的道德价值"③。

所谓原因伦理责任,如同弗洛姆在《为自己的人》中所指出的那样,"人必须承认他对自己负有责任",因为"只有运用他自己的力量,才能使他的生命富有意义"。④ 因此,原因伦理责任与一个人使其"生命富有意义"密切相关。直接导致原因伦理责任的有多种情况,如,可能由于承担相应的角色伦理责任、能力伦理责任或者义务伦理责任所致,也可能是这三者的综合所致。关于原因伦理责任的原因,康德从道德哲学的视角进行了这样的阐述,"从对实践规律的纯粹尊重而来的,我的行为的必然性构成了责任,在责任前一切其他动机都黯然失色"⑤,因为"道德行为不能出于爱好,而只能出于责任"⑥。因此"必须把知性世界的规律看作是对我的命令,把按照这种原则而行动,看作是自己的责任"⑦。黑格尔则从善恶辩证关系中,阐述了良心的特征,深化了我们对于原因伦理责任的认知。他指出,"真实的良心是希求自在自为地善的东西的心境,所以它具有固定的

---

① [德]黑格尔:《法哲学原理》,范扬、张企泰译,商务印书馆1961年版,第167—168页。
② [德]黑格尔:《法哲学原理》,范扬、张企泰译,商务印书馆1961年版,第168页。
③ [德]康德:《道德形而上学原理》,苗力田译,上海人民出版社1986年版,第49页。
④ [美]埃·弗洛姆:《为自己的人》,孙依依译,生活·读书·新知三联书店1988年版,第60页。
⑤ [德]康德:《道德形而上学原理》,苗力田译,上海人民出版社1986年版,第53页。
⑥ [德]康德:《道德形而上学原理》,苗力田译,上海人民出版社1986年版,第48页。
⑦ [德]康德:《道德形而上学原理》,苗力田译,上海人民出版社1986年版,第109页。

原则，而这些原则对它说来是自为的客观规定和义务"①。然而"良心如果仅仅是形式的主观性，那简直就是处于转向作恶的待发点上"②。因而，原因伦理责任是角色伦理责任、能力伦理责任或者义务伦理责任的综合体现。

由此可见，伦理责任具有双重规定性，就其客观规定性而言，首先是指对一定社会或者组织，对处于一定岗位，或承担一定社会角色的个人，或者共同体应该做的分内之事，如履行岗位职责、完成相应的任务等的一种规定。其次，既然是规定，就有对于相关的个人或者共同体履践规范的执行力及其相关效应的考量。如果相关的个人或者共同体履行岗位职责或者完成相应的任务，产生了不良后果，就应承担相关的责任。再就其内在规定性而言，伦理责任体现了一个人或者一个共同体对于其在一定社会处于一定岗位，或承担一定社会角色的个人或者组织所应该做的分内之事，如履行岗位职责、完成相应的任务的认知与认同，在此基础上，形成了一定的工作原则、工作态度、工作作风、工作习惯，体现了其对于应承担使命的担当精神、奉献精神和严于律己的精神。在这一意义上，伦理责任对于个人而言，体现了其人生观、价值观和世界观等；对于组织而言，体现了其组织性、协调性、凝聚力和履行伦理原则和伦理规范的执行力等。

现代科技伦理实体的伦理责任的客观规定性，首先是指现代科技伦理实体对一定社会处于一定科技岗位，或承担一定科技活动任务或者项目的科技活动个体或者共同体应该做的本职工作，如履行科技的岗位职责、完成相应科技研发项目等。其次，如果履行相应的科技岗位职责、完成相应的科技研发项目，就应承担其产生的相关科技伦理后果（科技伦理的负效应）的责任。③ 最后，就其内在规定性而言，现代科技伦理实体的伦理责任体现了其对于在一定社会处于一定科技岗位，或承担一定科技活动任务或者项目所应该做的分内之事的认知

---

① ［德］黑格尔：《法哲学原理》，范扬、张企泰译，商务印书馆1961年版，第139页。
② ［德］黑格尔：《法哲学原理》，范扬、张企泰译，商务印书馆1961年版，第143页。
③ 关于"科技伦理后果（科技伦理的负效应）的责任"主要是指由于履行科技—伦理规范不力，而导致的科技伦理后果。由于具体情形较为复杂多样，还须具体问题具体分析。

与认同而进行自觉自愿的抉择,即为了达到一定的伦理目标,主动对所从事的科技活动目标或项目所关涉的工程及其伦理风险根据相关的科技(工程)规范作出相应的取舍,在此基础上,形成了一定的科技伦理原则,以及相应的工作态度、工作作风、工作习惯,体现了其对于应承担科技伦理使命的担当精神、奉献精神和严于律己的精神。在这一意义上,伦理责任对于现代科技伦理实体中的个体而言,体现了其人生观、价值观和道德观等;对于科技伦理实体而言,体现了其组织伦理原则、协调性、凝聚力和履行科技伦理原则和伦理规范的执行力等。

二 现代科技伦理实体的伦理问责

解析现代科技伦理实体的伦理责任有助于理解现代科技伦理实体的伦理问责。但是两者的内涵还有诸多不同。因此,为了解析"现代科技伦理实体的伦理问责"的内涵,有必要进一步解析"问责"与"伦理问责"的内涵。

所谓"问责"一词是外来语。问责是行政学用语,主要是追究政府官员的责任,其意即权责对等,体现了政治文明。"伦理问责"则是对伦理实体及其成员履行一定社会伦理原则和伦理规范的执行力的追究。正如上述,由于伦理责任体现了一定的伦理实体及其成员对于其在一定社会处于一定岗位,或承担一定任务或者项目所应该做的分内之事的认知与认同,为达到一定的伦理目标,自觉自愿地对其所从事的项目或工作,并对其伦理风险作出评估,进而作出取舍,在此基础上,形成了一定的伦理原则,以及相应的工作态度、工作作风、工作习惯,体现了其对于应承担伦理使命的担当精神、奉献精神和严于律己的精神,因此,必须追究一定的伦理实体及其成员自觉自愿的抉择伦理行为,并追究其履行一定社会的伦理原则和伦理规范的执行力。

现代科技伦理实体的伦理问责,是基于对现代科技伦理实体的科技伦理责任的客观规定性和内在规定性。因为现代科技伦理实体的科技伦理责任体现了其对于在一定社会处于一定科技岗位,或承担一定科技活动任务或者项目所应该做的分内之事的认知与认同，对所从事的科技活动的目的或科技项目、工程项目及其伦理风险进行自觉自愿的抉择，即为了达到一定的伦理目标而主动对可能产生伦理负效应的科技项目或者工程项目作出的取舍。在此基础上，形成了一定的科技伦理原则，以及相应的工作态度、工作作风、工作习惯，体现了其对于应承担科技伦理使命的担当精神、奉献精神和严于律己的精神。因此，必须追究一定的科技伦理实体及其成员的自觉自愿抉择的科技伦理行为，并追究其履行一定社会的科技伦理原则和伦理规范的执行力。

三　基于现代科技伦理实体伦理问责的治理机制

了解了"现代科技伦理实体的伦理问责"的内涵，可以进一步解析"基于现代科技伦理实体伦理问责的治理机制"。为此，首先须弄清什么是"问责机制"和"伦理问责机制"。

"问责机制"与"问责制"密切相关。所谓问责制是一种责任追究制度。具体而言，是指问责主体对其管辖范围内的各级组织和成员不仅要求其应承担相关的职责、履行相关的义务，而且要求其须承担相应的否定性后果。在西方社会问责制早已实施，是指从民选中当选的国家首长，由其亲自选出合适的官员负责相关的各项事务；一旦政策出现了失误，犯错的官员要离职，以示向首长问责；如果所犯错而导致的政策失误过于严重，那么该首长就须下台，向其他的官员和市民问责。

问责机制包括两个方面：一是向谁负责；二是谁来问责。因而问责机制的关键是落实监督权。从行政学视域看，常态化的政府问责，须健全问责机制，通过立法以确保各级政府部门及其官员的权力始终处于被监督下的负责任状态。因此，须杜绝任何脱离法定责任机制监控的行使权力的行为。

由此可见，问责机制具有以下特点：其一，它区分了责任，是谁的责任，就由谁来承担；其二，它重点追究的领导者是直接领导责任者；其三，问责制问的是领导之"责"，追究的也是领导之"责"的问题，不问功劳与苦劳，不搞以功抵过，真正体现了赏罚分明。

"伦理问责机制"与上述问责机制，既有相通之处，又有自身的特点。"伦理问责机制"作为一种问责机制同样应该包括两个方面即谁来问责和向谁负责。但是与行政学视域的问责机制不同的是，在传统伦理视域中，由于主体的伦理行为是其自觉自愿的选择，即主体为了达到一定的伦理目标，对所从事的工作或项目的伦理风险进行评估，主动作出相应的取舍，因而这种伦理行为与其说是与权力相关，不如说与伦理义务相关。因此，问责者是伦理行为的主体自身，而向"谁"负责中的"谁"即被伦理行为主体的伦理行为作用的对象。因而，伦理行为的主体须对其作用的对象负责。"现代科技伦理实体伦理问责机制"与"伦理问责机制"具有属种关系，即"伦理问责机制"是"现代科技伦理实体伦理问责机制"的属概念，因而"现代科技伦理实体伦理问责机制"具有"伦理问责机制"的特点。

四 构建基于现代科技伦理实体伦理问责的治理机制的必要性

首先，构建基于现代科技伦理实体伦理问责的治理机制之所以必要，与现代科技伦理实体伦理行为所作用范围的空间影响广度与深度和时间影响的持续性密切相关。如前所述，现代科技伦理实体作用的对象即科技服务的对象，与传统伦理行为主体具有巨大的差异。传统伦理行为主体作用的对象，主要关涉君臣、父子、夫妇、兄弟、朋友五伦关系，包括个人与个人，个人与家庭、家族等方面的熟人伦理圈中的伦理关系；而现代科技伦理实体的作用对象不仅包括需要接受科技服务的个体，而且包括需要接受科技服务的共同体（企事业单位）。这是因为现代的科技活动，一方面，主要是为国家的经济建设与发展提供新的资源，或者服务于区域的发展规划，因此，使用科技资源的能力已经明显地成为一个国家经济和政治力量的主要组成部分；另一方面，在当代高度信息化、网络化、智能化的社会，无论作为人们基础性生存的衣、食、住、行，还是作为发展性消费的工作、学习，以及享受性消费的旅游、娱乐等都依赖科技服务。由于科技服务已成为社会发展、人的生存与发展不可或缺的"原素"。加之，当代食品、矿山、公共设施等重大安全事故连续发生，因而"现代科技伦理实体伦理问责机制"不仅有"伦理问责机制"的特点，更有其自身的特点。因为现代科技伦理实体伦理行为的作用范围不仅仅在熟人伦理圈中，而更多的是在公共伦理关系网中，其空间的影响广度与深度和时间影响的持续性都是传统伦理行为主体的影响力所无法比拟的。

其次，构建基于现代科技伦理实体伦理问责的治理机制之所以必要，与现代科技伦理实体行为的伦理风险密切相关。如前所述，由于现代科技的伦理风险关涉人与自然、人与社会、人与人、人与自身等多重伦理关系，现代科技伦理风险的解除与产生几乎同体发生。科学技术从近代兴起以来，对人—社会—自然系统产生了不同程度的善恶双重效应。现代科技发展及其成果的应用，不仅直接影响经济、政治、军事，而且与环境、安全（包括食品、网络、金融）、人们的日常生活等一系列问题相互关联。

最后，构建基于现代科技伦理实体伦理问责的治理机制之所以必要，与提高现代科技伦理实体的伦理觉悟、伦理责任意识及其责任能力密切相关。由于食品、矿山、公共设施等重大安全事故连续发生，问责风暴席卷神州。构建基于现代科技伦理实体伦理问责的治理机制有利于提高现代科技伦理实体推动科技向善、造福人类和珍爱生命的伦理精神和伦理自觉，将知责、担责、履责、问责贯穿到现代科技研究、应用与开发全过程的各个环节、各个方面、各个层次，真正做到恪尽职守，敢于担当。

第二节　构建伦理问责的原则

现代科技伦理实体伦理问责尽管有一般问责的特点，如谁来问责、向谁负责等，但是更有其自身的特点。这不仅在其客体向度上，现代科技伦理实体在现代科技发展进程中，发挥着举足轻重的作用，进而产生了影响甚广的正负伦理效应，而且在主体向度上，现代科技伦理实体自身的运作蕴含了两大形态：一是科技形态，一是伦理形态；前者重实然，后者重应然。相应地也蕴含了两类殊异的理论形态：一是科技理论形态，一是伦理理论形态。由此，现代科技伦理便蕴含了两种不同的理论运作逻辑：一是实然逻辑——"是什么"和"能做什么"；一是应然逻辑——"应是什么"和"应做什么"。前者是科技伦理实体运作的实证基础，后者则是其运作的现实意义域，离开了这一意义域，科技伦理实体将失去目标与方向。因而在对其进行伦理问责的过程中，须坚持以下原则。

一 科技问责与伦理问责并重原则

这里的"科技问责"是指对现代科技伦理实体在进行科技研发与应用过程中是否严格执行相应的科学技术规范及其相应的法律法规，比如在关涉食品安全、工程安全、环境安全等方面是否严格执行国家的科学技术规范及其相应的法律法规。在"科技问责"的同时亦须对现代科技伦理实体在进行科技研发与应用过程进行"伦理问责"。比如在关涉食品、工程、环境等方面安全问题既有是否严格执行相应的科学技术规范及其相应的法律法规，又有是否坚持以造福人类、关爱生命的伦理顶层设计，并且以相关的科技伦理原则与规范指导科研研发与应用过程。因此，对现代科技伦理实体所从事的科技研发与应用过程进行科技问责与伦理问责并重，是其内在本质的体现，亦体现了科技伦理三重逻辑即本然逻辑—实然逻辑—应然逻辑的贯通性。

二 伦理问责的权责对应原则

对现代科技伦理实体在进行科技研发与应用过程中的伦理问责机制不仅要坚持科技问责与伦理问责并重原则，还应坚持权责对应原则。这里关涉的"权"与"责"既有管理层面，也有技术层面。不同层面具有不同的"权"与"责"，这是一个系列的"权""责"系统。因而仅仅追究最高管理层的责任，不能从根本上真正解决现代科技伦理实体集体行动的科技伦理问题。只有坚持权责对应伦理问责机制，才能使伦理问责落到实处。

就管理层面而言，既有现代科技伦理实体的高层决策层，又有一般管理层。

作为现代科技伦理实体的高层决策层决定了该科技伦理实体集体行动的目标、方向，即指挥、调控着该科技伦理实体"行动什么"和"怎么行动"。因此，该现代科技伦理实体的高层决策层应该对其行为及该现代科技伦理实体集体行动的过程及其后果负有与决策相关的科技—伦理责任。因而对其进行伦理问责即追问其如何依据科技—伦理原则与规范指挥、调控该科技伦理实体"行动什么"和"怎么行动"？为何产生相关的科技伦理后果？

作为现代科技伦理实体的一般管理层则调控着该科技伦理实体"行动什么"和"怎么行动"的各个环节，并且对其科技伦理实体及其成员的德、能、绩、勤进行全面考量，使该科技伦理实体集体行动的目标得以落实。因此，科技伦理实体的一般管理层对所产生的科技伦理后果亦负有与管理相关的科技——伦理责任。因而对其进行伦理问责即追问其如何对每个环节"行动什么"和"怎么行动"加以落实？产生了什么科技伦理后果？

再就技术层面而言，既有以研发为主的技术规划与设计层，又有以应用为主的实际操作层。

作为以研发为主的技术规划与设计层是该科技伦理实体集体行动的核心技术层，关系到该科技伦理实体"行动什么"和"怎么行动"的技术路线与技术策略。因此，该现代科技伦理实体的技术规划与设计层应该对其行为及该现代科技伦理实体集体行动的过程及其科技伦理风险后果有一定的预测，并应有应对技术预案，对此其应负有相关的科技—伦理责任。因而对其进行伦理问责即追问其如何依据科技—伦理原则与规范规划与设计该科技伦理实体"行动什么"和"怎么行动"的技术路线？对于产生相关的科技伦理后果风险是否有预测、是否有应对方略？

作为以应用为主的实际操作层，体现了该科技伦理实体"行动什么"和"怎么行动"的技术实战状况。因此，现代科技伦理实体的实际操作层应该对其行为及该现代科技伦理实体集体行动的过程是否达到技术规划与设计要求，是否在自己从事的操作环节按照相关的科技—伦理原则与规范操作,对此其应负有相关的科技—伦理责任。因而对其进行伦理问责即追问其是否明确其所从事环节的科技—伦理原则与规范和相关规划与设计要求?在实际操作中是否将其一一落实?是否发现相关的科技伦理问题?是否与管理层、技术规划和设计层沟通,制定相关的应对方略?

三 伦理问责的公开性原则

如前所述,所谓公开与秘密相对,是指不加隐蔽,面对大家。[①] 现代科技伦理实体伦理问责的公开性原则具有多重内涵:其一,是指公开(公布)进行现代科技伦理实体伦理问责的组织机构、组织条例,进而使得伦理问责合法、合理、合度;其二,公开现代科技伦理实体伦理问责范围与相关的伦理问责原则与规范,使从事科技研究及其成果应用的科技伦理实体对此知晓;其三,对于那些影响科技伦理实体与自然—社会—人的多元伦理关系,包括影响整个生态系统伦理关系可持续发展,影响社会的政治、经济、文化等多重伦理关系,影响人的基本生存、发展等方面的伦理关系的科技研究及其成果应用的公开招标项目,如果发生了重大安全问题(不包括涉密的内容),不仅要接受相关的对现代科技伦理实体科技问责与伦理问责的组织机构的科技问责和伦理问责,还要接受使用者、公众与媒体的伦理问责。如前所提及的,社会媒体基于批评性的负面鞭策伦理评价实际上也是伦理问责的一种类型,即通过报刊、广播电视、网络上的新闻报道、长篇通讯、专访等,对产生科技伦理负效应的事件,如上述提及的三鹿奶粉事件、毒大米事件、瘦肉精事件等给予曝光,在技术层面,对于产生科技伦理负效应的肇事者进行科技问责和伦理问责;在管理层面,对渎职者进行伦理问责和行政问责。与此同时,在客体向度上,对各种导致环境污染的现象给予揭露;在主体向度上,对导致环境污染现象的各种行为及其行为者等进行科技问责和伦理问责,以此营造科技伦理问责的氛围。这样的科技问责和伦理问责及其相关的伦理问

[①] 参见《新华词典》(大字本),商务印书馆2002年版,第326页。

责范围不仅对上述关涉科技伦理负效应的人与事产生了"千人所指"的舆论压力与伦理威慑力,也对所有从事现代科技伦理实体的高层决策、以研发为主的技术规划与设计、以应用为主的实际操作的现代科技伦理实体,乃至广大社会公众都具有警示作用。

第三节 如何构建基于伦理问责的治理机制

如上所述,伦理问责机制包括两个方面即谁来问责和向谁负责。基于现代科技伦理实体伦理问责的治理机制中的"谁来问责"和"向谁负责"包括以下三个方面:一是现代科技伦理实体的科技伦理行为个体及其作用对象;二是现代科技伦理实体及其作用对象;三是不同于上述两者问责主体与客体的第三方,如媒体与相关的社会组织等。这样便形成了以下三大伦理问责机制,即基于科技伦理(道德)行为个体良心的道德问责机制、基于现代科技伦理实体集体行动范式的伦理问责机制和基于社会科技伦理规范的第三方伦理问责机制等。

一 基于个体良心的道德问责治理机制

在前面第六章和第七章中探讨了基于个体良心自我反省性的伦理评价和伦理监督,实际上,对于伦理行为(亦包括科技伦理行为)个体而言,不仅伦理评价、伦理监督须基于其良心自我反省,而且进行自我伦理问责也须基于科技伦理行为个体的良心。那么基于个体良心的自我伦理问责何以可能?这与良心的内涵及其作用密切相关。

首先,良心总是与人们履行道德义务密切相关。具体而言,它是指人们在履行道德义务时,对其所负道德责任应具有的内心感知与行为的自我评价能力。因而良心是隐藏在人们内心深处的一种道德意识、道德责任感。既是社会的道德原则和道德规范转化为个人内心的道德信念和道德情感,又是个人进行自我道德评价的一种能力。[1] 因

---

[1] 参见金炳华等编《哲学大辞典》(修订本),上海辞书出版社2001年版,第230页。

此，良心是多种道德因素在个人意识中的有机结合，是社会关系、阶级关系、道德关系的反映。其实质是反映个人对社会、对他人的义务关系的道德意识。良心不是天生、神启的，而是在社会生活实践中形成的。因此由于人们的社会生活实践，包括家庭、职业、社会交往赋予其不同的具体要求和具体内容，还有生活环境和知识修养的差异，人们形成的良心亦有所区别。因此，良心具有历史性、社会性，在阶级社会中则具有阶级性。良心的作用在于：在道德行为之前，起到禁止或者鼓励的作用，指导人的行为选择；在道德行为中，起到监督的作用，随时随地督促行为者按照道德良心行事；在道德行为之后，对行为者的行为进行"法庭审判"。行为者对其合乎良心的行为，便给予良心上的肯定，进而使行为者自身产生一种道德崇高感；对违背良心的行为，给予良心上的谴责，使行为者感到羞愧、痛苦、内疚，并且对自己的不道德行为进行忏悔。良心是道德自律性的最高体现，如前所述，黑格尔曾指出，"真实的良心是希求自在自为地善的东西的心境，所以它具有固定的原则，而这些原则对它说来是自为的客观规定和义务"①。因而基于科技伦理行为个体良心（这里是指黑格尔所说的"真实的良心"）的自我伦理问责机制具有其道德合理性。

其次，这种基于科技伦理行为个体良心的自我伦理问责机制传承了我国历史上注重自我反省的伦理文化。比如曾子曰："吾日三省吾身：为人谋而不忠乎？与朋友交而不信乎？传不习乎？"（《论语·学而》）② 其遵循的道德行为的准则是"己所不欲，勿施于人。在邦无怨，在家无怨"（《论语·颜渊》）③。"夫仁者，己欲立而立人，己欲达而达人。"（《论语·雍也》）④ 为此，须"志于道，据于德，依于仁，游于艺"（《论语·述而》）⑤。即志向在于道，根据在于德，凭借在于仁，活动在于六艺（礼、乐、射、御、书、数），只有这样才能

---

① [德] 黑格尔：《法哲学原理》，范扬、张企泰译，商务印书馆1961年版，第139页。
② 《四书五经》（上册），陈成国点校，岳麓书社1991年版，第17页。
③ 《四书五经》（上册），陈成国点校，岳麓书社1991年版，第39页。
④ 《四书五经》（上册），陈成国点校，岳麓书社1991年版，第28页。
⑤ 《四书五经》（上册），陈成国点校，岳麓书社1991年版，第28页。

真正地做人。而且作为君子只有时时反省，才能恪守"义以为质，礼以行之，孙以出之，信以成之"（《论语·卫灵公》）①。具体而言，作为君子，应以道义为做人的根本原则，按礼来规范行为，用谦逊态度展现，用忠诚来完成它。

再次，基于科技伦理行为个体良心的自我伦理问责机制是科技伦理行为个体从自我的良心追究自己从事科技研究及其成果应用过程中应承担的伦理责任。如上所述，科技伦理行为个体从事科技研究及其成果应用过程中应承担的伦理责任按其所属的社会领域，主要有社会伦理责任、岗位伦理责任（不同职业的不同岗位具有不同的责任）。就其岗位伦理责任而言，既有角色伦理责任，又有能力伦理责任。作为科技伦理行为个体角色的伦理责任是由于其"需要及其与现存世界的联系而产生的"②。具体说来就是科技伦理行为个体所担负的现代科技伦理的高层决策、以研发为主的技术规划与设计、以应用为主的实际操作等，由于这些科技伦理行为都会在不同程度上对宏观层面的人—社会—自然系统，或者对中观层面的一定社会的政治—经济—文化系统，或者对微观层面的人们的衣、食、住、行等产生影响，因而具有伦理责任。康德从道德哲学的视角进行了这样的阐述，"一个出于责任的行为，其道德价值不取决于它所要实现的意图，而取决于它所被规定的准则"③。因而"责任就是由于尊重规律而产生的行为必要性"④。为了规避科技研究及其成果运用产生的伦理负效应，对于科技伦理行为个体而言，必须有"吾日三省吾身"自觉自律即自己进行基于良心的自我伦理问责；与此同时，作为现代科技伦理实体须建立基于良心的科技伦理行为个体的自我科技问责与伦理问责机制——这既是组织自律伦理机制（对于现代科技伦理实体而言），也是组织他律伦理机制（对于现代科技伦理行为个体而言）。加强其对于对自己所担负科技伦理责任的自觉，进而在行为中更加自重、自

---

① 《四书五经》（上册），陈成国点校，岳麓书社1991年版，第49页。
② 《马克思恩格斯全集》第3卷，人民出版社1960年版，第329页。
③ ［德］康德：《道德形而上学原理》，苗力田译，上海人民出版社1986年版，第49页。
④ ［德］康德：《道德形而上学原理》，苗力田译，上海人民出版社1986年版，第50页。

省、自警、自励。

最后，科技伦理实体中的行为个体无论是从事现代科技伦理的高层决策、进行以研发为主的技术规划与设计，还是从事以应用为主的实际操作等，在基于其个体良心的自我伦理问责中，均须提升其伦理责任能力或者能力伦理责任，即应该"志于道，据于德，依于仁，游于艺"（《论语·述而》）[1]。具体而言，即志向于追求真理、造福人类之"道"，依据科技规范与科技伦理规范之"德"，凭借其敬畏自然、珍爱生命之"仁"，从事科技研究、开发及其成果运用之"艺"。只有这样，才能使科技伦理实体中个体的科技伦理行为"义以为质，礼以行之，孙以出之，信以成之"（《论语·卫灵公》）[2]。亦即使科技伦理实体中的个体在从事科技伦理行为时，以造福人类、珍爱生命道义作为做人的根本和使命；按礼仪即按照一定的科技规范和科技伦理规范来实行之；用谦逊即以海纳百川的精神不断汲取新知识和新要素，不断完善科技研究及其成果运用，减少或者规避其产生的伦理负效应；用忠诚即以对真理的执着追求、对科技事业的忠心和对用户的诚信来完成自己所担负的以科技造福人类、珍爱生命的使命和相关任务。坚持"己所不欲，勿施于人"（《论语·颜渊》）的伦理原则，坚决抵制那些破坏自然、残害生命的恶行，维护人—社会—自然系统协调、可持续发展，促进社会的政治—经济—文化系统和谐运行，为人们的衣、食、住、行等方面提供安全保障。

二 基于集体行动范式的伦理问责治理机制

探索基于现代科技伦理实体集体行动范式的伦理问责机制，首先须弄清相关的几个范畴，其中包括范式、集体行动范式、科技伦理实体集体行动范式。由于范式是其他两个范畴的属概念，有必要厘定其内涵。

"范式"一词从词源学的视角看，源自希腊的"Paradeig-ma"一

---

[1] 《四书五经》（上册），陈戍国点校，岳麓书社1991年版，第28页。
[2] 《四书五经》（上册），陈戍国点校，岳麓书社1991年版，第49页。

词，具有"模范"或"模型"的意蕴，而作为科学哲学的重要范畴则是由美国科学哲学家托马斯·库恩在其所著的《科学革命的结构》中提出的。在库恩看来，范式是一定的科学共同体从事某一类科学活动所必须遵循的公认的"模式"[1]。范式有两重意义：其一，"它代表着一个特定共同体的成员所共有的信念、价值、技术等构成的整体"；其二，它是指作为特定的科学共同体整体的一个元素，即"具体的谜题解答"，"把它当作模型和范例，可以取代明确的规则"。[2] 由此可见，所谓范式包括特定科学共同体共有的基本理论、世界观、标准、方法、手段、范例等。

而"集体行动范式"作为范式的种概念，尽管具有其属概念"范式"的一般属性，然而，由于其增加了"集体行动"的限制，就形成了自身种概念的属性，一方面有别于其属概念，另一方面，也区别于其他种概念。为了揭示集体行动范式的内涵，首先须解读什么是"集体行动"。而"集体行动"范畴是诸多学科都在探讨的范畴，比如社会心理学、政治经济学（公共选择学派）、经济社会学和公共管理学等，在其研究过程中，都会关涉"集体行动"范畴，因为这些学科都会涉及对群体行为或集体行动现象的研究。

不仅"集体行动"范畴研究的学科视域殊异，而且就集体行动的发生而言，亦受集体行动参与者的利益驱动、参与者的组织能力与动员能力等因素的影响，因而集体行动范畴的内涵也不尽相同。比如，芝加哥大学社会学教授赵鼎新认为集体行动与社会运动、革命是同一范畴中的三个概念。因此，集体行动就是许多个体参加的并且具有很大自发性的一种制度外的政治行为。而美国经济学家曼瑟尔·奥尔森（Mancur Olson，1932—　）在其所著的《集体行动的逻辑》中认为，集体行动是指由某一具有共同利益或者目标的集团中的成员，为了实

---

[1] 参见［美］托马斯·库恩《科学革命的结构》，金吾伦、胡新和译，北京大学出版社2003年版，第21页。

[2] ［美］托马斯·库恩：《科学革命的结构》，金吾伦、胡新和译，北京大学出版社2003年版，第157页。

现他们的共同利益而行事。① 他还从管理学的视域揭示了作为一种公共物品的集团共同利益中广泛存在的"搭便车"现象②，即集团③中的成员都希望别人付出全部成本，不管自己是否分担了成本，总能得到利益。④ 为了走出这种"搭便车"的困境，他设计了一种"选择性激励"与强制的组织策略，即对某一集团成员进行正向的奖励与反向的惩罚相结合，使其集团成员参与集体行动。⑤

集体行动范式是依据集体行动的逻辑即根据集体行动发生的因素，通过组织和动员凝聚集体行动参与者的共同利益形成集体行动的世界观、基本行为规范与评价标准等。现代科技伦理实体集体行动范式是依据科技伦理实体集体行动的逻辑即根据科技伦理实体集体行动发生的因素，通过组织和动员凝聚科技伦理实体集体行动参与者的共同利益形成科技伦理实体集体行动的科技—伦理价值观、科技—伦理行为规范与科技—伦理评价标准等。

现代科技伦理实体集体行动范式的伦理问责机制是基于现代科技伦理实体集体行动的发生因素即现代科技伦理实体以其科技—伦理范式对于参与其集体行动成员内在利益驱动力的引领，体现了现代科技伦理实体对于参与其集体行动成员的组织能力和动员能力。因此，所谓现代科技伦理实体集体行动范式的伦理问责机制是指其对于科技—伦理范式的执行力，一方面指应该积极引导参与其集体

---

① 参见［美］曼瑟尔·奥尔森《集体行动的逻辑》，陈郁等译，格致出版社·上海三联书店·上海人民出版社2014年版，第1页。

② 参见［美］曼瑟尔·奥尔森《集体行动的逻辑》，陈郁等译，格致出版社·上海三联书店·上海人民出版社2014年版，第71页。

③ 奥尔森将集团分为两类，规模较大的集团和很小的集团，他认为，两类集团的成员对于集体物品的兴趣不等。在一个很小的集团中，由于成员数目很小，每个成员可以得到总收益的相当大的一部分，其集体物品就可以通过集团成员自发自利的行为提供。而规模较大的集团中的任一个体为自己提供了集体物品，就不可能把集团中的其他成员排除在对该集体物品的享用之外，这样，他只能获得集体物品的部分利益。因此，集团越大，它提供的集体物品的数量就会越低于最优数量（参见［美］曼瑟尔·奥尔森《集体行动的逻辑》，陈郁等译，生活·读书·新知三联书店1995年版，第24—25页）。

④ 参见［美］曼瑟尔·奥尔森《集体行动的逻辑》，陈郁等译，格致出版社·上海三联书店·上海人民出版社2014年版，第16页。

⑤ 参见［美］曼瑟尔·奥尔森《集体行动的逻辑》，陈郁等译，格致出版社·上海三联书店·上海人民出版社2014年版，第56—59、71—73页。

行动的成员志向于追求真理、造福人类之"道",依据科技规范与科技伦理规范之"德",凭借其敬畏自然、珍爱生命之"仁",从事科技研究、开发及其成果运用之"艺",并且将其推动及实施;另一方面,对于参与其集体行动的成员没有履行好上述职责、没有承担其所应承担的科技—伦理规范并且产生不良后果甚至严重后果的,应当给予谴责和制裁。也就是说,科技伦理实体集体行动范式的伦理问责机制不仅仅是对参与其集体行动的成员科技—伦理行为是否符合科技—伦理规范,包括法律规范和法律程序即形式正义的评价,更是对其决策或者行为及其后果是否合理正当即实质正义的认知、认同与评价。

因而现代科技伦理实体集体行动范式的伦理问责首先是一种角色责任的问责,以及对作为角色的能力责任和义务责任的问责。主要表现在以下几个方面。

首先,从现代科技伦理实体集体行动所担负的历史使命来看,现代科技伦理实体集体行动不仅对推进科技发展具有重要的作用,而且对人—社会—自然系统的和谐、可持续发展具有深刻的影响;因而现代科技伦理实体集体行动不仅影响社会的经济—政治—文化的发展、国家安全,而且影响人们基础性生存(衣、食、住、行等)的安全、发展性消费(工作、学习等)和享受性消费(旅游、娱乐、美容、健身等)等多个方面。从"中国问题"的视域看,我国现代科技伦理实体集体行动不仅关系到推进我国科技发展,关系到我国社会的经济—政治—文化的发展、国家安全,人们基础性生存(衣、食、住、行等)安全的民生福祉,与此同时,也关系到中华民族伟大复兴、中国梦的实现,关系到"使中华民族更加坚强有力地自立于世界民族之林"[①]。以科技造福人类,承载着多少代科学活动主体的理想和探索,寄托着人们的意愿和期盼。因而我国现代科技伦理实体集体行动的责任是重大的责任,不仅是对我国科技发展的责任,也是对人民的责任、对民族的责任。因为我们的人民期盼通过科技发展能住得舒适、

---

① 《习近平著作选读》第一卷,人民出版社 2023 年版,第 60 页。

吃得安全、孩子们健康成长、工作效率高、环境优美、生活更美好。而满足人民日益增长的对美好生活的向往，亦是我国现代科技伦理实体集体行动的目标与理想。只有从现代科技伦理实体集体行动所担负的历史使命进行伦理问责，才能对现代科技伦理实体及其集体行动的参与者具有警醒作用，激发其历史使命感。

其次，从现代科技伦理实体集体行动的实践来看，科技的迅猛发展不仅推动着我国社会经济的快速发展，使我国人民生活水平快速提升，而且为世界和平与发展作出了重大贡献。然而，与此同时，当代由于经济全球化，资本逻辑强制与渗透在一定程度上影响着现代科技伦理实体集体行动。如前所述，这种影响在其实践运作的层面表现为，以"经济理性"为原则、以利润增殖为生产动机，把自然资源、科学技术、人的创造能力等诸要素仅仅作为积累资本的手段；在其价值哲学层面表现为，以功利主义的道德价值观为评价尺度，权衡社会经济—文化的发展。进而使得那些与人们生活密切相关的衣、食、住、行的现代科技伦理实体集体行动的实践产生了诸多伦理负效应，而食品安全的伦理风险首当其冲。比如食品添加剂是现代科技的成果之一，它使食物的口感、色泽、柔润度更好。然而，在运用中其伦理风险日益显露，主要表现为食品添加剂的滥用成灾。其一食品添加剂的过量添加对人体产生危害。其二将非食用的化工原料添加到食品配方中，如前所述，毒奶粉事件、毒大米事件、地沟油、瘦肉精等不胜枚举。因此，凡是运用相关科技成果的科技伦理实体包括相关企业与相关管理部门必须严格监督其自身有无违反科技—伦理规范的行为，一旦发现，必须对相关企业及其责任科技伦理主体进行科技—伦理责任追究与相关的法律责任追究；作为科技伦理实体的上一级管理部门必须严格审视并且追究这些相关企业及其责任科技伦理主体的科技—伦理责任。比如"谁设计的""谁检测的""谁审批的""谁监督的""为什么没有及时发现或阻止""为什么没有人反对"等，必须追究其科技—伦理责任并且严格查处。严重的必须追究其法律责任；触犯刑法的，还要启动相关的法律程序，追究相关责任人的刑事责任。与此同时，"用人得当，首先要知人"①。因为知人不深、识人不准，往往会用人不当、用人失误。对此，也须追究责任。这样，对同类行业的科技伦理实体起到了警示作用，使其引以为戒。

最后，现代科技伦理实体集体行动的实践是不断探索和发展的过程，因而对现代科技伦理实体集体行动所担负的历史使命和产生的伦理效应进行伦理问责不是权宜之计，而是长期的系统工程。其一，如上所述，现代科技伦理实体的集体行动不仅对推进科技发展具有重要的作用，而且对人—社会—自然系统的和谐、可持续发展具有深刻的影响。就我国的国情而言，现代科技伦理实体对于推进我国社会主义现代化、实现中华民族伟大复兴发挥着重要的作用。现代科技的发展、科技事业的开拓都离不开现代科技伦理实体的集体行动。其二，就当代科技空间生产而言，由于现代科技的发展，科学由个体爱好与旨趣的科学发现与科学探索活动演变为科学共同体或者社会整体的有组织、有计划地协同行动的空间生产；技术由基于个体技巧与智慧的作坊式或者工场式的在一定的空间中的手工劳作演变为基于力学理论的机器大工业的空间本身的生产，再演变为基于电学、电子计算机—信息—网络—人工智能等高技术的全息型社会实体空间生产与虚拟空间生产的庞大体系。因而现代科技伦理实体集体行动的"双刃剑"作用比任何时候都更为显著、更触目惊心。一方面，既包括了成物之知（智），亦蕴含了成己之仁（《礼记·中庸》）②。人类借助于现代科技，已经既能够在纳米层次上"成物"，又能通过基因技术"克隆""成己"。另一方面，这种智慧也蕴含了"毁物""毁己"的隐患。由此可见，对现代科技伦理实体集体行动所担负的历史使命和产生的伦理效应进行伦理问责具有长期性、复杂性和艰巨性。

为此，须建立一套奖惩分明、职责清晰的科技—伦理问责机制，对于全面应对现代科技伦理实体集体行动的现代科技伦理风险、促进现代科技伦理实体及其成员的优胜劣汰、防止社会恶性科技伦理事件

---

① 《习近平著作选读》第一卷，人民出版社2023年版，第137页。
② 《四书五经》（上册），陈戍国点校，岳麓书社1991年版，第635页。

发生,迫在眉睫。现代科技伦理实体及其成员的分工要明确,职责要清晰。对涉及社会民生的重大科技伦理事宜,应有考核问责的科技—伦理相关标准;对于出现涉及社会稳定、环境破坏、公众权益、安全生产、社会信誉等的科技伦理问题,现代科技伦理实体高层管理人员应承担明确的对应的科技—伦理责任;与此同时,还须坚持分级管理伦理问责。事实表明,如果对现代科技伦理实体及其成员所担负的责任不明确、不落实、不追究,对其进行伦理问责就很难做到。因此在对现代科技伦理实体及其成员进行伦理问责的过程中,必须执规必严、违规必究。伦理问责重在"严",贵在"责"。须依据相关的科技—伦理规范与相关的法律追究现代科技伦理实体及其成员失职渎职责任,决不姑息迁就。

三 基于社会科技—伦理规范的第三方组织的伦理问责机制

首先,建构基于社会科技—伦理规范的第三方组织的伦理问责机制何以必要?第三方组织因为与现代科技伦理实体及其集体行动没有直接相关利益关系——既非现代科技伦理实体及其集体行动管理(组织、协调、决策等的)主体,又非现代科技伦理实体及其集体行动主体,因而其基于社会科技—伦理规范对于现代科技伦理实体及其集体行动的伦理问责具有独立性、公平性、公开性,其对于现代科技伦理实体及其集体行动的伦理问责具有可信度。正如前面多次提及的媒体对于三鹿奶粉事件、广东毒大米事件、河南瘦肉精事件等食品安全方面的恶性事件的曝光,因而引起社会公众的广泛关注。食品安全问题成为全社会关注的科技伦理热点问题。由此,相关的法律法规不断地完善,政府对食品安全问题查处的力度增强,人们对于食品安全问题更加警觉,相关的科技伦理实体对于食品安全问题比以往更为关注。另外,引入第三方非营利组织的伦理问责,对于缓解危机、平息事态具有积极作用,能有效弥补政府监管的不足,正确引导公众参与现代科技伦理实体及其集体行动的伦理问责,以解决对现代科技伦理实体及其集体行动的伦理问责缺位带来的诸多科技伦理问题。

其次,基于社会科技—伦理规范的第三方组织的伦理问责机制何以可能？"由谁负责""为谁负责""如何确定现代科技伦理实体及其集体行动的责任域"是第三方组织对现代科技伦理实体及其集体行动进行伦理问责所必须面对的问题。传统的"人伦"关系的伦理责任是一种原初的、近距离的伦理责任，相应的伦理行为及其伦理责任域主要表现为：其一，由伦理行为主体的伦理行为直接导致伦理后果；其二，伦理行为主体的伦理行为后果是可预见的；其三，这种伦理后果如果处理得当，有可能避免。然而，在现代科技迅猛发展和广泛应用的同时，现代科技伦理实体及其集体行动的伦理责任域及其伦理后果、伦理风险更加难以确定和预测。比如其伦理后果往往有直接的正效应，但是亦出现了诸多间接负效应；就其负效应而言，不仅有直接的负效应，而且有诸多间接负效应；更值得注意的是现在直接的正效应可能以后还会转变为负效应。比如农药的发明与运用，农业的地膜技术等。因此，现代科技伦理实体应该对其直接的服务对象即其伦理行为作用的客体的特殊利益后果负责，还是对其伦理行为所波及的间接的客体的整体利益后果负责？由于现代科技伦理集体行动需要多学科、多行业的协同作战，进而形成了一个伦理责任链，或者伦理责任系统。如果在伦理问责的过程中，仅仅追究某一科技伦理实体的伦理责任，显然有悖于公平性原则，因而需要追究其伦理责任链或者伦理责任系统。为此，亟须建立科学技术（尤其是关涉环境与生命的）伦理后果的评估委员会、相关机构的伦理委员会、相关部门的伦理委员会等，并召开国际相关的科学技术伦理研讨会。通过这些伦理委员会和国际科学技术伦理研讨会可以形成一种集体力量，通过相应的对话和商谈，协调国际社会的各界力量，共同抵御现代科技的伦理风险，进一步完善伦理问责机制。

最后，基于社会科技—伦理规范的第三方组织的伦理问责机制何以可行？社会中介力量，以"顾客"身份，通过现场调查、明察暗访、问卷调查、电话抽查等多种形式，定期或不定期地了解现代科技伦理实体科技成果研发与应用的科技—伦理规范的执行力情况，形成相关的伦理评估报告并成为对不同现代科技伦理实体进行伦理问责的重要依据。这种伦理评估—问责方式，避免了上述"既是运动员又是裁判员"的伦理问责形式,参与伦理评估—问责的社会中介更广泛,被伦理评估—问责的现代科技伦理实体覆盖面更大,伦理评估—问责内容更多元化、具体化,其过程更透明,结果更公开,成效更明显。与此同时,亦须建立第三方伦理评估—问责资质认证①,以促进第三方组织的伦理问责机制的完善。

关于第三方伦理评估—问责资质认证,须注意以下几个方面。其一,伦理问责主体是受相关伦理问责管理部门的委托,对于一定的现代科技伦理实体负责研发和应用的具体项目进行伦理问责。其二,伦理问责主体一般应具备以下条件:伦理问责主体应在法律上或行政体系上是中立的,与委托者不存在任何行政隶属关系;与被伦理问责的对象之间不存在相关的经济关系,或者相关的合作关系,或者相关的咨询顾问关系,或者其他相关的利益关系;应具备一定数量的伦理问责人员;持有专业资格证书并具备完成伦理问责工作的能力;从业人员应自觉遵守行业道德并在本行业具备良好的信誉等。

总之,伦理问责犹如长鸣的警钟,经常提醒现代科技伦理实体及其成员在其集体行动时,须明晰其所应遵循的角色责任、能力责任相应的科技—伦理规范与相关的法律,不断增强伦理责任意识和忧患意识,兢兢业业地履行其应尽的科技—伦理责任。与此同时,构建基于现代科技伦理实体伦理问责的治理机制,是要求现代科技伦理实体集体行动将其所担负的伦理责任内化为伦理意识、自觉的道德责任观念和道德行为习惯。使得全社会形成科技为民所用、为民造福、为民谋利的氛围,让珍爱生命成为现代科技伦理实体及其成员的德性,进而让天更蓝、水更清、空气更洁净、人与自然关系更和谐!

---

① 参见韩靓、林祥《建立多方协同监督的科技项目监理体系》,《技术经济与管理研究》2013年第3期。

结　语

现代科技伦理应然逻辑的生命德性[①]

　　从上述对现代科技伦理应然逻辑的理论可能性与实践必要性以及现实合理性的探索中，可知，现代科技伦理的"应然逻辑"是现代科技伦理"是其所应是"的理论逻辑与历史逻辑。其中"是"指科技发展与科技活动（包括科技发展及成果运用：科技决策、研究过程、成果评价等一系列环节）中蕴含的伦理关系及其内在秩序——作为当下境遇中的现代科技伦理样态即现代科技伦理的"实然逻辑"；"应是"指这些伦理关系及其内在秩序应遵循的现代科技伦理原则和道德规范以及伦理价值等的总和——作为伦理理论与规范形态，现代科技伦理即现代科技伦理"应然逻辑"的理论形态。然而，现代科技伦理"应然逻辑"从其"是"走向其所"应是"，不仅有其内在的理论逻辑，而且蕴含了现代科技活动主体（共同体及其个体）反思现代科技当下的三重伦理困境即多重层面的正负伦理效应、多重伦理悖论和多重伦理风险，追问其发展和应用现代科技成果的初心或本心的本然逻辑，自觉建构和践履现代科技伦理原则和道德规范与相关科技规范，以"应做什么"规约其"能做什么"的伦理限度，构建基于伦理评价—伦理监督—伦理问责的三重伦理治理机制，成为现代科

---

　　① 参见陈爱华《现代科技伦理应然逻辑》，《东南大学学报》（哲学社会科学版）2018年第3期。

技伦理主体（伦理实体及其个体）①的过程，亦是科技伦理主体生命德性意识觉醒和生成的过程。

因而现代科技伦理应然逻辑的生成过程，如同黑格尔在《法哲学原理》中关于善的发展所经历的三个环节亦是善的三重形态：一是作为特殊意志的善（因何而善），即作为一个善的希求者的特殊意志，是其应该知道什么是善；二是作为特殊规定的善（如何为善），即应该由其说出什么是善并作出发展善的特殊规定；三是作为善本身的规定（如何实现善），即把作为无限的自为存在的主观性的善，予以特殊化。这种内部的规定活动就是良心②，正是经历这三个环节即善的三重形态：现代科技伦理应然逻辑何以生成（因何"应然"），其运作有何轨迹（如何"应然"），其对科技活动主体行为尤其是其集体行动有何调控机制（如何实现"应然"），充分展现了具有生命德性意识的现代科技伦理主体以实践—精神的方式构建现代科技的伦理形态，厚植科技向善，促进人—自然—社会生命共同体的和谐发展。

一 作为一种"特殊意志的善"

现代科技伦理应然逻辑是一种"特殊意志的善"（因何"应然"），它基于现代科技活动主体对人与自然是一生命共同体的感悟，进而其敬畏自然、敬畏生命的意识油然而生，由此生成了具有生命德性意识的现代科技伦理主体。"特殊意志的善"是现代科技伦理主体的不可或缺之生命德性，正如韩非所说，"德也者，人之所以建生

---

① "现代科技伦理主体"是相对于（科学活动论的语境下）"现代科技活动主体"而言的；前述的"现代科技伦理实体"是相对于（科学社会学的语境下）"现代科技伦理共同体"而言的。"现代科技伦理主体"与"现代科技伦理实体"既有相通之处，亦有一定的区别。"现代科技伦理主体"包括"现代科技伦理实体及其个体"，即其中的两者分别均可以称为"现代科技伦理主体"；而"现代科技伦理实体"更多是在组织意义层面上使用的，其中的个体只是组织中的成员，不能称为"现代科技伦理实体"。下面为了便于阐述，若涉及"现代科技伦理实体及其个体"则用"现代科技伦理主体"；如果仅涉及"现代科技伦理实体"则仍然用"现代科技伦理实体"。

② [德] 黑格尔：《法哲学原理》，范扬、张企泰译，商务印书馆1961年版，第133页。

也"(《解老》)①,即德是人建立生命的根本。其一,"德者,得身也"(《解老》)②,即得到自身内在的本质。如同《说文解字》曰:"德升也。"③ 这里的"升"既有生长之意,也有升华之意。其二,"德者,道之功。""仁者,德之光。"(《解老》)④ 老子曰:"道生之,德畜之","生而不有,为而不恃,长而不宰,是谓玄德"。故"万物莫不尊道而贵德"。(《老子》第五十一章)⑤ 因而德亦与"道""仁"相通,具有"成己""成物"(《中庸》)⑥ 之品性。作为现代科技伦理主体"特殊意志的善"的生命德性,不仅能升华自身的生命德性,而且能将其生命德性意识转化为造福人类的"特殊意志的善"——使科学技术造福人类,而不是对人类造成祸害。因而现代科技伦理主体正是具有了这种"特殊意志的善"之生命德性,才能既正视现代科技发展的正效应,又反思现代科技产生的负效应,与此同时,通过研究其负效应的表现形式,探索其产生的深层原因,作出应对方略。因为现代科技伦理主体是作为善的希求者,发展现代科技和运用现代科技成果,其初心即本心是通过发展现代科技造福人类,促进人与自然这一生命共同体的和谐发展。正如爱因斯坦在《我的世界观》中所期望的那样,"我们所能有的最美好的经验是奥秘的经验。它是坚守在真正科学发源地上的基本情感"。"我自己只求满足于生命永恒的神秘,满足于觉察现存世界的神奇的结构,窥见它的一鳞半爪,并且以诚挚的努力去领悟在自然界中显示出来的那个理性的一部分,即使只是其极小的一部分,我也就心满意足了。"⑦ 然而,现代科技发展,却产生了"多米诺骨牌"般的连锁反应——一系列二律背反伦理悖论,如同爱因斯坦在《给五千年后子孙的信》中所说,我们这个时

---

① 《韩非子》,高华平等译注,中华书局2015年版,第201页。
② 《韩非子》,高华平等译注,中华书局2015年版,第187页。
③ (汉)许慎撰:《说文解字 附检字》,中华书局1963年版,第43页。
④ 《韩非子》,高华平等译注,中华书局2015年版,第190页。
⑤ (魏)王弼注:《老子道德经注校释》,楼宇烈校释,中华书局2011年版,第141页。
⑥ 《四书五经》(上册),陈戍国点校,岳麓书社1991年版,第12页。
⑦ 《爱因斯坦文集》第三卷,许良英、赵中立、张宣三编译,商务印书馆1979年版,第45—46页。

代产生了许多天才人物，他们的发明可以使我们的生活舒适得多。我们利用机器的力量横渡海洋，并且可以使人类从各种辛苦繁重的体力劳动中解放出来；我们学会了飞行；用电磁波方便地互通信息。但是商品的生产和分配无组织，人们生活在恐惧的阴影里；在不同国家里的人民还不时地互相残杀……①这些伦理悖论的产生，其影响之大，波及面之广，超出现代科技伦理主体的预期，常常是始料未及的。

作为善希求者的现代科技伦理主体，其"特殊意志的善"促使其回归至善初心即本心之旅，不是消极地否定这些伦理悖论，而是正视这些伦理悖论，追问其产生的原因。爱因斯坦认为，这些科技伦理悖论的产生，是我们还没有学会如何正当地使用科学。就当代的现状看，在战争中，人们应用科学及其成果进行互相毒害和互相残杀。在和平时期，科学及其成果并没有使人们从单调的劳动中解放出来，反而成了机器的奴隶；大多数人在劳动中毫无乐趣，只是唯恐失去其可怜的收入等。由此，爱因斯坦提醒人们，不要过高估计科学技术和科学方法。② 同样，维纳在《人有人的用处》中谈到自动化技术的发展有可能带来双重伦理效应：一方面，那种进行纯粹重复工作的工厂，最后变成完全不需要的。因而这种极其乏味的重复劳动解除后，也许带来的好处是人们能得到充分发展所必需的闲暇时间；另一方面，也可能在文化领域里产生有害的结果。因此，"新工业革命是一把双刃刀"，"它可以用来为人类造福"，"如果我们不去理智地利用它"，"也可以毁灭人类"。③ 维纳深刻地揭示了其中的原因，作为现代科技的开发与投资者的工业家当牵涉"攫取工业中全部能够攫取到的利润"时他们"很难克制自己"对于攫取利润的贪婪性。④ 这种对于攫

---

① 参见《爱因斯坦文集》第三卷，许良英、赵中立、张宣三编译，商务印书馆1979年版，第159页。

② 参见《爱因斯坦文集》第三卷，许良英、赵中立、张宣三编译，商务印书馆1979年版，第268页。

③ ［美］N.维纳：《人有人的用处——控制论与社会》，陈步译，商务印书馆1978年版，第132页。

④ 参见［美］N.维纳《人有人的用处——控制论与社会》，陈步译，商务印书馆1978年版，第131页。

取利润的贪婪性，借助于现代科技发展有增无减。尤其表现在对于生态环境的破坏，比如美国原生态森林的破坏就是如此。福斯特从生态马克思主义伦理学的视域指出，"原生林的迅速破坏是生态系统与利润的矛盾问题"。福斯特在《生态危机与资本主义》中作了以下的描述：

> 在刘易斯和克拉克来此探险的时代，这片古老针叶林到处是数百英尺高、树龄几百年甚至上千年的参天大树，单在俄勒冈州和华盛顿州西部的森林面积就达 2000 万英亩。而根据荒原协会（the Wilderness Society）彼得·莫里森最新的原始森林统计数据，目前只有大约 12% 或 2.4 万英亩的原生态森林保留了下来，包括数百年的树木、多层树蓬、无数直立的巨大枯木或"残柄"，以及倒在地上和横跨溪流的被伐倒的树木。由于私人领地已几乎清除了所有原始森林，剩余的部分只有在公共土地上才能发现。而且就是这最后几块连绵的林地，由于土地征用、砍伐、修路和清地等原因，也大都集中在高海拔地区（海拔 2500 英尺以上），并被可笑地分割成被子状小块地。……20 世纪 80 年代，这些原生林以大约一年 7 万英亩的速度逐渐消失。如果这一砍伐速度继续下去，俄勒冈和华盛顿这片未经保护的原生林将在不到 30 年内消失殆尽。①

值得指出的是，这种对于攫取利润的贪婪性，借助于现代科技发展，不仅使自然环境的生态系统遭到破坏，而且在由此形成的消费社会中，人亦变为"官能性的人"。鲍德里亚在《消费社会》一书中指出，"今天，在我们的周围，存在着一种由不断增长的物、服务和物质财富所构成的惊人的消费和丰盛现象。它构成了人类自然环境中的一种根本变化。恰当地说，富裕的人们不再像过去那样受到人的包

---

① [美] 约翰·贝拉米·福斯特：《生态危机与资本主义》，耿建新、宋兴无译，上海译文出版社 2006 年版，第 99—100 页。

围，而是受到物的包围"①。根据不断上升的统计曲线显示，从复杂的家庭组织和技术到"城市动产"，从通信的整个物质机器和职业活动到广告中庆祝物的常见场面，从大众传媒和未成年人崇尚的具有隐性强制性的数百万个日常信息，到围困我们睡梦的夜间心理剧，人们的日常交往不再是同类人之间的交往，而是接受、控制财富与信息。由此，在消费社会中，人也慢慢地将自己变成了官能性的人②，海德格尔则在《技术的追问》中，将之隐喻为一种"座架"。这种座架强求疯狂的预订，而这种预订阻挡了对展现事件的任何认识，并且从根本上损害了对真理的本质的涉及。③

由此表明，作为"特殊意志的善"的现代科技伦理应然逻辑蕴含了诸多科学家与哲学家对于现代科技发展的三重伦理困境的反思，这不仅意味着作为万物之灵的人，尤其是现代科技伦理主体对人与自然是一生命共同体的感悟，引发其生命德性的觉醒，而且将此转化为使科学技术造福人类的"特殊意志的善"。

二 作为一种"特殊规定的善"

现代科技伦理应然逻辑不仅蕴含了现代科技伦理主体生成了"特殊意志的善"这一生命德性，还生成了现代科技伦理主体在其实践中具有一种"特殊规定的善"（如何"应然"）。体现了现代科技伦理主体的意志自律。正如康德所说："意志自律是一切道德法则以及合乎这些法则的职责的独一无二的原则；与此相反，意愿的一切他律非但没有建立任何职责，反而与职责的原则，与意志的德性，正相反对。"④ 这种意志自律贵在现代科技伦理实体"实践的理性的自己立法"，体现了其"积极意义上的自由"。如同康德所说："纯粹的并且

---

① [法]让·波德里亚：《消费社会》，刘成富、全志钢译，南京大学出版社2014年版，第1页。

② 参见[法]让·波德里亚《消费社会》，刘成富、全志钢译，南京大学出版社2014年版，第1—2页。

③ 参见[德]冈特·绍伊博尔德《海德格尔分析新时代的技术》，宋祖良译，中国社会科学出版社1993年版，第188页。

④ [德]康德：《实践理性批判》，韩水法译，商务印书馆1999年版，第34页。

本身实践的理性的自己立法,则是积极意义上的自由。道德法则无非表达了纯粹实践理性的自律,亦即自由的自律,而这种自律本身就是一切准则的形式条件下,一切准则才能与最高实践法则符合一致。"①

首先,现代科技伦理主体的意志自律表现为,为了防止其集体行动产生二律背反的效应的伦理悖论,须以珍爱生命的生命德性规约其科技研发与应用的顶层设计——不仅要珍爱人的生命,也须珍爱绿化植物的生命、珍爱环境。这既体现了现代科技伦理应然逻辑的生态伦理精神,亦是其生态伦理实践。由此"应该自己说出什么是善的,并发展善的特殊规定",使得现代科技伦理实体集体行动"应做什么"对其"能做什么"加以制约与引导。正如维纳所说,由于现代科技伦理实体已经意识到现代科技、高新技术给社会带来的威胁,与此同时,亦意识到其在经营管理方面应尽的社会义务,因而就"不是仅仅为了获得利润和把机器当作新的偶像来崇拜",而是意识到高新技术会给社会带来伦理风险,进而要关心利用高新技术"为人类造福,减少人的劳动时间,丰富人的精神生活"。②正如爱因斯坦在加利福尼亚理工学院讲演时,对学生语重心长地说,"如果你们想使你们一生的工作有益于人类,那么,你们只懂得应用科学本身是不够的。关心人本身,应当始终成为一切技术上奋斗的主要目标";关心科学及其管理中尚未解决的重大问题,"用以保证我们科学思想的成果会造福于人类,而不成为祸害"。③

其次,现代科技伦理主体的意志自律还表现为,以"按照美的规律来构造"引领其科技研发的产品设计与应用。因为人,特别是现代科技伦理主体,与其他伦理主体相比,具有改造其周围大自然的强大力量。雷切尔·卡逊在回顾地球发展史时指出,地球上生命的历史"一直是生物及其周围环境相互作用的历史。可以说在很大程度上,

---

① [德]康德:《实践理性批判》,韩水法译,商务印书馆1999年版,第34—35页。
② [美]N. 维纳:《人有人的用处——控制论与社会》,陈步译,商务印书馆1978年版,第132页。
③ 《爱因斯坦文集》第三卷,许良英、赵中立、张宣三编译,商务印书馆1979年版,第73页。(这是爱因斯坦于1931年2月16日对美国加利福尼亚理工学院学生的讲话,讲稿最初发表在1931年2月17日的《纽约时报》上)

地球上植物和动物的自然形态和习性都是由环境塑造成的"①。在出现人类之前，建构生命亦有改造环境的反作用，然而实际上其作用一直是相对微小的。而当人类出现之后，生命"具有了改造其周围大自然的异常能力"②。这种力量在当代达到了从未有过的高度，其本质与现代科技的迅猛发展密切相关。现代科技伦理实体的集体行动不仅仅是一种作用于自然的研究活动，而是对社会、自然和人都有深刻影响的科学技术一体化的活动，并成为社会活动的不可或缺的组成部分。因为现代科技伦理实体的集体行动无论从其行动的规模，还是从其行动的范围和内容都较近代科学发轫之初发生了质的飞跃。这样，现代科学（技术）活动已不再局限于科学家个体的自发认识过程或者是技术工匠的技术操作，而是现代科技伦理实体的集体行动，即一种物质形态与精神形态的空间生产，表现为"科学家、科学工作者的共同活动"③。这里的"科学工作者"实际上包括工程师等诸多行业与工种的科技工作者；而"共同活动"实质上是高度分工与合作的集体行动。因而，其运行模式不仅仅是某一科技共同体的集体行动，而是多学科、多工种、多层面的多元合作构成的集体行动。这种集体行动对社会的生产格局与组织方式产生了巨大的影响，不仅导致人们工作方式和教育模式的变革，而且对衣、食、住、行等生活方式以及人们的思维方式、价值观念等产生了极为深刻和深远的影响。借助于现代科技发展，人类"便丧失了先前那种与自然界保持的原始联系。于是，他需要寻找一种新的人与人、人与自然的相互关系"④。人们运用科技似乎可以征服自然、控制自然，科技的主要目标不仅关注自然的"是其所是"，而且在"能做什么"方面大显其能。正如弗洛姆指出的那样，"人在改造周围世界的同时，也在历史的进程中改造了

---

① ［美］蕾切尔·卡逊：《寂静的春天》，吕瑞兰、李长生译，吉林人民出版社1997年版，第4页。
② ［美］蕾切尔·卡逊：《寂静的春天》，吕瑞兰、李长生译，吉林人民出版社1997年版，第4页。
③ 刘大椿：《科学活动论》，人民出版社1985年版，第5页。
④ ［美］E.弗洛姆：《健全的社会 作者前言》，孙恺洋译，贵州人民出版社1994年版，第2页。

自己"。事实上,"人是自己的创造之物。但是,正像他只能按照自然物质的性质来改造、改变自然界一样,他也只能按照人的本性来改造、改变他自己"。① 只有以"按照美的规律来构造"引领其科技研发的产品设计与应用,才能寻找一种新的人与自然、人与人的和谐发展的相互关系,现代科技伦理主体的集体行动的成果才能在多层面满足自然—人—社会的多元性发展需求。

最后,现代科技伦理主体作为"特殊规定的善"即意志自律的伦理主体,其"按照美的规律来构造"表现为,在现代科技发展的进程中,要将科技成果及其应用非生态、非绿色的量增到生态伦理的质的提升,即从现代科技发展"能做什么""转向""应做什么"。因为在过去科技成果及其应用的量增过程中,更多关注的是"能做什么",尤其关注其带来的直接的经济效益与经济实力、军事实力的提高,以及当下生活条件的改善等。纵观科技发展史,尤其在第二次世界大战中,科技得到长足发展的同时,其成果也被用于世界大战中,进而使得生灵涂炭。正如贝尔纳所指出的那样,科学研究的成果的应用"先是世界大战,接着是经济危机",这就说明"把科学用于破坏和浪费的目的也同样是很容易的"。② 马尔库塞则揭示了在发达工业社会,"我们屈从于和平地制造破坏手段、登峰造极地浪费","它的生产力破坏了人类的需要和能力的自由发展,它的和平是靠连绵不断的战争威胁来维持的,它的增长靠的是压制那些平息生存斗争——个人的、民族的和国际的——的现实可能性"。③ 在此基础上,还扩大了人对自然的统治。

然而,"人与自然是生命共同体,无止境地向自然索取甚至破坏自然必然会遭到大自然的报复"④。在现实中,大自然的报复是如此令人惊心动魄,正如雷切尔·卡逊所揭示的那样:

---

① [美] E. 弗洛姆:《健全的社会》,孙恺祥译,贵州人民出版社1994年版,第10页。
② [英] J. D. 贝尔纳:《科学的社会功能》,陈体芳译,商务印书馆1982年版,第25页。
③ [美] 马尔库塞:《单向度的人》,张峰、吕世平译,重庆出版社1988年版,导论第1—2页。
④ 《习近平著作选读》第一卷,人民出版社2023年版,第19页。

在人对环境的所有袭击中最令人震惊的是空气、土地、河流以及大海受到了危险的,甚至致命物质的污染。这种污染在很大程度上是难以恢复的,它不仅进入了生命赖以生存的世界,而且也进入了生物组织内。这一邪恶的环链在很大程度上是无法逆转的。在当前这种环境的普遍污染中,在改变大自然及其生命本性的过程中,化学药品起着有害的作用,它们至少可以与放射性危害相提并论。在核爆炸中所释放出的锶$_{90}$,会随着雨水和飘尘争先恐后地降落到地面,停驻在土壤里,然后进入其生长的草、谷物或小麦里,并不断进入到人类的骨头里,它将一直保留在那儿,直到完全衰亡。同样地,被撒向农田、森林、菜园里的化学药品也长期地存在于土壤里,同时进入生物的组织中,并在一个引起中毒和死亡的环链中不断传递迁移。[①]

这就说明,"人不能凭自力离弃其现代本质的这一命运,或者用一个绝对命令中断这一命运。但是,人能够在先行思考之际来深思一点,即:人类的主体存在一向不曾是、将来也决不会是历史性的人的开端性本质的唯一可能性"[②]。由此可见,作为现代科技活动主体的现代科技伦理主体的意志自律就要将科技成果及其应用非生态、非绿色的增量转向生态伦理的质的提升,必须从"能做什么"转向"应做什么",因此在其规划与设计的理念上,不能仅仅"以科技成果为本",而应该注重"以人为本"和"以环境为本"的统一;在规划方面必须从局部规划、短期规划转向总体规划和长期规划;对于自然环境,"要坚持在发展中保护、在保护中发展,实现经济社会发展与人口、资源、环境相协调"。[③] 而要实现这样的转化,由单一化

---

① [美]蕾切尔·卡逊:《寂静的春天》,吕瑞兰、李长生译,吉林人民出版社1997年版,第4—5页。
② [德]海德格尔:《海德格尔选集》(下),孙周兴选编,生活·读书·新知三联书店1996年版,第922页。
③ 《习近平著作选读》第一卷,人民出版社2023年版,第114页。

的学科或者企业或者某地区等的运作难以为之，须转向跨学科、跨行业、跨地区的联合。与此同时，将"发展善的特殊规定"生成为现代科技伦理实体集体行动的科技—伦理范式——现代科技伦理的原则、范畴、道德规范及其相关的科技伦理的具体道德行为准则，并且将其生成为现代科技活动实体成员的共识。使现代科技伦理实体及其成员知有所达，情有所系，意有所规，信有所属，行有所依。因此，现代科技伦理应然逻辑之"善的特殊规定"迎合了施韦泽的期望——它促使任何人"关怀他周围的所有人和生物的命运，给予需要他的人真正人道的帮助"①。

三 作为一种"善本身的规定"

现代科技伦理应然逻辑不仅体现了现代科技伦理主体"特殊意志的善"的生命德性和"特殊规定的善"的意志自律精神，而且是作为一种"善本身的规定"，体现了现代科技伦理主体对于其"作为无限的自为地存在的主观性的善，予以特殊化"②。进而彰显了现代科技伦理应然逻辑的现实合理性。

如前所述，现代科技伦理实体集体行动的运行模式不仅仅是某一科技共同体的集体行动，而是多学科、多工种、多层面的多元合作构成的集体行动。其成果及其应用所涉及领域之广，使用的人群之多，影响的空间范围之大，时间跨度之长，都是过去所无法比拟的。因此，尽管现代科技伦理实体集体行动试图以珍爱生命的生命德性规约其科技研发与应用的顶层设计，以"按照美的规律来构造"引领其科技研发的产品设计与应用，将科技成果及其应用非生态、非绿色的量增到生态伦理的质的提升，但是还须对作为现代科技伦理实体集体行动科技—伦理范式——现代科技伦理的原则、范畴、道德规范及其相关的科技伦理的具体道德行为准则本身，即善本身进行规定。这样才能体现"善就是意志在它的实体性和普遍性中的本质"，它是"真

---

① [法] 施韦泽：《敬畏生命：五十年来的基本论述》，陈泽环译，上海社会科学院出版社2003年版，第26页。
② [德] 黑格尔：《法哲学原理》，范扬、张企泰译，商务印书馆1961年版，第133页。

理中的意志"。① 与此同时，对于每一个参与现代科技伦理实体集体行动的成员而言，在他们进行现代科技成果及其应用的过程中都能意识到，"我应该为义务本身而尽义务，而且我在尽义务时，我正在实现真实意义上的我自己的客观性。我在尽义务时，我心安理得而且是自由的"②。因而进一步意识到，如同施韦泽所说的那样，"善是保存生命、促进生命，使可发展的生命实现其最高的价值。恶则是毁灭生命、伤害生命，压制生命的发展"③。而为何要规定善本身呢？黑格尔指出，"善作为普遍物是抽象的，而作为抽象的东西就无法实现，为了能够实现，善还必须得到特殊化的规定"④。只有对善本身进行了特殊化的规定，现代科技伦理实体集体行动才有了具体的依循，进而可以考量其科技—伦理规范的执行力，追究其道德责任。如同维纳所指出，为了避免现代科技成果及其应用带来的多方面的（外在的和内在的）危险，"作为科学家，我们一定要知道人的本性是什么，一定要知道安排给人的种种目的是什么，甚至当我们一定得去使用像军人或政治家之类的知识时，我们也得做到这一点；我们一定得知道为什么我们要去控制人"⑤。因为"机器对社会的危险并非来自机器自身，而是来自使用机器的人"⑥。

为此，对于善本身的特殊化的规定，还包括构建引导和约束现代科技共同体集体行动和科技活动个体的认知和行为的道德自律与他律的现代科技的伦理治理机制。

就现代科技共同体集体行动和科技活动个体的认知和行为的道德自律机制而言，就是要生成其良心。黑格尔指出，"良心是自己同自

---

① ［德］黑格尔：《法哲学原理》，范扬、张企泰译，商务印书馆1961年版，第133页。
② ［德］黑格尔：《法哲学原理》，范扬、张企泰译，商务印书馆1961年版，第136页。
③ ［法］施韦泽：《敬畏生命：五十年来的基本论述》，陈泽环译，上海社会科学院出版社2003年版，第9页。
④ ［德］黑格尔：《法哲学原理》，范扬、张企泰译，商务印书馆1961年版，第136—137页。
⑤ ［美］N. 维纳：《人有人的用处——控制论与社会》，陈步译，商务印书馆1978年版，第150页。
⑥ ［美］N. 维纳：《人有人的用处——控制论与社会》，陈步译，商务印书馆1978年版，第150页。

己相处的这种最深奥的内部孤独,在其中一切外在的东西和限制都消失了,它彻头彻尾地隐遁在自身之中"①。作为集体行动的现代科技伦理实体及其个体的良心,才能不再受其特殊性的目的的束缚,真正以造福人类为己任。这样其"真实的良心是希求自在自为地善的东西的心境,所以它具有固定的原则,而这些原则对它说来是自为的客观规定和义务"②。

现代科技伦理应然逻辑的"善本身的规定",还包括构建基于现代科技伦理实体伦理评价—伦理监督—伦理问责的三重治理机制,以促进科技伦理规范的构建与完善,调控现代科技伦理实体的集体行动,以超越现代科技伦理三重困境,感悟现代科技伦理应然逻辑的生命德性,敬畏自然、敬畏生命,珍爱自然、珍爱生命,自觉地在现代科技的发展进程中,感悟"体天意、循天理、遵天命"的生命智慧,达到唯天下至诚的境界,即"为能尽其性。能尽其性,则能尽人之性。能尽人之性,则能尽物之性。能尽物之性,则可以赞天地之化育。可以赞天地之化育,则可以与天地参矣"(《礼记·中庸》)③。在现代科技伦理"是其所应是"的应然逻辑的道德哲学形态构建中,无论是其伦理价值导向、运作机制,还是发展应遵循的伦理原则都体现了实然与应然的辩证统一、"能做"与"应做"的辩证统一、道德责任与道德责任能力的辩证统一、理性选择与价值选择的辩证统一、自律与他律的辩证统一。

由此可见,现代科技伦理应然逻辑就其本质而言,实际上是作为现代科技发展推进者的现代科技活动主体成为现代科技伦理主体过程,这一过程亦是其追问其发展和应用现代科技成果的初心或本心的过程,是其生命德性意识觉醒的过程,即反思了现代科技"能做什么"及其所产生的危及人—自然—社会生命共同体的"是其所是"本然生存与可持续发展后果——面临"实然"的三重伦理困境(多层面正负伦理效应、多重伦理悖论与伦理风险),进而通过构建三重

---

① [德]黑格尔:《法哲学原理》,范扬、张企泰译,商务印书馆1961年版,第139页。
② [德]黑格尔:《法哲学原理》,范扬、张企泰译,商务印书馆1961年版,第139页。
③ 《四书五经》(上册),陈成国点校,岳麓书社1991年版,第634页。

伦理治理机制（即构建基于现代科技伦理实体伦理评价—伦理监督—伦理问责的三重治理机制）生成了规约现代科技"应做什么"的善的三重形态，以推进人与自然生命共同体和谐、可持续发展的"是其所应是"的生命伦理责任，自觉担当起历史赋予的"推动科技向善、造福人类"的神圣使命。

附录 1

当前我国科技伦理现状调查研究报告

第一部分 调查研究的组织与实施

一 调查内容和调查方式

关于"当前我国科技伦理现状的调查",是 2012 年国家社会科学基金项目"现代科技伦理的应然逻辑研究"的抽样调查。

本次调查主要采用自填式问卷的方法收集资料。调查内容包括自然情况、职业道德、科技伦理治理、科技社会效应认知 4 个部分,共 35 题。其中自然情况部分包括性别、年龄、文化程度、工作单位类型、专业背景、工作性质和工作年限 7 个方面;职业道德部分包括科技工作的成就感、应该具备的道德素质、当前违背科技职业道德的现象及其原因、从事科技活动是否要遵循相关的道德规范、工程质量的问题的责任者、为何要遵守职业道德等 7 个方面;科技伦理治理部分包括科技/工程决策应考虑哪些要素(多选)、要优先强化伦理意识和伦理责任的共同体成员(排序)、管理者需要具备哪些素质(多选)、角色冲突时应该向谁负责、是否体验到自己属于所在的团队并且行为选择要服从团队及其原因、是否被不公正对待及其原因、个人与团队行为的不道德哪一个对社会风气危害更大、有无必要设立科研/工程伦理委员会及其原因、应由谁负责推动科技/工程伦理(多选)9 个方面;科技社会效应认知部分包括工程安全事故涉及企业的社会道德,其发生的原因,科学共同体和工程共同体应承担的主要社会责任,社会责任给共同体带来了什么,在处理个人、共同体、社会三者关系时以哪一个为重,如果共同体出现了违反伦理道德的行为,您会如何处理及其原因何在,科技工作者应承担什么社会责任,您是否因工作行为符合职业道德、有利于社会和环境而产生满足感,当前谁应对环境污染和能源紧张负主要责任,如何看待"科技越进步道德越退步"的观点,应如何看待"科技禁区",如何协调商业、军事和政治的利益冲突,对于科技活动的不道德行为最重要应从哪方面入手。

二 调查对象

本次调查以四大群体,即政府公务员,IT行业或金融行业的管理人员和研究开发人员等,高校教师或研究单位的研究人员,在校大学生、研究生等为调查主体,其中在校大学生、研究生所占比例相对多一些。

三 抽样方法与回收问卷过程

本调查在2012年10月至2014年11月采用多阶段分层抽样的方法选取调查对象。

第一步,对于在校大学生、研究生分学科、专业和年级进行抽样发放并回收问卷。

第二步,在本课题组成员参与不同学科与本课题相关的全国或国际学术会议,对参会者随机抽样发放并回收问卷。

第三步,在相关单位举办讲座时,委托相关单位宣教部发放与回收问卷后,取回问卷。

第四步,在给青年教师进行职业道德培训时,对听课者随机发放并回收问卷。

2014年8月至2016年6月采取了个别访谈方式,访谈对象为同行的专家学者或者科技行业的主管思想教育的负责人等。

四 样本的基本情况

本次调查共发放问卷600份,在剔除漏答严重等一些废卷之后,获得有效问卷528份①，有效回收率为88%。

从性别比来看，男性占52.0%，女性占48.0%，基本持平。

从年龄来看，18岁以下占1.1%，18—25岁37.1%，26—30岁占24.4%，31—40岁占25.4%，41—50岁占7.8%，51—65岁2.7%，65岁以上占0.6%。以18—40岁占多数（87.8%）（见图1-1）。

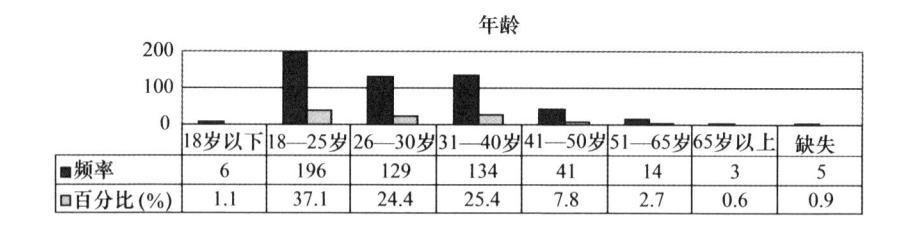

年龄	18岁以下	18—25岁	26—30岁	31—40岁	41—50岁	51—65岁	65岁以上	缺失
频率	6	196	129	134	41	14	3	5
百分比(%)	1.1	37.1	24.4	25.4	7.8	2.7	0.6	0.9

图1-1

从文化程度看，高中或以下占1.1%，高中/中专/高职类占2.8%，大专占7.0%，本科占29.7%，硕士占40.5%，博士占14.4%，MBA或EMBA占2.1%。以本科及其以上学历占多数（86.7%）（见图1-2）。

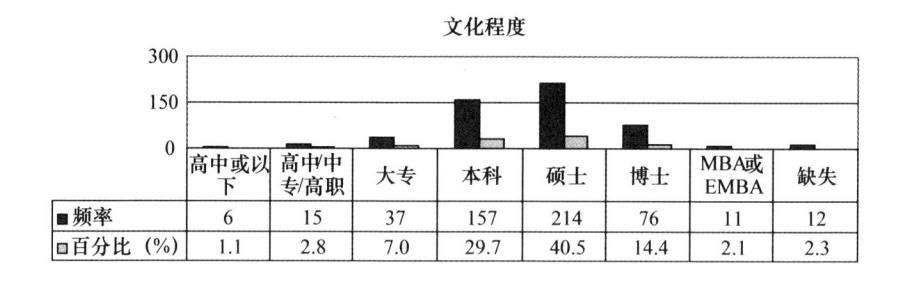

文化程度	高中或以下	高中/中专/高职	大专	本科	硕士	博士	MBA或EMBA	缺失
频率	6	15	37	157	214	76	11	12
百分比(%)	1.1	2.8	7.0	29.7	40.5	14.4	2.1	2.3

图1-2

从工作单位的类型看，学校占48.7%，国家科研院所占2.8%，企业科研院（研发部）所占4.9%，国有企业占14.8%，私营企业占

---

① 在本书使用的统计软件中，被调查者即问卷的回答者，在数据输出的表格中，均以"频率"表示。

9.7%，其他占 17.0%。其中学校占近半数（48.7%）（见图 1-3）。

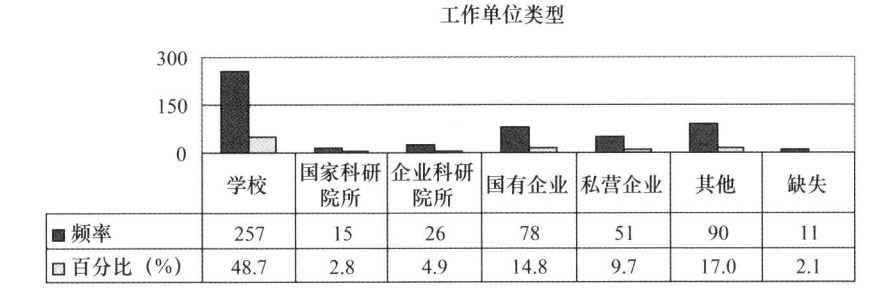

工作单位类型

	学校	国家科研院所	企业科研院所	国有企业	私营企业	其他	缺失
频率	257	15	26	78	51	90	11
百分比（%）	48.7	2.8	4.9	14.8	9.7	17.0	2.1

图 1-3

从专业背景看，工科占 26.5%，理科占 22.5%，文科占 44.9%，其他占 10.9%。理工科（49%）略多于文科（44.9%）。

从工作性质看，基础研究占 9.8%，应用开发占 8.5%，管理占 22.9%，工程师占 9.1%，质检/化验占 8.0%，技术工人占 2.7%，产品推广与销售占 1.5%，文秘占 3.2%，教师占 9.1%，其他占 24.1%。分布面较广（见图 1-4）。

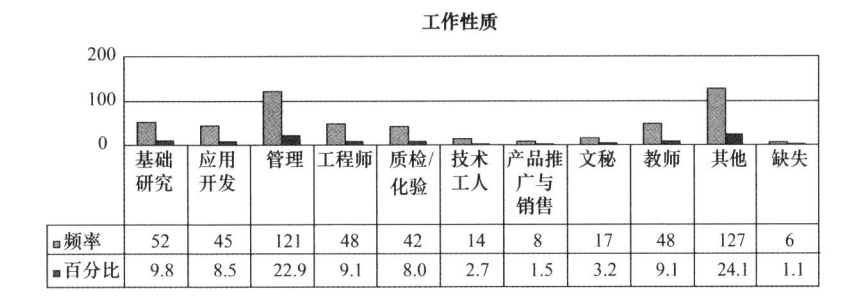

工作性质

	基础研究	应用开发	管理	工程师	质检/化验	技术工人	产品推广与销售	文秘	教师	其他	缺失
频率	52	45	121	48	42	14	8	17	48	127	6
百分比	9.8	8.5	22.9	9.1	8.0	2.7	1.5	3.2	9.1	24.1	1.1

图 1-4

从当前工作/科研单位中的工作年限看，1 年以下占 28.4%，1—3 年占 22.5%，4—7 年占 21.4%，8—10 年占 10.6%，11—15 年占 8.3%，16—25 年占 3.2%，26 年以上占 3.0%（见图 1-5）。

工作年限

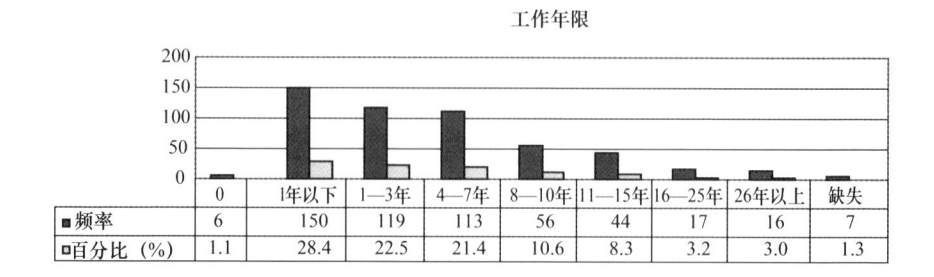

	0	1年以下	1—3年	4—7年	8—10年	11—15年	16—25年	26年以上	缺失
■频率	6	150	119	113	56	44	17	16	7
□百分比（%）	1.1	28.4	22.5	21.4	10.6	8.3	3.2	3.0	1.3

图 1 – 5

综上所述，本次调查对象的抽选基本符合设计要求。

五 样本质量评估

本项目的抽样方案合理、科学。除了对在校的不同专业的本科生、研究生发放，还在多次不同参会对象的全国或者国际学术研讨会（高端论坛）上发放本问卷，被调研对象来自全国不同地区。同时，调查按照既定要求严格进行，且问卷的有效回收率较高。因此，从总体而言，本次调查的样本具有较好的代表性。

六 资料整理与分析

本次问卷调查的资料在经过初步整理、编码之后，用 Foxpro 6.0 进行录入，用 SPSS18.0 进行查错和基本的统计分析[1]，用 Excel 2003 进行作图。分析类型主要是单变量的描述统计。

第二部分 现状·问题·原因·对策

一 关于当前我国科技伦理的现状、新特点与新问题

关于当前我国科技伦理的现状，本课题组主要从职业道德、科技

---

[1] 由于在统计中被除数与除数之间不都是能被整除的关系，加之，统计软件计算百分比时对小数点第二位及以后的数四舍五入，因而无论是每个选项的百分比，还是总计的百分比均为约等于其百分比的值（详见图 2 – 11 脚注）。

管理伦理、科技社会效应认知等方面展开调查。

从调查信息可知，当前我国科技伦理的发展取得了一定成效，但是在职业道德、科技管理伦理、科技社会效应认知等方面都需要进一步加强与完善。

1. 职业道德的现状与特点

首先，多数人认为，工作的成就感与"解决问题后的满足感"和"他人认可"有关；而道德素质中"诚实"与"社会责任"位居前列。

对于科技工作者所从事的工作的成就感，多数人认为是"解决问题后的满足感"，占73.9%；"他人认可"，占63.8%。与此同时，也有不少人认为，工作的成就感是报酬（45.1%）和名誉（43.6%）。与之相关，关于科技工作者需要具有哪些道德素质是多选题。从调查结果来看，选择"诚实"的占80.1%，位居第一，第二位的是"社会责任"占70.1%，以下依次是"公正"占64.8%、"正直"占59.1%、"尊重"占49.4%、"公开"占45.8%、"无私奉献"占41.5%。

其次，违背职业道德的现象中最引人关注的是"抄袭或剽窃他人成果"和"伪造数据或弄虚作假"，而这些不道德现象与"见利忘义""评价制度等有不合理"密切相关。

关于科技工作者在工作中违背职业道德的现象主要表现（该题为多选题），大多数被调查者认为是"抄袭或剽窃他人成果"占83.5%，位列第一，第二是"伪造数据或弄虚作假"占80.7%，第三是"科研立项或成果评审中的'以权谋私'行为"占61.7%，下面依次是"技术成果交易中夸大技术价值或隐瞒技术风险"占58.3%、"学术专制、不允许他人质疑自己的观点"占49.2%、"科研过程中对科研对象的危害"占45.3%。

在分析这些学术不端行为出现的主要原因（该题为多选题）时，大多数被调查者认为是"为获得利益而置道德、规范于不顾即见利忘义"，其位列第一占79.0%，而"评价制度等有不合理的地方"位居第二占68.2%，还有"学术道德和学术规范意识不强"占61.6%，认为还有其他原因的占 12.5%。

再次，多数人认为实验、废料的处理等须符合法律和道德规范；而工程质量问题的责任主要在于"管理者"和"工程共同体"。

关于"在利用人类和动物主体进行实验、废料的处理、危险和受控制物品的使用等方面是否要符合法律和道德规范"的调研中，认为"必须完全符合法律和道德规范"的占 64.0%，认为"尽量不违反法律和道德规范"的占 29.4%，仅有 4.5% 的被调查者认为，"为达研究目的可以违背法律和道德规范"（见图 2-1）。与之相关的是关于"工程质量问题责任"，被调查者认为，主要在于"管理者"的占 56.8%，位居第一，下面依次为"工程共同体"占 28.6%、"决策者"占 28.0%、"工程师"占 14.2%、"投资者"占 11.4%，而"工人"仅占 7.2%。由此可见，"管理者"对于工程质量问题负有主要的责任。

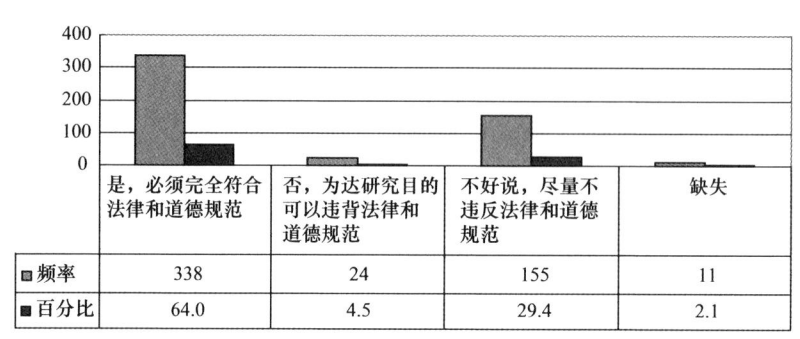

您认为在利用人类和动物主体进行实验、废料的处理、危险和受控制物品的使用等方面是否要符合和法律和道德规范

	是，必须完全符合法律和道德规范	否，为达研究目的可以违背法律和道德规范	不好说，尽量不违反法律和道德规范	缺失
频率	338	24	155	11
百分比	64.0	4.5	29.4	2.1

图 2-1

最后，绝大多数人认为须遵守职业道德，尤其是"科研行为必须遵循职业道德"。

对于是否要"遵循职业道德"，被调查者中有 91.1% 认为必须遵守，仅有 0.4% 的被调查者认为，遵循职业道德"不是必需的"。由此可见，"遵循职业道德"已成为绝大多数人的共识。在问到"遵循职业道德的原因"（该题为多选题）时，大多数被调查者认为"科研行为必须遵循职业道德",占61.0%,同时也有人认为"遵循职业道德有利于团队利益和个人利益",占38.8%,只有8.5%的被调查者认为"团队利益和个人利益大于职业道德"。

2. 科技伦理治理的现状与特点

首先,多数人认为科技/工程决策应"尽量避免和减少对生态环境的破坏"和"科技/工程的社会效益"等。

关于"科技/工程决策应考虑哪些要素"(该题为多选题),被调查者认为,"尽量避免和减少对生态环境的破坏"占74.4%,位居第一;第二是"科技/工程的社会效益"占73.3%,以下依次是"科技/工程的经济效益"占70.6%、"促进科学/工程共同体的组织优化和整体利益"占58.9%(见图2-2)。由此可见,在科技/工程决策中,生态效益与社会效益更重于经济效益。

科技/工程决策应考虑哪些要素

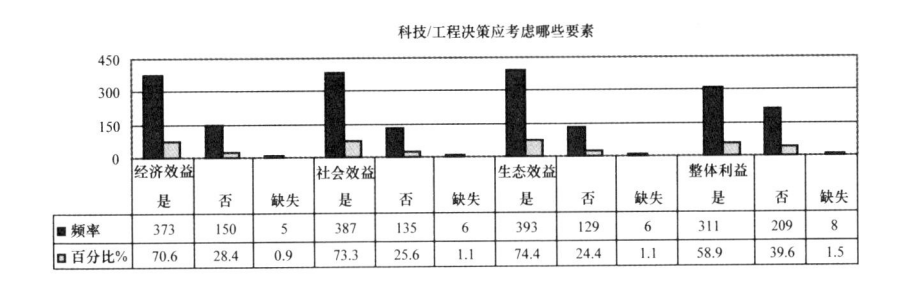

	经济效益			社会效益			生态效益			整体利益		
	是	否	缺失	是	否	缺失	是	否	缺失	是	否	缺失
频率	373	150	5	387	135	6	393	129	6	311	209	8
百分比%	70.6	28.4	0.9	73.3	25.6	1.1	74.4	24.4	1.1	58.9	39.6	1.5

图 2-2

其次,"需要优先强化伦理意识和伦理责任的共同体成员"的排序,位列第一的是"企业(雇主)"和"管理者";而作为科技企业或者科技共同体的管理者其应具备的素质中"公平、公正""团队精神""具备专业知识,能够听取下属意见"位居前列。

被调查者对于"需要优先强化伦理意识和伦理责任的共同体成员"的排序,依次为:第一位的是"企业(雇主)"(41.3%),第二是"管理者"(29.4%),第三是"科研人员"(12.9%),第四是"工程师"(2.5%),最后是"技术工人"(2.1%)。可见,"企业(雇主)"和"管理者"的伦理意识和伦理责任关系到整个科技企业或者科技共同体的科技伦理水平。

那么,作为科技企业或者科技共同体的管理者应该具有哪些素质(该题为多选题),被调查者认为,"公平、公正"占77.1%,位列第一;第二是"善于组建团队,有团队精神"占65.5%,以下依次为"具备专业知识,能够听取下属意见"占63.8%,"启发、引导下属工作"占58.1%,"信任下属,擅于帮助下属建立自信"占57.2%,"真诚坦率"占54.9%,"为人谦逊"占47.0%。

由此可见,人们对科技企业或者科技共同体的管理者的"公平、公正"期望值很高,同时,作为管理者还要"善于组建团队,有团队精神",既具有"专业知识"又能"听取下属意见",启发、引导和信任下属;管理者既能"真诚坦率",又能"为人谦逊"。

再次,多数人认为,作为身兼管理的科技人员在同时履行的职责或义务的角色冲突时,首先应该向"公众"负责。

而作为"身兼管理的科技人员在面临需要同时履行相互矛盾的两套职责或义务的角色冲突时,应该向谁负责",被调查者认为,向"公众"负责(49.2)是第一位的,以下依次为"良知"占32.8%、"共同体"占25.6%、"雇主"占8.3%等(见图2-3)。

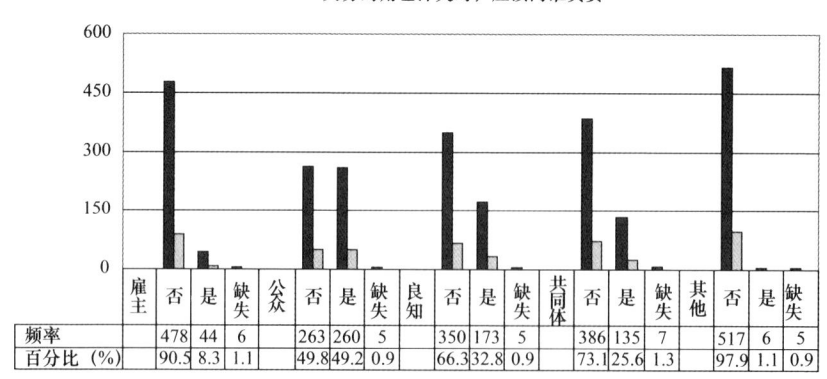

您认为身兼管理的科技人员在面临需要同时履行相互矛盾的两套职责或义务的角色冲突时,应该向谁负责

	雇主			公众			良知			共同体			其他		
	否	是	缺失	否	是	缺失	否	是	缺失	否	是	缺失	否	是	缺失
频率	478	44	6	263	260	5	350	173	5	386	135	7	517	6	5
百分比(%)	90.5	8.3	1.1	49.8	49.2	0.9	66.3	32.8	0.9	73.1	25.6	1.3	97.9	1.1	0.9

图2-3

又次，多数人"常常体验到自己属于所在的团队，并且行为选择要服务团队"，因为"个体属于团队"，须"自愿服从"团队；即使有些人在共同体中"受到不公正对待"，亦有不少人选择"自己忍了"；而这种"受到不公正对待"主要是"制度体制不健全不合理"等。

当问到"是否常常体验到自己属于所在的团队，并且行为选择要服务团队"时，被调查者中65.7%的人选择"时常有"，26.9%的人选择"偶尔有"，仅有5.1%选择"没有"。其原因是"个体属于团队，自愿服从"占51.1%，"我的利益与团队利益一致"占37.3%，"受他人影响"占10.8%，仅有9.8%选择"个体不属于团队，不得已而为之"。

与此相关，当问及是否"受到过所在共同体其他人的不公正对待"，57.2%的被调查者回答"否"，而有40.5%回答"是"。当问及"受到不公正对待"的原因时，其中21.8%的人认为是"制度体制不健全不合理"，以下依次是"领导的原因"占11.6%、"自己的原因"占3.8%、"其他"占3.2%。

当问及"如果受到不公正对待，您会如何时"，选择"自己忍了"占18.4%居第一位，"向有关领导提出或要求更正"占16.1%位列第二，以下依次是"向纪检、信访部门或上级反映"占1.9%、"向工会等组织反映"占1.3%、"辞职或不上班"占1.1%，"向新闻媒体反映"和"申请仲裁或通过司法途径解决"分别仅占0.8%（见图2-4）。

如果您受到不公正对待，您会

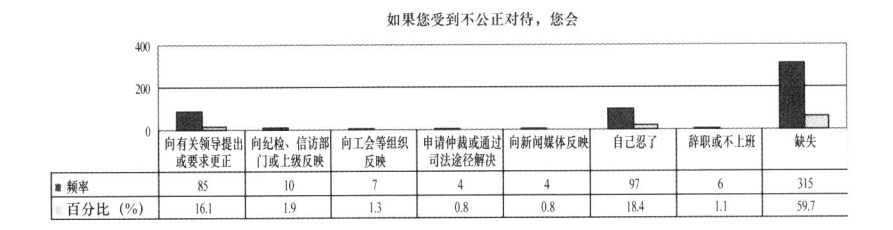

	向有关领导提出或要求更正	向纪检、信访部门或上级反映	向工会等组织反映	申请仲裁或通过司法途径解决	向新闻媒体反映	自己忍了	辞职或不上班	缺失
频率	85	10	7	4	4	97	6	315
百分比（%）	16.1	1.9	1.3	0.8	0.8	18.4	1.1	59.7

图2-4

最后，多数人认为，由于在"个人与团队行为的不道德"中，

"团队行为不道德危害更大",因而,多数人认为,"非常需要"设立科研/工程伦理委员会等科学道德与责任机构;在推动科技/工程伦理道德建设中,"政府主管部门"和"工程专业团体"具有重要作用。

关于"个人与团队行为的不道德,哪一个对社会风气危害更大",被调查者中有53.0%认为"团队行为不道德危害更大";认为"两者危害同样"的占33.1%;而认为"个人行为不道德行为危害更大"的仅占7.0%,认为"说不清"仅占4.2%(见图2-5)。

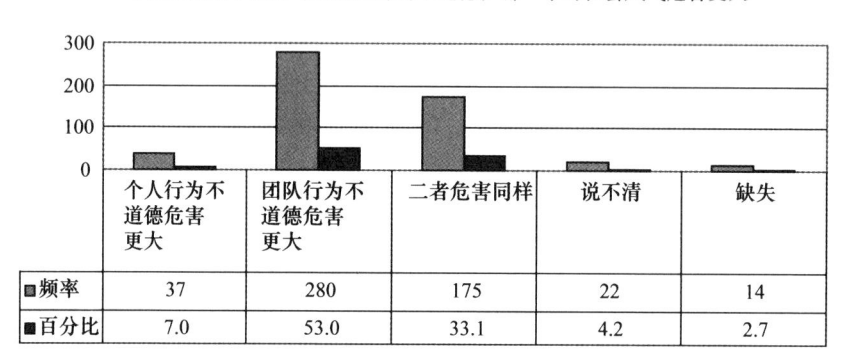

个人行为的不道德与团队行为的不道德,哪一个对社会风气危害更大

	个人行为不道德危害更大	团队行为不道德危害更大	二者危害同样	说不清	缺失
频率	37	280	175	22	14
百分比	7.0	53.0	33.1	4.2	2.7

图2-5

鉴于此,被调查者中认为"非常需要""设立科研/工程伦理委员会等科学道德与责任机构"的占72.9%;认为"没必要"的占14.2%;认为"无所谓"的占10.2%。问及需要设立科研/工程伦理委员会等科学道德与责任机构的原因时,被调查者中认为"道德自觉不可靠,科技活动需要这些机构监管和维护"的占48.7%;认为"科技活动是否道德主要由个人自身道德素质决定"的占19.3%,认为,"这些机构干预了科研,无助于科技活动道德进步"的占14.2%(见图2-6)。

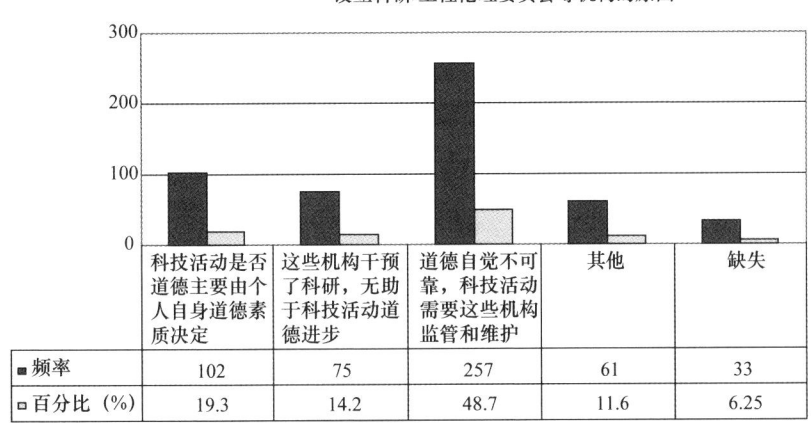

设立科研/工程伦理委员会等机构的原因

	科技活动是否道德主要由个人自身道德素质决定	这些机构干预了科研,无助于科技活动道德进步	道德自觉不可靠,科技活动需要这些机构监管和维护	其他	缺失
频率	102	75	257	61	33
百分比(%)	19.3	14.2	48.7	11.6	6.25

图 2-6

与此相关,当问及"应由谁负责推动科技/工程伦理道德建设"时(该题为多选题),被调查者中认为是"政府主管部门"占65.0%,位列第一;认为是"工程专业团体"占59.3%,以下依次为"学校"占29.5%、"企业(雇主)"占23.1%,"个人"占13.4%(见图2-7)。

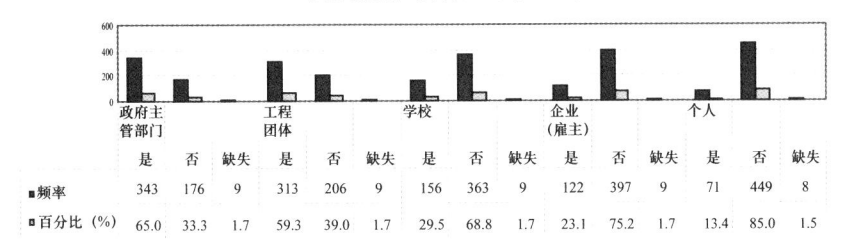

由谁负责推动科技/工程伦理道德建设

	政府主管部门			工程团体			学校			企业(雇主)			个人		
	是	否	缺失	是	否	缺失	是	否	缺失	是	否	缺失	是	否	缺失
频率	343	176	9	313	206	9	156	363	9	122	397	9	71	449	8
百分比(%)	65.0	33.3	1.7	59.3	39.0	1.7	29.5	68.8	1.7	23.1	75.2	1.7	13.4	85.0	1.5

图 2-7

3. 科技社会效应认知的现状与特点

首先,多数人认为,问题奶粉、问题胶囊、劣质建筑等食品、药品和工程安全事件涉及企业的社会道德,因此,"企业在追求利益的同时不能违背社会道德",而发生上述事件的主要原因是"监管机构监管力度不够""企业缺乏社会责任担当""相关法律法规不健全"等。

关于"问题奶粉、问题胶囊、劣质建筑等食品、药品和工程安全事件是否涉及企业的社会道德",被调查者中有95.6%的人认为,是涉及企业的社会道德,因此"企业在追求利益的同时不能违背社会道德",仅有1.5%的人认为,"与道德无关,企业为追求利益无可厚非"(见图2-8)。

您是否认为问题奶粉、问题胶囊、劣质建筑等食品、药品和工程安全事故涉及企业的社会道德?

	是,企业在追求利益的同时不能违背社会道德	否,与道德无关,企业为追求利益无可厚非	缺失
频率	505	8	15
百分比	95.6	1.5	2.9

图2-8

当问及发生上述事件的主要原因时(该题为多选题),位列第一的是"监管机构监管力度不够"占78.4%,位列第二的是"企业缺乏社会责任担当"占70.8%,"相关法律法规不健全"占66.1%位列第三,"管理者的伦理意识不够"占62.3%位列第四,以下依次是"企业没有健全自我管理机制"占58.1%、"企业缺乏伦理行为守则"占52.3%、"员工缺乏企业伦理方面的培训"占32.2%等(见图2-9)。

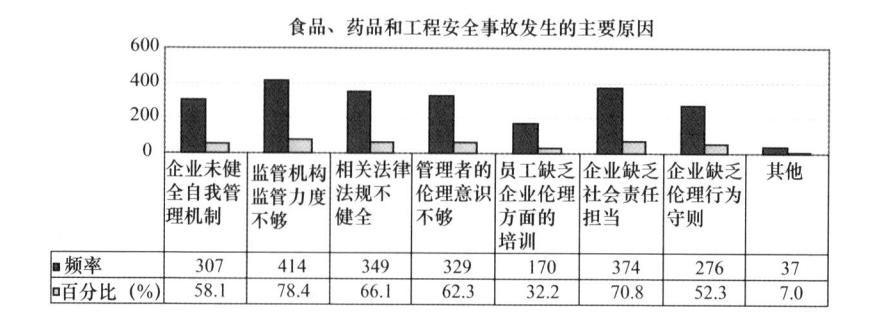

食品、药品和工程安全事故发生的主要原因

	企业未健全自我管理机制	监管机构监管力度不够	相关法律法规不健全	管理者的伦理意识不够	员工缺乏企业伦理方面的培训	企业缺乏社会责任担当	企业缺乏伦理行为守则	其他
频率	307	414	349	329	170	374	276	37
百分比(%)	58.1	78.4	66.1	62.3	32.2	70.8	52.3	7.0

图2-9

其次，多数人认为，科学共同体和工程共同体应承担的主要社会责任是"对造成的资源浪费和环境污染承担治理责任""使用/生产/建构节能环保型产品/服务"和"降低科研、工程活动对社会发展带来的负面影响"等；而履行社会责任，可以给共同体带来"长期利益"。因而，现在大多数单位在处理个人、共同体、社会三者关系时，常常以"共同体利益"为重；当发现共同体在研发过程中存在违反伦理道德的行为时，许多人选择了"劝阻"。

那么，"科学共同体和工程共同体应承担的主要社会责任是什么？"（该题为多选题）被调查者中有72.3%的人认为，"对造成的资源浪费和环境污染承担治理责任"位列第一，"使用/生产/建构节能环保型产品/服务"占70.8%位列第二，"降低科研、工程活动对社会发展带来的负面影响"占65.0%位列第三，以下依次是"诚实纳税"占48.5%、"积极参加公益活动"占39.4%（见图2-10）。

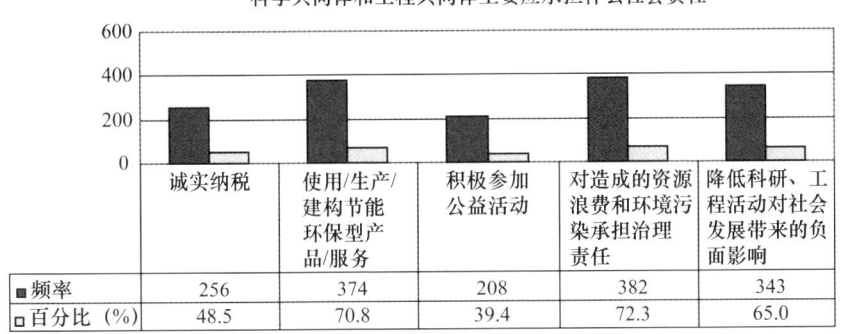

科学共同体和工程共同体主要应承担什么社会责任

	诚实纳税	使用/生产/建构节能环保型产品/服务	积极参加公益活动	对造成的资源浪费和环境污染承担治理责任	降低科研、工程活动对社会发展带来的负面影响
■频率	256	374	208	382	343
□百分比（%）	48.5	70.8	39.4	72.3	65.0

图2-10

与此相关，关于"社会责任给共同体带来了什么"（该题为多选题），被调查者认为，"长期利益"占47.3%位居第一，以下依次是"提高效益"占21.0%、"企业良好形象"占20.5%，仅有8.7%认为"增加了财务负担"。

因而，在问及"现在大多数单位在处理个人、共同体、社会三者关系时，以哪一个为重"时，被调查者认为，"共同体利益"占

52.7%，位居第一；"与共同体相关的社会利益"占 38.3%，位居第二；"职工个人利益"只占 7.0%（见图 2-11）①。

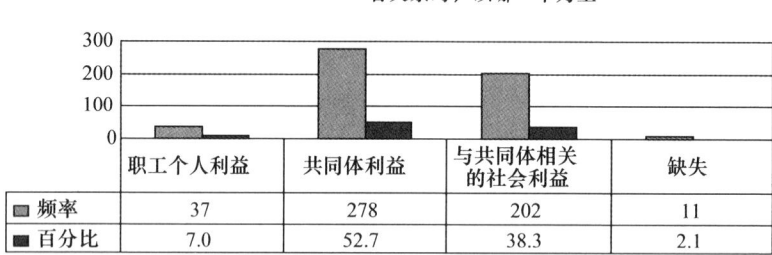

您认为现在大多数单位在处理个人、共同体、社会三者关系时，以哪一个为重

	职工个人利益	共同体利益	与共同体相关的社会利益	缺失
频率	37	278	202	11
百分比	7.0	52.7	38.3	2.1

图 2-11

当问及"所在的共同体为提高团队福利而在研究、生产、建造过程中存在违反伦理道德的行为，您会怎么做"时，48.9%的被调查者选择"劝阻"，24.8%选择"私下谈论，不举报"，22.2%选择"向监管机构举报"，只有 7.6%选择"向媒体爆料"，还有 5.7%选择"不在意，当作没发现"。之所以采取这样的做法，其原因是："为了共同体更好的发展"占 58.9%，位居第一，10.0%认为是"为了个人更好的发展"，13.6%认为由于"就业压力大只得被迫接受不道德行为"，8.3%认为是企业"缺乏对社会的责任感"。

再次，多数人认为，科技工作者应承担的主要社会责任是"做好本职工作，促进科技进步""遵守科技工作者的职业道德""尽力避免科技成果对社会发展带来的负面影响"等；因而，多数人"常体验到因自己工作中的行为符合职业道德、有利于社会和环境而有一种满足感"。

---

① 图 2-11 中的百分比统计，如果保留百分比小数点后三位则分别是"共同利益"占 52.651%，"与共同体相关的社会利益"占 38.257%，"职工个人利益"只占 7.007%，缺失 2.083%。按照仅保留百分比的一位小数，其余即小数点第二位及以后的数四舍五入，则分别为"共同体利益"占 52.7%，"与共同体相关的社会利益"占 38.3%，"职工个人利益"只占 7.0%，缺失 2.1%，因而总计百分比为 100.1%，四舍五入后约等于 100%。

关于"科技工作者应承担的主要社会责任是什么?"(该题为多选题)被调查者认为,"做好本职工作,促进科技进步"占80.9%,位居第一;以下依次是"遵守科技工作者的职业道德"占67.8%,"积极宣传,尽力避免科技成果对社会发展带来的负面影响"占54.9%,"围绕科技、经济和社会发展中的问题向党和政府建言献策"占50.0%,"自觉进行科普宣传,提高公众科学文化素质"占47.0%,"反映民生民意,推动社会和谐发展"占42.2%(见图2-12)。

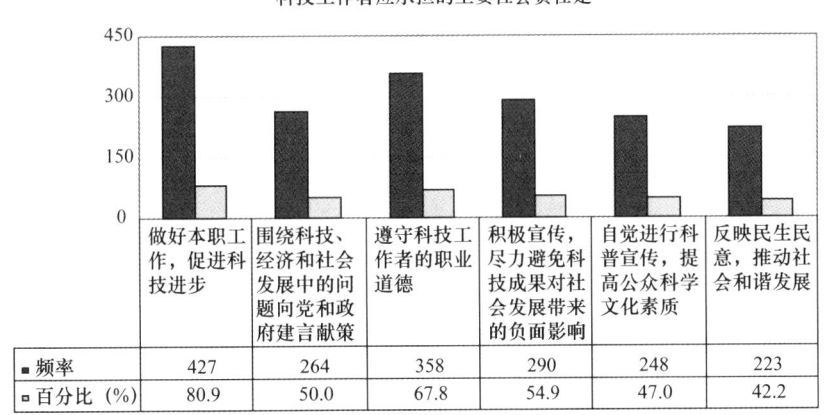

科技工作者应承担的主要社会责任是

	做好本职工作,促进科技进步	围绕科技、经济和社会发展中的问题向党和政府建言献策	遵守科技工作者的职业道德	积极宣传,尽力避免科技成果对社会发展带来的负面影响	自觉进行科普宣传,提高公众科学文化素质	反映民生民意,推动社会和谐发展
■ 频率	427	264	358	290	248	223
□ 百分比(%)	80.9	50.0	67.8	54.9	47.0	42.2

图 2-12

与此相关,当问及"是否常常体验到因自己工作中的行为符合职业道德、有利于社会和环境而有一种满足感"时,有50.9%的被调查者回答"时常有",37.3%回答"偶尔有",仅有8.9%回答"没有"。

又次,对于"科技越进步道德越退步"的观点,半数以上的人持"不赞同"态度;对于"科技禁区"的问题,近半数的人认为,"科学研究无禁区,技术应用要慎重";对于如何协调商业、军事和政治之间的利益冲突,近半数的人认为,"尽量兼顾二者",也有不少人认为,要"坚守科技活动的真与善"。

当问及如何看待"科技越进步道德越退步"的观点时,"不赞同"占被调查者的58.0%,"说不清楚"的占23.5%,只有

16.5%的人"赞同"。关于"现代科技具有高风险的特性,诸如基因技术、纳米技术可能存在潜在的负面影响。您认为应如何看待'科技禁区'",45.6%的被调查者认为"科学研究无禁区,技术应用要慎重";26.9%认为,"对不同的科技要区别对待";认为"有禁区"的占15.5%;认为"没有禁区"的占10.0%(见图2-13)。

如何看待"科技禁区"

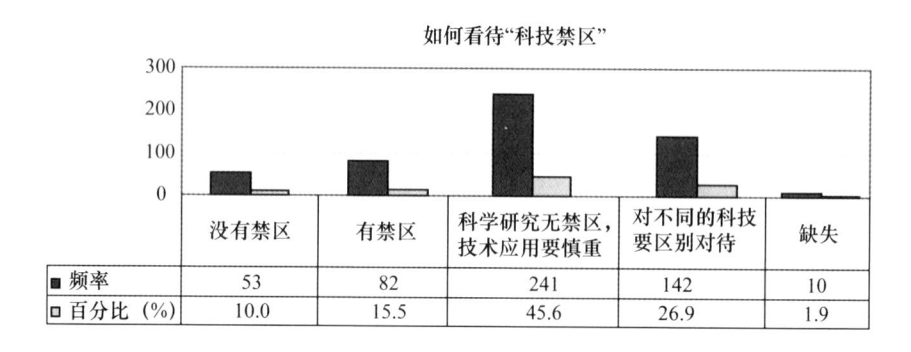

	没有禁区	有禁区	科学研究无禁区,技术应用要慎重	对不同的科技要区别对待	缺失
频率	53	82	241	142	10
百分比(%)	10.0	15.5	45.6	26.9	1.9

图2-13

与此相关,关于"现代科技/工程活动在很大程度上受制于商业、军事和政治,您认为如何协调其中的利益冲突",被调查者中认为"尽量兼顾二者"的占43.8%;认为"坚守科技活动的真与善"的占40.5%;仅有7.6%认为,"为了其他利益"可以"牺牲科技活动的真与善";还有4.9%选择"不知道"(见图2-14)。

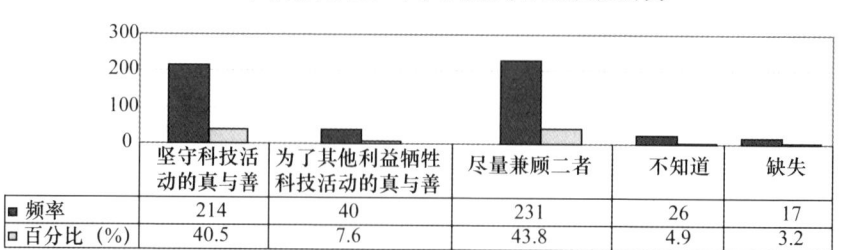

如何协调商业、军事和政治等方面的利益冲突

	坚守科技活动的真与善	为了其他利益牺牲科技活动的真与善	尽量兼顾二者	不知道	缺失
频率	214	40	231	26	17
百分比(%)	40.5	7.6	43.8	4.9	3.2

图2-14

最后，近半数的人认为"国家""应对环境污染和能源紧张负主要责任"，其次是"企业等集体组织"；在当前建设和谐伦理过程中，对于科技活动的不道德行为，最重要应从"加强伦理监控"方面入手；也有不少人认为，还须加强伦理奖惩体系和伦理规范体系建设。

关于"当前谁应对环境污染和能源紧张负主要责任"：被调查者中有49.1%的人认为"国家"应负主要责任，其次是"企业等集体组织"占41.9%，"个人"仅占4.2%。

与此相关，关于"在建设和谐伦理过程中，对于科技活动的不道德行为，最重要应从哪方面入手"（该题为多选题），被调查者认为"加强伦理制度监控"占48.7%；以下依次为"加强伦理奖惩体系建设"占33.7%，"加强伦理规范体系建设"占29.2%，"加强伦理道德教育"占29.0%，"加强伦理评价体系建设"占15.3%（见图2-15）。

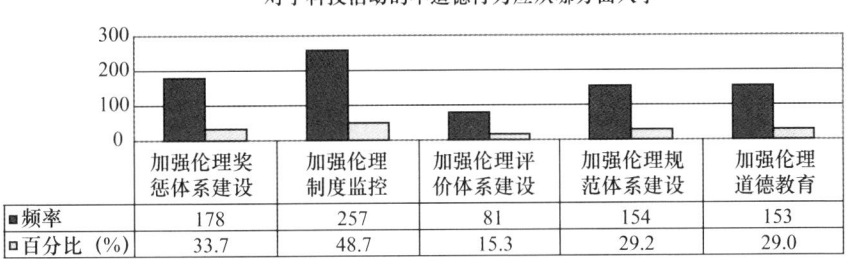

对于科技活动的不道德行为应从哪方面入手

	加强伦理奖惩体系建设	加强伦理制度监控	加强伦理评价体系建设	加强伦理规范体系建设	加强伦理道德教育
■频率	178	257	81	154	153
□百分比（%）	33.7	48.7	15.3	29.2	29.0

图2-15

二 关于当前我国科技伦理新特点与新问题的原因解析

1. 职业道德的问题与特点及原因

首先，关于成就感与道德素质问题。为什么在被调查者中多数人认为对于科技工作者所从事的工作的成就感是"解决问题后的满足感"占73.9%和"他人认可"占63.8%，两者位居前列，而"报酬（45.1%）"和"名誉（43.6%）"排行在后？这是与科技工作的创新特点相关。同时还须看到，"解决问题后的满足感"和"他人认可"前者属于自我评价,后者则属于社会评价,这里的"他人"可能是其所在的共同体或者是同事、同行等。因为我们现在已经进入评价社会,从研发者的资质,研发项目的招标、研制到验收,研发产品的推出等,无不需要通过相关指标体系的评价。正如马克思所指出:"意识在任何时候都只能是被意识到了的存在,而人们的存在就是他们的实际生活过程。"[①] 因而,在问及"科技工作者需要具有哪些道德素质"时,选择"诚实"的占 80.1%,位居第一,第二位的是"社会责任"占 70.1%,以下依次是"公正"占 64.8%、"正直"占 59.1%等。"诚实"是科技工作者进行创新与研发的第一要义,离开了"诚实"科技创新与研发的求真、臻善均无法实现。诚如《中庸》曰:"诚者,天之道也。诚之者,人之道也。诚者。不勉而中,不思而得,从容中道,圣人也。诚之者,择善而固执之者也。"(《礼记·中庸》)[②] 与此同时,我们还应看到,科技工作者作为社会的公民,应遵守"诚实守信"的公民道德和社会主义核心价值观的"诚信",已经得到普遍认同,亦成为大多数科技工作者的职业操守。同时,调查发现,"社会责任"亦为大多数科技工作者所认同,说明大多数科技工作者在从事科技开发与研究的过程中,具有社会责任担当精神。另外,值得注意的是,"公正"亦成为科技工作者道德素质中不可或缺的方面,因为许多科技工作者可能既是科技产品的研发者,亦是评价者或者被评价者。加之,上述提及的我们现在已经进入评价社会,因此,无论是评价者或者被评价者都期望获得或者进行公正的评价。与此相关,"正直"与"尊重"亦得到半数或者半数以上的被调研对象认可。值得一提的是,在上述的调研数据中"无私奉献"相对而言,选择人数低于其他选项。究其原因可能有以下两个方面:一是市场经济条件下,人们不得不更多考虑自身的利益;二是在制度层面的评价体系中未给予"无私奉献"者更多的褒奖。这样评价范围与评价机制,淡化了人们"无私奉献"的热情,作为科技工作者也受到

[①] 《马克思恩格斯全集》第 3 卷,人民出版社 1960 年版,第 29 页。
[②] 《四书五经》(上册),陈戍国点校,岳麓书社 1991 年版,第 634 页。

一定的影响。即便如此，我们还是看到有41.5%的被调查者选择了"无私奉献"，实属难能可贵。

其次，就科技工作者在工作中违背职业道德的现象而言，大多数被调查者之所以认为其主要表现为"抄袭或剽窃他人成果"和"伪造数据或弄虚作假"，而"科研立项或成果评审中的'以权谋私'行为"位居第三，是因为这些现象不仅存在，而且影响了科技的研发与创新以及科技的健康发展，还影响了科技职业道德建设和科技工作者的职业形象。另外，在"技术成果交易中夸大技术价值或隐瞒技术风险"不利于人们抵御科技成果应用的负效应，而"学术专制、不允许他人质疑自己的观点"则影响学术民主。在分析上述不良现象产生的主要原因时，大多数被调查者认为，这都与"为获得利益而置道德规范于不顾即见利忘义"密切相关，同时与"评价制度等有不合理之处"也有关联，还与科技工作者"学术道德和学术规范意识不强"相关。

最后，关于实验、废料的处理等方面的问题，大多数被调查者之所以认为在利用人类和动物主体进行实验、废料的处理、危险和受控制物品的使用等方面"必须完全符合法律和道德规范"或者"尽量不违反法律和道德规范"，是因为大家认识到，这些问题关系到人民的生命安全和生态的可持续发展，因而必须遵循相关的法律法规和生命伦理、生态伦理原则与规范。但是值得注意的是，虽然仅有4.5%的被调查者认为，"为达研究目的可以违背法律和道德规范"，在科技成果及其应用过程中，危害很大。因为科技研发与应用无小事，哪怕是一丝的疏忽大意都会引发重大事故。更何况是关系到人—社会—自然可持续发展的实验、废料的处理等方面的问题。现实中，"三废"排放治理不力，或者屡禁不止，严重影响了我国生态治理的进程。与此相关的工程质量问题，之所以大多数被调查者认为，其责任主要在于"管理者"，是因为这里的"管理者"不仅是个人，而且是一个管理层级系统，负责工程人财物的配置；与此同时，我们发现，不少人认为"工程共同体"亦负有责任。这是因为所有的工程都是由一定的"工程共同体"具体施工，直至完成。因此，工程质量问题与施工过程的质量管控密切相关。还有不少人认为"决策者"也应对工程质量问题负责。其原因在于尽管不对工程进行具体的管理与施工,但是其负责工程的顶层设计,比如,做什么工程,谁做工程;怎么管理,谁来管理等都与"决策者"相关。因而对于工程质量问题责任"决策者"难以推卸。尽管只有少数人认为"工程师"对工程质量问题负责,但是"工程师"对工程质量问题在技术层面亦负有不可推卸的责任。因此,绝大多数的被调查者都认为必须"遵循职业道德"(91.1%),而且"科研行为必须遵循职业道德"。不仅因为"遵循职业道德有利于团队利益和个人利益",而且关系到科技成果的合理应用,关系到工程质量的提高,更关系到生态文明和美丽中国的建设。鉴于上述情况,加强全民的科技伦理包括工程伦理、生命伦理和生态伦理教育势在必行。

2. 科技伦理治理的问题与特点及原因

首先,大多数被调查者之所以认为,科技/工程决策应考虑"尽量避免和减少对生态环境的破坏"和"科技/工程的社会效益",是因为科技发展与工程应用产生的负效应在这两个方面最为显著。从我国的现状看雾霾挥之不去,说明环境的承受力已趋于危险的边缘,生态治理刻不容缓!"科技/工程的社会效益"此时显得尤为重要,无论是生态治理,还是减少科技成果应用的负效应,都直接关系到社会的发展与人民的生命安全。在此基础上,"科技/工程的经济效益"也为多数人所关注。如何达到"尽量避免和减少对生态环境的破坏"和"科技/工程的社会效益"与"促进科学/工程共同体的组织优化"密切相关。由此可见,在科技/工程决策中,生态效益与社会效益更重于经济效益,已经成为人们的共识。与此相关,被调查者对于"需要优先强化伦理意识和伦理责任的共同体成员"的排序,依次为:第一位的是"企业(雇主)",第二是"管理者",第三是"科研人员",第四是"工程师",最后是"技术工人"。可见,多数被调查者意识到,"雇主(企业)"和"管理者"的伦理意识和伦理责任关系到整个科技企业或者科技共同体的科技伦理水平。那么,作为科技企业或者科技共同体的管理者应该具有哪些素质?被调查者认为,"公平、公正"位列第一,位列第二的是"善于组建团队,有团队精神"、"具备专业知识,能够听取下属意见"位列第三。由此可见,人们对科技企业或者科技共同体的管理者的"公平、公正"期望值很高,同时,作为管理者还要"善于组建团队,有团队精神",既具有"专业知识"又能"听取下属意见",启发、引导和信任下属;管理者既能"真诚坦率",又能"为人谦逊"。

其次,关于团队与个人的伦理关系在科技管理伦理中较为凸显。其主要表现为,一是当作为"身兼管理的科技人员在面临需要同时履行相互矛盾的两套职责或义务的角色冲突时,应该向谁负责",被调查者认为,首要的是向"公众"负责,以下依次为"良知""共同体"和"雇主"等。因为在市场经济条件下,企业或者科研共同体,其服务的对象是公众,因此,应该"情为民所系""利为民所谋",关注民生、关注人民的生命安全,珍爱生命是第一要义。二是当问到"是否常常体验到自己属于所在的团队,并且行为选择要服务团队"时,多数被调查者选择"时常有",不少的人选择"偶尔有",仅有极少的人选择"没有"。多数被调查者认为,其原因在于"个体属于团队,自愿服从","我的利益与团队利益一致"。这说明团队与个人是伦理共同体,协调好团队与个人的伦理关系,有利于团队与个人的发展。三是当问及是否"受到过所在共同体其他人的不公正对待",有半数以上的被调查者回答"否",但也有不少人回答"是"。这一情况说明,"受到过所在共同体其他人的不公正对待"的现象的确存在。其原因何在?不少人认为是"制度体制不健全不合理",以下依次是"领导的原因""自己的原因"等。值得注意的是,当问及"如果受到不公正对待,您会如何"时,选择"自己忍了"居第一位,"向有关领导提出或要求更正"位列第二,而只有很少的人选择"向纪检、信访部门或上级反映""向工会等组织反映""辞职或不上班";"向新闻媒体反映"和"申请仲裁或通过司法途径解决"分别仅占0.8%。由此可见,"如果受到不公正对待",求助于自己与求助于领导是主要途径。因为在"制度体制不健全不合理"情况下,求助于领导是试图通过组织途径来解决,而"自己忍了"则是无奈之举。这说明,只有构建和健全合理的制度体制,才能公正处事,避免人为因素的干扰。

最后，关于建立健全科研/工程伦理委员会的问题。其一建立健全科研/工程伦理委员会何以必要？因为，被调查者中有半数以上的人认为"个人与团队行为的不道德""团队行为不道德危害更大"，还有不少人认为"二者危害同样"，认为"个人行为不道德危害更大"的仅占少数。鉴于这一状况，大多数被调查者认为"设立科研/工程伦理委员会等科学道德与责任机构""非常需要"；只有少数人认为"没必要"或者"无所谓"。其二建立健全科研/工程伦理委员会何以合理？近半数的被调查者认为"道德自觉不可靠，科技活动需要这些机构监管和维护"，即仅靠自律不足以制约个人与团队行为的不道德，必须建立相应的他律型的监管机构；只有少数人认为"科技活动是否道德主要由个人自身道德素质决定"；还有一些人认为，"这些机构干预了科研，无助于科技活动道德进步"。其三，建立健全科研/工程伦理委员会何以可能？大多数被调查者认为负责推动科技/工程伦理道德建设的是"政府主管部门"，半数以上的人认为是"工程专业团体"，以下依次为"学校""企业（雇主）"，只有很少的人认为是"个人"。总之，要靠组织的力量才能推动科技/工程伦理道德建设。而科研/工程伦理委员会可以集约各方面的力量。

3. 科技社会效应认知的问题与特点及原因

首先，关于科技社会伦理负效应的认知度较高。被调查者中有95.6%的人认为，"问题奶粉、问题胶囊、劣质建筑等食品、药品和工程安全事件涉及企业的社会道德"，因此"企业在追求利益的同时不能违背社会道德"，仅有极少数的人认为，"与道德无关，企业为追求利益无可厚非"。而分析发生上述事件的主要原因时，位列第一的是"监管机构监管力度不够"，位列第二的是"企业缺乏社会责任担当"，"相关法律法规不健全"位列第三，"管理者的伦理意识不够"，位列第四，以下依次是"企业没有健全的自我管理机制""企业缺乏伦理行为守则""员工缺乏企业伦理方面的培训"等。由此可见，科技社会伦理负效应已成为全社会关注的热点问题，因为科技社会伦理负效应，不仅关系到科技与社会的发展，而且关系到千家万户人们的切身利益和生命安全。

其次,与上述认知度相关,关于共同体与科技工作者的社会责任认知。一是关于"科学共同体和工程共同体应承担的主要社会责任"认知。大多数被调查者认为,首当其冲的是"对造成的资源浪费和环境污染承担治理责任","使用/生产/建构节能环保型产品/服务"位列第二,"降低科研、工程活动对社会发展带来的负面影响"位列第三,以下依次是"诚实纳税""积极参加公益活动"等。二是关于"社会责任给共同体带来了什么"的认知,被调查者认为,能够为共同体带来"长期利益"位居第一,以下依次是"提高效益""企业良好形象",仅有少数人认为会增加"财务负担"。三是关于"现在大多数单位在处理个人、共同体、社会三者关系时,以哪一个为重"的认知,其中我们发现,"共同体利益"位居第一,"与共同体相关的社会利益"位居第二,只有少数人选择了"职工个人利益"。四是关于"科技工作者应承担的主要社会责任"的认知,被调查者认为,"做好本职工作,促进科技进步"位居第一,"遵守科技工作者的职业道德"位居第二,以下依次是"积极宣传,尽力避免科技成果对社会发展带来的负面影响""围绕科技、经济和社会发展中的问题向党和政府建言献策",还有不少人认为,"自觉进行科普宣传,提高公众科学文化素质"和"反映民声民意,推动社会和谐发展"。由此可见,作为科技工作者"做好本职工作,促进科技进步"和"遵守科技工作者的职业道德"已为人们所普遍认同。正因为如此,有半数以上的被调查者能"常常体验到因自己工作中的行为符合职业道德、有利于社会和环境而有一种满足感",还有超过三分之一的人感到"偶尔有"这样的满足感,仅有很少的人感到"没有"。由上述可见,人们对科学共同体和工程共同体社会责任的期待越来越高,科学共同体和工程共同体在现代社会发展中起着举足轻重的作用。与此同时,人们对于科技工作者社会责任伦理期待也很高。这是其所承担的社会角色决定其担当的使命,也是其对自己所担当使命的自觉。

再次,关于科学与道德关系的认知。其一,对于"科技越进步道德越退步"的观点,"不赞同"占被调查者中的六成,二成多的人"说不清楚",只有少数人"赞同"。因为科学与道德关系是相互促进的关系，不能由于科技发展及其成果应用出现了负效应，就认为"科技越进步道德越退步"。实际上，科技发展及其成果应用以及负效应的出现，对道德建设提出了新的要求，亟须构建新的伦理道德规范，引领科技发展及其成果应用，以及相关负效应的治理方略。其二，由于现代科技具有高风险的特性，诸如基因技术、纳米技术可能存在潜在的负面影响。对于"科技禁区"的认知，有近半数的被调查者认为"科学研究无禁区，技术应用要慎重"；也有不到三成的人认为，"对不同的科技要区别对待"；只有少数人认为"有禁区"或者"没有禁区"。实际上，不能因为现代科技具有高风险就认为是"科技禁区"。只有加强对于现代科技高风险的研究，区别其风险类型、风险级别，才能有规避这些风险的方略和应急措施。但是在没有弄清其风险类型和风险级别的情况下，盲目应用高科技是不可取的。

最后，关于共同体违反伦理的行为、价值冲突等方面问题认知。其一，当遇到"所在的共同体为提高团队福利而在研究、生产、建造过程中存在违反伦理道德的行为"时，近半数的被调查者选择了"劝阻"，四成的人选择"私下谈论，不举报"或者"向监管机构举报"，只有少数人选择"向媒体爆料"或者"当作没发现"。他们之所以这样做，其原因是"为了共同体更好的发展"，也有少数人是"为了个人更好的发展"。由此可见，对于"所在的共同体为提高团队福利而在研究、生产、建造过程中存在违反伦理道德的行为"采取"劝阻"是可取的，如果"劝阻"有效，的确有利于"共同体更好的发展"，但是如果"劝阻"无效，仅"私下谈论，不举报"无益于制止这种违反伦理道德的行为。不仅不利于该共同体的发展，还会影响生态环境和人民的生命安全，进而，影响社会的发展。而"向监管机构举报"和"向媒体爆料"尽管是少数人的选择，但是这有利于发挥第三方对于这些共同体"违反伦理道德的行为"的监督作用，有利于推进其整改，使其行为产生的负面伦理效应尽可能减少。其二，对于"现代科技/工程活动在很大程度上受制于商业、军事和政治"，如何协调其中的利益冲突呢？有四成以上的被调查者认为，"尽量兼顾二者"，也有四成的人主张"坚守科技活动的真与善"，仅有少数人认为,"为了其他利益"可以"牺牲科技活动的真与善"。当前,在现代科技/工程活动中如何协调多方面的利益冲突,必须坚持科技伦理原则规范与相关的法律法规,这样才能从人—社会—自然可持续发展的高度协调各方的利益。这也是"坚守科技活动的真与善"的真谛所在。其三,关于"当前谁应对环境污染和能源紧张负主要责任"的认知,被调查者中有半数以上的人认为"国家"应负主要责任,其次是"企业等集体组织"。因为,只有"国家"才能从全局、从当前发展与长远发展的契合中,从人—社会—自然可持续发展的高度治理"环境污染和能源紧张"问题,"企业等集体组织"则是具体的执行方,因而负有相关的责任。其四,关于"在建设和谐伦理过程中,对于科技活动的不道德行为,最重要应从哪方面入手",有近半数的被调查者认为,"加强伦理制度监控";以下依次为"加强伦理奖惩体系""加强伦理规范体系建设""加强伦理道德教育""加强伦理评价体系建设"。因为,对于科技活动的不道德行为,只有"加强伦理制度监控"才能对行为者根据产生伦理负效应的程度进行处置,而处置的依据除了相应的法律法规,还须构建相关的伦理规范体系和伦理评价体系。为此,必须进行相关的伦理规范体系和伦理评价体系知识的普及即加强伦理道德教育。这样,才能真正制止科技活动的不道德行为。

三 关于构建我国科技伦理治理机制的相关对策与建议

构建我国科技伦理治理机制是一项系统工程,其中包括加强科技职业道德建设、加强科技伦理治理机制与伦理建设、加强科技伦理社会效应伦理治理等方面的对策。

1. 关于加强科技职业道德建设的相关对策与建议

首先,加强科技职业道德建设须与人生观、人生理想的教育相结合,激发科技伦理实体及其科技工作者对于社会的感恩之心,以增强其社会道德责任感。在调研中我们发现多数人认为,关于工作的成就感与"解决问题后的满足感"和"他人认可"有关;而道德素质中"诚实"与"社会责任"位居前列。我们将两者联系起来,可以看到,"解决问题后的满足感"与其对于科技发展的"社会责任"相关,正因为通过每一位科技工作者独立思考和创造能力为社会作贡献,才能增进人类利益,因而得到"他人认可"。正如爱因斯坦所说,人受之社会须报偿社会。他认为,我们每个人在世界上都只是作一个短暂的逗留,尽管有时人们自以为对此有所感悟,但对于人生的目的,并非都十分明了。我们只要通过日常生活就可以明白,人都是为别人而生存的:第一,为那些人的喜悦和健康,因为这关系到我们的全部幸福;第二,为许多我们所不认识的人,而他们的命运通过同情的纽带与我们密切结合在一起。因而,"我每天上百次地提醒自己:我的精神生活和物质生活都依靠着别人(包括活着的人和死去的人)的劳动,我必须尽力以同样的分量来报偿我所领受了的和至今还在领受着的东西"[1]。这说明,要使科技伦理实体及其科技工作者意识到,其精神生活和物质生活都与社会给予和他人的劳动密切相关,因而须感恩社会与他人,为此须自觉地增强自身的社会道德责任感。

其次,加强科技职业道德建设过程中,须引领科技工作者对真善美的追求。爱因斯坦认为,作为人都应该有一定的理想,因为理想决定着其努力的方向。因此,他从来不把安逸与快乐看作生活的目的。他深有感触地说:"照亮我的道路,并且不断地给我新的勇气去愉快地正视生活的理想,是善、美和真。"[2] 在爱因斯坦看来,如果没有志同道合的感情,如果不全神贯注于客观世界,"生活就会是空虚的"[3]。在调研中我们发现多数人认为,违背职业道德的现象中最引人关注的是"抄袭或剽窃他人成果"和"伪造数据或弄虚作假",而这些不道德现象与"见利忘义"和"评价制度等有不合理"密切相关。而"见利忘义"者恰恰是缺乏正确的人生理想——对真善美的追求,因而导致"抄袭或剽窃他人成果"和"伪造数据或弄虚作假"屡屡发生。

---

[1]《爱因斯坦文集》第三卷,许良英、赵中立、张宣三编译,商务印书馆1979年版,第42页。

[2]《爱因斯坦文集》第三卷,许良英、赵中立、张宣三编译,商务印书馆1979年版,第43页。

[3]《爱因斯坦文集》第三卷,许良英、赵中立、张宣三编译,商务印书馆1979年版,第43页。

最后，加强科技职业道德建设须与伦理评价制度及相关的法律法规的建构与完善相结合。上述"抄袭或剽窃他人成果"和"伪造数据或弄虚作假"之所以屡屡发生，除了这些人"见利忘义"，还有一个重要原因是上述提及的"评价制度等有不合理"。因此，在加强科技职业道德建设的同时，须进一步建构与完善伦理评价制度及相关的法律法规。这不仅可以引领科技工作者的研发过程，也能制约与警示"抄袭或剽窃他人成果"和"伪造数据或弄虚作假"者。不仅如此，还能引领、制约和警示科技成果应用、实验、废料的处理和工程质量。

2. 关于加强科技伦理治理机制与伦理建设的相关对策与建议

首先，为了在科技/工程决策做到被调查对象中多数人所期望的应"尽量避免和减少对生态环境的破坏"，注重"科技/工程的社会效益"等，须遵循敬畏生命、珍爱生命的生态伦理精神即不但要珍爱人的生命，而且须珍爱绿化植物的生命，珍爱环境。因为"保护生态环境就是保护生产力，改善生态环境就是发展生产力。良好的生态环境是最公平的公共产品，是最普惠的民生福祉"①。这既体现了现代科技伦理应然逻辑的生态伦理精神，亦是其生态伦理实践。因为伦理总是以实践—精神的方式把握世界的。就其生态伦理精神层面而言，须将这一生态伦理精神贯穿于现代科技发展的设计理念与规划理念以及相关的法律法规之中，并以之指导现代科技发展的诸环节；就其生态伦理实践而言，一定要将敬畏生命、珍爱生命的生态伦理精神落到实处。不仅从大处着眼，还要从小处着手。②须将珍爱生命的生态伦理原则不仅作为发展与规划的理念，而且在实施过程中建立相应的评估与监督机制。与此同时，须通过多渠道的道德教育途径，加强对现代科技伦理实体及其科技活动主体，尤其是"企业（雇主）"和"管

---

① 《习近平著作选读》第一卷，人民出版社2023年版，第113页。
② 比如在立体交通的建设中，珍爱人的生命，须体现在路权分配的均衡性：相关路口的行道灯、交通指示牌及其相关的时间与空间等方面的设置，须让行人、行车安全便利。珍爱绿化植物的生命，体现在不乱砍滥伐绿化植物、任意践踏草坪，须经常爱护、维护绿化植物，即使因修路也须悉心管理或者谨慎移植绿化植物（参见陈爱华《构建美丽中国生态之行的伦理探索》，《南京社会科学》2013年增刊）。

理者"珍爱生命生态伦理意识，与此同时，全面加强全体公民的生态珍爱生命生态伦理意识，使之成为人们的行为习惯。由于在"个人与团队行为的不道德"中，"团队行为不道德危害更大"，因而，须设立科研/工程伦理委员会等科学道德与责任机构，评价与制约团队与个人不道德的行为。

其次，在现代科技发展的进程中，须"按照美的规律来构造"。如同马克思所指出的那样："动物的生产是片面的，而人的生产是全面的。"因为在马克思看来，其一，"动物只是在直接的肉体需要的支配下生产，而人甚至不受肉体需要的影响也进行生产"；其二，"只有不受这种需要的影响才进行真正的生产"；其三，"动物只生产自身，而人再生产整个自然界"；其四，"动物的产品直接属于它的肉体，而人则自由地面对自己的产品"；其五，"动物只是按照它所属的那个种的尺度和需要来构造，而人懂得按照任何一个种的尺度来进行生产"。① 尤其需要强调的是，人与动物的本质区别在于，人"懂得怎样处处都把内在的尺度运用到对象上去"并且"按照美的规律来构造"。② 因而，为了克服原来科技发展规划的片面性和短视性，不仅关注科技成果的形式美（外在美），更关注科技成果的内在美即科技成果—人—自然环境之间的内在和谐。因为正如康德所说，在一个有机的自然产物中，"其中所有一切部分都是交互为目的和手段的"。因而"在这样一个产物里面，没有东西是无用的，是没有目的的"。③ 在科技成果中体现人文生态的再造、绿色生态的再生、智能生态的提升——兼指挥、协调、控制、疏导、预警、应急等于一体。

最后，须增强科技共同体和工程共同体的伦理风险的意识，建立现代科技伦理风险的规避预测、预防和预警机制，以及伦理风险规避应急、救援和善后机制。为此，一是在现代科技伦理风险规避的制度机制建构中，须"增强维护国家安全能力。坚定维护国家政权安全、制度安全、意识形态安全，加强重点领域安全能力建设，确保粮食、

---

① 《马克思恩格斯全集》第3卷，人民出版社2002年版，第273—274页。
② 《马克思恩格斯全集》第3卷，人民出版社2002年版，第274页。
③ [德] I. 康德：《判断力批判》下卷，韦卓民译，商务印书馆1964年版，第25页。

能源资源、重要产业链供应链安全,加强海外安全保障能力建设,维护我国公民、法人在海外合法权益,维护海洋权益,坚定捍卫国家主权、安全、发展利益。""提高公共安全治理水平。"① 坚持必仁且智②的价值取向。这里关涉了求真价值取向和臻善价值取向这两者之间的必要张力,进而体现了真善之间的互制性。二是在规避现代科技伦理风险的制度机制建构及其运作方略上,须坚持"德"—"得"相通③原则。这里关涉了可持续发展与当下发展这两者之间的必要张力。由于"人无远虑,必有近忧",因而就要求在道德选择中,现代科技伦理实体不能采取不可持续发展的,急功近利,"竭泽而渔"的短视行为,必须采取既考虑现在的人类需要,又考虑未来的人类需要,并且对由地球造成的不能同时兼顾的因素,作出权衡。④ 不仅要关注现代科技发展及其成果应用对当代人利益的影响,而且要关注其对后代人利益的影响。三是在现代科技伦理风险规避的制度机制建构中,要坚持"天人合一"的顶层设计。这里关涉人的目的性及其合理性与自然生态平衡内在规律两者之间的必要张力。进而体现了现代科技伦理实体对人—自然—社会合理(绿色)生存方式的积极探索。现代科技伦理实体面对的人—自然—社会系统不是一个简单线性关联的系统,而是一个高度敏感而复杂的系统,因为"人类的生态的、经济的和政治的问题都已经成为全球性、复杂的和非线性的问题"⑤。因而对这一系统,不能采取过去沿用的单向因果的分析方式,而应以谨慎而又积极的态度,遵循该系统进化中的非线性和复杂性条件,以辩证的方法进行解析和研判。这样,才能达到老子所说的那样,"生之畜之,生而不有,为而不恃,长而不宰"(《道德经·十章》)⑥。在运用现代

---

① 《习近平著作选读》第一卷,人民出版社2023年版,第44页。
② 参见周辅成《序一》,载陈爱华《现代科学伦理精神的生长》,东南大学出版社1995年版,序一第3页。
③ 参见樊浩《伦理精神的生态价值》,中国社会科学出版社2001年版,第336页。
④ 参见[美]丹·米都斯等《增长的极限》,李宝恒译,四川人民出版社1984年版,第95页。
⑤ [德]克劳斯·迈因策尔:《复杂性中的思维:物质、精神和人类的复杂动力学》,曾国屏译,中央编译局出版社2000年版,第399页。
⑥ (魏)王弼注:《老子道德经注校释》,楼宇烈校释,中华书局2011年版,第26页。

科技"制天命而用之"的过程中，以敬畏生命，珍爱生命的生态伦理精神"赞天地之化育"，促进人—自然—社会系统和谐、可持续发展，展现"天人合一"的愿景。

3. 关于加强科技伦理社会效应伦理治理的相关对策与建议

首先，为了加强科技伦理社会效应伦理治理，须构建现代科技伦理的治理机制。构建现代科技伦理的治理机制之所以必要，是因为在被调查对象中多数人认为，问题奶粉、问题胶囊、劣质建筑等食品、药品和工程安全事件涉及企业的社会道德，因此，"企业在追求利益的同时不能违背社会道德"，而发生上述事件的主要原因是"监管机构监管力度不够""企业缺乏社会责任担当""相关法律法规不健全"等。另外，多数人认为，科学共同体和工程共同体应承担的主要社会责任是"对造成的资源浪费和环境污染承担治理责任""使用/生产/建构节能环保型产品/服务"和"降低科研、工程活动对社会发展带来的负面影响"等；而履行社会责任，可以给共同体带来"长期利益"。因而，现在大多数单位在处理个人、共同体、社会三者关系时，常常以"共同体利益"为重。因此，构建现代科技的科技伦理治理机制势在必行。但是构建现代科技的科技伦理治理机制是一项系统工程，其中包括构建其伦理评价机制、伦理监督机制和伦理问责机制等相互联系的环节，由此才能使现代科技的科技伦理治理机制的构建落到实处。其中现代科技的伦理评价机制既是现代科技的科技伦理治理机制的构建首要环节——对现代科技伦理实体（包括科技共同体和工程共同体等）履行科技—伦理规范评价体系，又是对其进行伦理监督和伦理问责基础；现代科技伦理的伦理监督机制一方面反馈了现代科技伦理实体履行科技—伦理规范执行力的状况，另一方面，体现了现代科技伦理实体执行力的监控，进而为推进对其进行伦理问责奠定基础；现代科技伦理的伦理问责机制一方面把基于现代科技伦理实体伦理监督的治理机制运行结果付诸实施，另一方面，体现了现代科技伦理应然的理论—实践逻辑现实的效能，同时现代科技伦理实体及其个体具有提示与警示作用。与此同时，还须加强伦理奖惩体系和伦理规范体系建设，进而形成科技社会效应伦理治理的合力。

其次，在现代科技发展的进程中，要将科技成果的量增到生态伦理的质的提升，即现代科技发展须从"能做什么"单一科学主义的思维模式及其运作方式转向"应做什么"科学—技术—伦理的思维模式及其运作方式，在其顶层设计与规划理念上，必须从"能否出科技成果"的单一目标，转向科技成果与人—环境的和谐统一为目标。事实表明，在现代科技发展的进程中，我们不仅把自然界作为"作为自然科学的对象"与"艺术的对象"，进而使其成为"人的意识的一部分"，亦是"人的精神的无机界"，由此形成了科技发展规划的蓝图，而且在实践上，我们把整个自然界一是"作为人的直接的生活资料"，二是将其"变成人的无机的身体"即作为人的生命活动的对象、材料与工具。[①] 但是我们却忽略了"人靠自然界生活"[②]。这就意味着，"自然界是人为了不致死亡而必须与之处于持续不断的交互作用过程的、人的身体"[③]。目前人们正在遭受噪声污染、雾霾天气等人为污染和自然灾害等的困扰，这种情形诚如恩格斯所说，尽管我们通过发展现代科技所作出的改变"使自然界为自己的目的服务"，进而"支配自然界"但是"我们不要过分陶醉于我们人类对自然界的胜利"。[④] 因为"对于每一次这样的胜利，自然界都对我们进行报复"[⑤]。尽管"每一次胜利，起初确实取得了我们预期的结果，但是往后和再往后却发生完全不同的、出乎预料的影响，常常把最初的结果又消除了"[⑥]。现在我们真切地感受到自然界的"报复"，这里既有人为造成的环境污染，如噪声、雾霾、污水等，使自然界无法自净，也有自然灾害，如泥石流、地震、海啸等。而这些自然灾害的发生与人类盲目或者过度地开采自然资源有着错综复杂的联系。

最后，在现代科技发展的进程中，必须从局部规划、短期规划转向总体规划和长期规划。从现代科技发展出现的伦理悖论来看，其问

[①] 《马克思恩格斯全集》第3卷，人民出版社2002年版，第272页。
[②] 《马克思恩格斯全集》第3卷，人民出版社2002年版，第272页。
[③] 《马克思恩格斯全集》第3卷，人民出版社2002年版，第272页。
[④] 《马克思恩格斯全集》第26卷，人民出版社2014年版，第769页。
[⑤] 《马克思恩格斯全集》第26卷，人民出版社2014年版，第769页。
[⑥] 《马克思恩格斯全集》第26卷，人民出版社2014年版，第769页。

题的症结在于，一是仅仅着眼于解决当下的问题，而其生态伦理悖论接踵而至的出现，使得人们将付出长期代价；二是局部性的问题尚未解决，总体性的问题又层出不穷。因此，只有坚持现代科技发展的总体性规划和长远规划，才能避免急功近利的短视与片面效应，实现"以人为本"和"以环境为本"的和谐统一，兼顾人—社会—城市—自然环境的绿色发展。

附录 2

科技伦理调查问卷

尊敬的先生/女士：

您好！受国家哲学社会科学规划办公室委托，本课题组开展关于科技伦理问题的调查。本次调查的目的，是切实了解当前我国科研道德、工程伦理、科技管理伦理、科技社会效应认知等科技伦理环境的真实状况，并据以科学的分析研究，为相关科研机构、企事业单位提供政策参考和决策依据。

本调查以不记名方式进行，并且，根据国家的统计法，我们将对统计资料保密。所有个人资料均以统计方式出现。希望您在填表时不要有任何顾虑。

谢谢您的合作与支持！

现代科技伦理应然逻辑研究课题组
2012 年 9 月

填表注意事项	1. 请在符合您的情况和想法的问题答案号码上画"√"号，除特殊说明外，均为单项选择
	2. 本问卷以"共同体"表示工作、科研集体
	3. 本问卷中的"工作"同样用来指称学习、科研活动

第一部分：自然情况

1. 您的性别：①男　②　女
2. 您的年龄：
①18 岁以下　②18—25 岁　③26—30 岁　④31—40 岁
⑤41—50 岁　⑥51—65 岁　⑦65 岁以上
3. 您的文化程度：
①高中或以下　②高中/中专/高职类　③大专　④本科
⑤硕士　　　⑥博士　　⑦MBA 或 EMBA
4. 您工作单位的类型：
①学校　②国家科研院所　③企业科研院所　④国有企业
⑤私营企业　⑥其他
5. 您的专业背景：①工科　②理科　③文科
6. 您的工作性质：
①基础研究　②应用开发　③管理　④工程师
⑤质检/化验　⑥技术工人
⑦产品推广与销售　⑧文秘　⑨教师　⑩其他
7. 您在当前工作/科研单位中的工作年限：
①1 年以下　②1—3 年　③4—7 年　④8—10 年
⑤11—15 年　⑥16—25 年　⑦26 年以上

第二部分：职业道德

8. 您认为科技工作者所从事的工作，成就感在于（可多选）：
①报酬　②名誉　③他人认可　④解决问题后的满足感
⑤其他
9. 您认为科技工作者需要具有的道德素质是（可多选）：
①诚实　②公开　③公正　④正直　⑤尊重　⑥无私奉献
⑦社会责任

10. 您认为科技工作者在工作中违背职业道德的现象主要表现在哪些方面？（可多选）

①抄袭或剽窃他人成果

②伪造数据或弄虚作假

③学术专制，不允许他人质疑自己的观点

④科研立项或成果评审中的"以权谋私"行为

⑤科研过程中对科研对象的危害

⑥技术成果交易中夸大技术价值或隐瞒技术风险

11. 您认为学术不端行为出现的主要原因是（可多选）：

①评价制度等有不合理的地方

②为获得利益而置道德、规范于不顾

③学术道德和学术规范意识不强

④其他

12. 您认为在利用人类和动物主体进行实验、废料的处理、危险和受控制物品的使用等方面是否要符合法律和道德规范：

①是，必须完全符合法律和道德规范

②否，为达研究目的可以违背

③不好说，尽量不违反法律和道德规范

13. 面对工程质量问题，您认为责任主要在于：

①工程师　②管理者　③工人　④决策者　⑤投资者

⑥工程共同体

14. （1）您认为遵循职业道德：

①是必需的　②不是必需的

（2）其原因是：

①科研行为必须遵循职业道德

②团队利益和个人利益大于职业道德

③遵循职业道德有利于团队利益和个人利益

④其他

第三部分：科技伦理治理

15. 您认为科技/工程决策应考虑哪些要素（可多选）：
①科技/工程的经济效益
②科技/工程的社会效益
③尽量避免和减少对生态环境的破坏
④促进科学/工程共同体的组织优化和整体利益

16. 您认为需要优先强化伦理意识和伦理责任的共同体成员依次是：（请填写）
①管理者　②工程师　③科研人员　④技术工人　⑤企业（雇主）

17. 您看重管理者的哪些素质（可多选）：
①为人谦逊　②真诚坦率　③公平、公正
④信任下属，擅于帮助下属建立自信　⑤启发、引导下属工作
⑥具备专业知识能够听取下属意见　⑦擅于组建团队，以团队为本

18. 您认为身兼管理的科技人员在面临需要同时履行相互矛盾的两套职责或义务的角色冲突时，应该向谁负责：
①雇主　②公众　③良知　④共同体　⑤其他

19. （1）您是否常常体验到自己属于所在的团队，并且行为选择要服从团队？
①时常有　②偶尔有　③没有
（2）其原因是：
①个体属于团队，自愿服从　②个体不属于团队，不得已而为之
③受他人影响　④我的利益与团队利益一致

20. （1）您受到过所在共同体其他人的不公正对待吗？
①是　②否［选否直接跳过（2）（3）］
（2）如果您受到不公正对待，其原因是：
①领导的原因　②自己的原因　③制度体制不健全不合理
④其他
（3）如果您受到不公正对待，您会：

①向有关领导提出或要求更正　②向纪检、信访部门或上级反映

③向工会等组织反映　④申请仲裁或通过司法途径解决

⑤向新闻媒体反映　⑥自己忍了　⑦辞职或不上班

21. 您认为个人行为的不道德与团队行为的不道德，哪一个对社会风气危害更大：

①个人行为不道德危害更大　②团队行为不道德危害更大

③二者危害同样　④说不清

22. （1）您认为有无必要设立科研/工程伦理委员会等科学道德与责任机构：

①非常需要　②没必要　③无所谓

（2）其原因是：

①科技活动是否道德主要由个人自身道德素质决定

②这些机构干预了科研，无助于科技活动道德进步

③道德自觉不可靠，科技活动需要这些机构监管和维护

④其他

23. 您认为应由谁负责推动科技/工程伦理？（可多选）

①政府主管部门　②工程专业团体　③学校　④企业（雇主）

⑤个人

第四部分：科技社会效应认知

24. （1）您是否认为问题奶粉、问题胶囊、劣质建筑等食品、药品和工程安全事故涉及企业的社会道德？

①是，企业在追求利益的同时不能违背社会道德

②否，与道德无关，企业为追求利益无可厚非

（2）您认为发生诸如此类事件的主要原因是（可多选）：

①企业没有健全的自我管理机制　②监管机构监管力度不够

③相关法律法规不健全　④管理者的伦理意识不够

⑤员工缺乏企业伦理方面的培训　⑥企业缺乏社会责任担当

⑦企业缺乏伦理行为守则　⑧其他

25. 您认为科学共同体和工程共同体应承担的主要社会责任是什么？（可多选）

①诚实纳税　②使用/生产/建构节能环保型产品/服务

③积极参加公益活动　④对造成的资源浪费和环境污染承担治理责任

⑤降低科研、工程活动对社会发展带来的负面影响

26. 您认为社会责任给共同体带来了什么？

①财务负担　②提高效益　③长期利益　④企业良好形象

27. 您认为现在大多数单位在处理个人、共同体、社会三者关系时，以哪一个为重？

①职工个人利益　②共同体利益　③与共同体相关的社会利益

28. （1）当您所在的共同体为提高团队福利而在研究、生产、建造过程中存在违反伦理道德的行为，您会：

①劝阻　②向监管机构举报　③向媒体爆料

④私下谈论，不举报　⑤不在意，当作没发现

（2）原因是：

①为了共同体更好的发展　②为了个人更好的发展

③就业压力大只得被迫接受不道德行为　④缺乏对于社会的责任感

29. 您认为科技工作者应承担的主要社会责任是什么？（可多选）

①做好本职工作，促进科技进步

②围绕科技、经济和社会发展中的问题向党和政府建言献策

③遵守科技工作者的职业道德

④积极宣传，尽力避免科技成果对社会发展带来的负面影响

⑤自觉进行科普宣传，提高公众科学文化素质

⑥反映民生民意，推动社会和谐发展

30. 您是否常常体验到因自己工作中的行为符合职业道德、有利于社会和环境而有一种满足感？

①时常有　②偶尔有　③没有

31. 您认为当前谁应对环境污染和能源紧张负主要责任：

①国家　②企业等集体组织　③个人　④其他

32. 您如何看待"科技越进步道德越退步"的观点：

①赞同　②不赞同　③说不清楚

33. 现代科技具有高风险的特性，诸如基因技术、纳米技术可能存在潜在的负面影响。您认为应如何看待"科技禁区"：

①没有禁区　②有禁区

③科学研究无禁区，技术应用要慎重　④对不同的科技要区别对待

34. 现代科技/工程活动在很大程度上受制于商业、军事和政治，您认为如何协调其中的利益冲突：

①坚守科技活动的真与善　②为了其他利益牺牲科技活动的真与善

③尽量兼顾二者　④不知道

35. 您认为在建设和谐伦理过程中，面对科技活动的不道德行为，最重要应从哪方面入手：

①加强伦理奖惩体系建设　②加强伦理制度监控

③加强伦理评价体系建设　④加强伦理规范体系建设

⑤加强伦理道德教育

感谢您的合作！

主要参考文献

工具书

《辞海》,上海辞书出版社1999年版。

夏征农、陈至立等主编:《辞海》(第六版 彩图本),上海辞书出版社2009年版。

《新华词典》(大字本),商务印书馆2002年版。

金炳华等编:《哲学大辞典》(修订本),上海辞书出版社2001年版。

经典著作

《马克思恩格斯全集》第3卷,人民出版社1960年版。
《马克思恩格斯全集》第4卷,人民出版社1958年版。
《马克思恩格斯全集》第12卷,人民出版社1962年版。
《马克思恩格斯全集》第21卷,人民出版社1965年版。
《马克思恩格斯全集》第1卷,人民出版社1995年版。
《马克思恩格斯全集》第3卷,人民出版社2002年版。
《马克思恩格斯全集》第11卷,人民出版社1995年版。
《马克思恩格斯全集》第26卷,人民出版社2014年版。
《马克思恩格斯全集》第31卷,人民出版社1998年版。
《马克思恩格斯全集》第37卷,人民出版社2019年版。
《马克思恩格斯全集》第39卷,人民出版社1974年版。
《马克思恩格斯全集》第44卷,人民出版社2001年版。

《毛泽东选集》第1—4卷，人民出版社1991年版。

《习近平著作选读》第一——二卷，人民出版社2023年版。

古代文献

《四书五经》（上、下册），陈戍国点校，岳麓书社1991年版。

《管子校注》（全三册），黎翔凤撰，梁运华整理，中华书局2004年版。

《管子》，李山译注，中华书局2016年版。

《庄子》，孙海通译注，中华书局2016年版。

《韩非子》，高华平等译注，中华书局2015年版。

邓汉卿：《荀子绎评》，岳麓书社1994年版。

（汉）许慎撰：《说文解字》，中华书局1963年版。

（魏）王弼注：《老子道德经注校释》，楼宇烈校释，中华书局2011年版。

（宋）张载：《张载集》，章锡琛点校，中华书局1978年版。

（宋）朱熹撰：《四书章句集注》，中华书局2012年版。

（清）王聘珍撰：《大戴礼记解诂》，王文锦点校，中华书局1983年版。

（清）黄宗羲：《明儒学案》（全二册），沈芝盈点校，中华书局1985年版。

学术著作

[德]拜尔茨：《基因伦理学：人的繁殖技术化带来的问题》，马怀琪译，华夏出版社2000年版。

[美]福山：《信任》，彭志华译，海南出版社2001年版。

[德]海德格尔：《海德格尔选集》（下），孙周兴选编，生活·读书·新知三联书店1996年版。

[德]黑格尔：《逻辑学》下卷，杨一之译，商务印书馆1976年版。

[德]黑格尔：《精神现象学》上卷，贺麟、王玖兴译，商务印书馆1979年版。

［德］黑格尔：《精神现象学》下卷，贺麟、王玖兴译，商务印书馆1979年版。

［德］黑格尔：《法哲学原理》，范扬、张企泰译，商务印书馆1961年版。

［德］黑格尔：《历史哲学》，王造时译，上海书店出版社1999年版。

［联邦德国］麦克斯·霍克海默：《批判理论》，李小兵等译，重庆出版社1989年版。

［德］康德：《道德形而上学原理》，苗力田译，上海人民出版社1986年版。

［德］康德：《纯粹理性批判》，邓晓芒译，人民出版社2004年版。

［德］康德：《判断力批判》上卷，宗白华译，商务印书馆1964年版。

［德］I. 康德：《判断力批判》下卷，韦卓民译，商务印书馆1964年版。

［德］康德：《实践理性批判》，韩水法译，商务印书馆1999年版。

［德］冈特·绍伊博尔德：《海德格尔分析新时代的技术》，宋祖良译，中国社会科学出版社1993年版。

［德］克劳斯·迈因策尔：《复杂性中的思维：物质、精神和人类的复杂动力学》，曾国屏译，中央编译局出版社2000年版。

［法］让·波德里亚：《消费社会》，刘成富、全志钢译，南京大学出版社2001年版。

［法］笛卡尔：《第一哲学沉思集》，庞景仁译，商务印书馆1986年版。

［法］让·拉特利尔：《科学和技术对文化的挑战》，吕乃基等译，商务印书馆1997年版。

［法］施韦泽：《敬畏生命：五十年来的基本论述》，陈泽环译，上海社会科学院出版社2003年版。

［荷兰］斯宾诺莎：《伦理学》，贺麟译，商务印书馆1983年版。

［荷兰］舒尔曼：《科技文明与人类未来：在哲学深层的挑战》，李小兵等译，东方出版社1995年版。

［加拿大］威廉·莱斯：《自然的控制》，岳长龄、李建华译，重庆出版社1993年版。

《爱因斯坦文集》第一卷，许良英、范岱年编译，商务印书馆 1976 年版。

《爱因斯坦文集》第三卷，许良英、赵中立、张宣三编译，商务印书馆 1979 年版。

[美] 伯纳德·巴伯：《科学与社会秩序》，顾昕等译，生活·读书·新知三联书店 1991 年版。

[美] 丹尼尔·贝尔：《后工业社会的来临——对社会预测的一项探索》，高铦等译，新华出版社 1997 年版。

[美] E. 弗洛姆：《健全的社会》，孙恺洋译，贵州人民出版社 1994 年版。

[美] 埃·弗洛姆：《为自己的人》，孙依依译，生活·读书·新知三联书店 1988 年版。

[美] 约翰·贝拉米·福斯特：《生态危机与资本主义》，耿建新、宋兴无译，上海译文出版社 2006 年版。

[美] A. J. 赫舍尔：《人是谁》，隗仁莲、安希孟译，贵州人民出版社 2019 年版。

[美] 蕾切尔·卡逊：《寂静的春天》，吕瑞兰、李长生译，吉林人民出版社 1997 年版。

[美] 科恩：《科学中的革命》，鲁旭东等译，商务印书馆 1998 年版。

[美] 托马斯·库恩：《科学革命的结构》，金吾伦、胡新和译，北京大学出版社 2003 年版。

[美] 劳丹：《进步及其问题》，刘新民译，华夏出版社 1999 年版。

[美] 霍尔姆斯·罗尔斯顿：《环境伦理学——大自然的价值以及人对大自然的义务》，杨通进译，中国社会科学出版社 2000 年版。

[美] 赫伯特·马尔库塞：《爱欲与文明》，黄勇、薛民译，上海译文出版社 1987 年版。

[美] 马尔库塞：《单向度的人》，张峰、吕世平译，重庆出版社 1988 年版。

[美] 丹·米都斯等：《增长的极限》，李宝恒译，四川人民出版社 1984 年版。

［美］曼瑟尔·奥尔森：《集体行动的逻辑》，陈郁等译，格致出版社·上海三联书店·上海人民出版社2014年版。

［美］N. 维纳：《人有人的用处——控制论和社会》，陈步译，商务印书馆1978年版。

［匈］卢卡奇：《历史与阶级意识——关于马克思主义辩证法的研究》，杜章智等译，商务印书馆1992年版。

［英］J. D. 贝尔纳：《科学的社会功能》，陈体芳译，商务印书馆1982年版。

［英］贝尔纳：《历史上的科学》，伍况甫等译，科学出版社1959年版。

［英］W. C. 丹皮尔：《科学史及其与哲学和宗教的关系》，李珩译，商务印书馆1975年版。

［英］斯蒂芬·F. 梅森：《自然科学史》，上海外国自然科学哲学著作编译组译，上海人民出版社1977年版。

［英］卡尔·皮尔逊：《科学的规范》，李醒民译，华夏出版社1999年版。

［英］亚·沃尔夫：《十八世纪科学、技术和哲学史》（下册），周昌忠等译，商务印书馆1991年版。

［古希腊］亚里士多德：《范畴篇 解释篇》，方书春译，商务印书馆1959年版。

［古希腊］亚里士多德：《尼各马可伦理学》，廖申白译注，商务印书馆2003年版。

甘绍平：《应用伦理学前沿问题研究》，江西人民出版社2002年版。

桂咏评、聂永有编著：《投资风险》，立信会计出版社1996年版。

樊浩：《伦理精神的生态价值》，中国社会科学出版社2001年版。

樊浩等：《现代伦理学理论形态》，中国社会科学出版社2021年版。

何建华：《道德选择论》，浙江人民出版社2000年版。

胡守仁编著：《计算机技术发展史——早期的计算机器及电子管计算机》（一），国防科技大学出版社2004年版。

刘大椿：《科学活动论》，人民出版社1985年版。

卢风、肖巍主编:《应用伦理学导论》,当代中国出版社2002年版。

尼克:《人工智能简史》,人民邮电出版社2017年版。

王大珩、于光远主编:《论科学精神》,中央编译局出版社2001年版。

王育殊主编:《科学伦理学》,南京工学院出版社1988年版。

魏英敏主编:《新伦理学教程》,北京大学出版社2003年版。

萧焜焘:《自然哲学》,江苏人民出版社2004年版。

余谋昌:《高科技挑战道德》,天津科学技术出版社2001年版。

张继武、张之沧:《科学发展机制论》,河北人民出版社1994年版。

周辅成编:《西方伦理学名著选辑》上卷,商务印书馆1964年版。

英文版著作

Bernard E. Rollin, *Science and Ethics*, London: Cambridge University Press, 2006.

C. Mitcham (ed.), *Encyclopedia of Science, Technology and Ethics*. Thomson Gale, 2005.

H. Jonas, *The Imperative of Responsibility: In Search of an Ethics for the Technological Age*, University of Chicago Press, 1984.

H. T. Tavani, *Ethics and Technology: Ethics Issues in an Age of Information and Communication Technology*, John Wiley and Sons, 2007.

Jeroen van den Hoven, John Weckert, *Information Technology and Moral Philosoph*, Cambridge University Press, 2008.

Louis Caruana, *Science and Virtue: an Essay on the Impact of the Scientific Mentality on Moral Character*, Ashgate Publishing Limited, 2006.

Michael Anderson, Susan Leigh Anderson, *Machine Ethics*, Cambridge University Press, 2011.

R. E. Spier (ed.), *Science and Technology Ethics*, Routledge, 2002.

论文

陈来:《中国哲学中的"实体"与"道体"》,《北京大学学报》(哲学社会科学版）2015 年第 3 期。

段伟文：《大数据知识发现的本体论追问》，《哲学研究》2015 年第 11 期。

段伟文：《机器人伦理的进路及其内涵》，《科学与社会》2015 年第 2 期。

段伟文：《控制的危机与人工智能的未来情境》，《探索与争鸣》2017 年第 10 期。

段伟文：《人工智能时代的价值审度与伦理调适》，《中国人民大学学报》2017 年第 6 期。

樊浩：《基因技术的道德哲学革命》，《中国社会科学》2006 年第 1 期。

金吾伦：《百年科学伦理的演进与当前的论争》，《求是》2003 年第 22 期。

蓝江：《人工智能与伦理挑战》，《光明日报》2018 年 1 月 23 日第 15 版。

李醒民：《爱因斯坦的当代意义》，《光明日报》2005 年 3 月 1 日 B4 版。

邱仁宗：《科学技术伦理学的若干概念问题》，《自然辩证法研究》1991 年第 11 期。

唐红丽：《科技与伦理："能做什么"和"应做什么"的博弈》，《中国社会科学报》2014 年 7 月 25 日第 4 版。

王国豫：《纳米技术的伦理挑战》，《中国社会科学报》2010 年 9 月 21 日第 1 版。

辛力：《高新科技与伦理建设》，《南昌教育学院学报》2002 年第 2 期。

徐宗良：《生命伦理的三项任务》，《光明日报》2004 年 6 月 15 日 B4 版。

于泽元、尹合栋：《人工智能所带来的课程新视野与新挑战》，《课程·教材·教法》2019 年第 2 期。

张显峰：《情感机器人：技术与伦理的双重困境》，《科技日报》2009 年 4 月 21 日第 5 版。

张建军：《广义逻辑悖论研究及其社会文化功能论纲》，《哲学动态》2005 年第 11 期。

周辅成：《序一》，载陈爱华《现代科学伦理精神的生长》，东南大学出版社 1995 年版。

在研究本课题过程中发表和引用的由作者撰写的相关主要著作与论文

陈爱华：《现代科学伦理精神的生长》，东南大学出版社 1995 年版。

陈爱华：《科学与人文的契合——科学伦理精神历史生成》，吉林人民出版社 2003 年版。

陈爱华：《法兰克福学派科学伦理思想的历史逻辑》，中国社会科学出版社 2007 年版。

陈爱华：《略论高技术的伦理价值》，《学海》2004 年第 5 期。

陈爱华：《科技伦理的形上维度》，《哲学研究》2005 年第 11 期。

陈爱华：《高技术的伦理风险及其应对》，《伦理学研究》2006 年第 4 期。

陈爱华：《论人与自然关系的伦理之维》，《上海师范大学学报》（哲学社会科学版）2006 年第 2 期。

陈爱华：《〈德意志意识形态〉中人与自然关系的哲学解读》，《马克思主义研究》2006 年第 9 期。

陈爱华：《人与自然和谐视阈中的生命伦理》，《伦理学研究》2008 年第 3 期。

陈爱华：《解读作为美德的感恩德性》，《道德与文明》2009 年第 1 期。

陈爱华：《论霍克海默科技伦理观的理论逻辑》，《伦理学研究》2010 年第 5 期。

陈爱华：《信息伦理何以可能?》，《东南大学学报》（哲学社会科学版）2010 年第 2 期。

陈爱华：《统筹协调多元环境伦理关系》，《中国社会科学报》2010 年 6 月 15 日第 6 版。

陈爱华：《黑格尔理性概念的自我否定性》，《江苏社会科学》2010 年第 5 期。

陈爱华：《论黑格尔"善的理念"的辩证视域》，《江苏社会科学》2011 年第 6 期。

陈爱华：《工程的伦理本质解读》，《武汉科技大学学报》（社会科学版）2011年第5期。

陈爱华：《全球化背景下科技—经济与伦理悖论的认同与超越》，《马克思主义与现实》2011年第1期。

陈爱华：《走向低碳社会的能源—环境伦理审思》，《鄱阳湖学刊》2011年第1期。

陈爱华：《论科学的伦理价值选择》，《学术与探索》2012年第7期。

陈爱华：《论弗洛姆批判资本主义的伦理维度——弗洛姆〈健全的社会〉解读》，《南京政治学院学报》2012年第3期。

陈爱华：《爱因斯坦科学发展风险伦理观及启示》，《徐州工程学院学报》（社会科学版）2012年第2期。

陈爱华：《"城市魅力"逻辑的环境道德哲学审思》，《东南大学学报》（哲学社会科学版）2012年第1期。

陈爱华：《恩格斯〈劳动在从猿到人转变过程中的作用〉的生态正义伦理思想解读》，《南京林业大学学报》（人文社会科学版）2013年第1期。

陈爱华：《解读"物"社会功能的实然逻辑与应然逻辑——鲍德里亚〈符号政治经济学批判〉"符号—物社会功能"的伦理透视》，《南京政治学院学报》2013年第1期。

陈爱华：《构建美丽中国生态之行的伦理探索》，《南京社会科学》2013年增刊。

陈爱华：《福斯特关于超越资本主义生态危机相关方略的道德哲学审思》，《伦理学研究》2014年第4期。

陈爱华：《现代科技三重逻辑的道德哲学解读》，《东南大学学报》（哲学社会科学版）2014年第1期。

陈爱华：《"能做""应做"的冲突与博弈——现代科技伦理的辩证本性辨析》，"应用伦理视域下的道德冲突"伦理学专家高端论坛（2015年10月16—18日，重庆，西南大学）。

陈爱华：《现代人生存的二律背反样态及其超越》，《江海学刊》2015年第2期。

陈爱华:《科学与技术伦理维度的异同》,《中国社会科学报》2016 年 10 月 18 日第 2 版。

陈爱华:《论现代科技伦理实体行为的伦理评价机制》,《伦理学研究》2016 年第 5 期。

陈爱华:《论现代科技伦理的应然逻辑》,《东南大学学报》(哲学社会科学版) 2018 年第 3 期。

陈爱华:《重温马克思的生态伦理思想》,《中国社会科学报》2018 年 6 月 12 日第 2 版。

陈爱华:《技术的德性本质解读》,《湖湘论坛》2019 年第 5 期。

陈爱华:《科学伦理学研究要面向现代科技发展》,《中国社会科学报》2019 年 11 月 12 日第 7 版。

陈爱华:《论人工智能的生命伦理悖论及其应对方略》,《医学哲学》2020 年第 13 期。

陈爱华:《把握恩格斯的劳动—技术观》,《中国社会科学报》2020 年 11 月 24 日第 6 版。

陈爱华:《多维探析"自然"概念》,《中国社会科学报》2021 年 7 月 29 日第 8 版。

陈爱华:《论逻辑悖论与伦理悖论的异同》,载张建军主编《逻辑学动态与评论．第一卷．第一辑》,中国社会科学出版社 2022 年版。

陈爱华:《人工智能伦理研究辨析》,载杜国平主编《逻辑、智能与哲学．第一辑》,社会科学文献出版社 2022 年版。

后　　记

本书是国家社科基金项目结项成果。"十年磨一剑"，本课题前后经过了十多年的研究。其研究与修改过程分为三个阶段。

第一阶段，明确重点、难点，展开实证调研。其一，通过开题进一步明确重点、难点。2012年下半年学校组织了开题，在专家们的建议下，进一步明确了本课题研究的重点难点。其二，设计、修改问卷并发放与回收问卷开展实证调研。经过两年多的调研，本课题组分别对我国部分科技、生态示范区、高技术企业、科研单位进行抽样调查并发放调查问卷600份。其中有效问卷500余份。问卷回收后，用FoxPro软件进行数据录入，以SPSS软件进行数据整理和统计分析，以Excel软件制作相关图表，于2016年完成了"当前我国科技伦理现状调查研究报告"的写作。另外，笔者指导顾泽慧等5位本科生进行了东南大学国家创新训练计划项目"关于我国大学生科技伦理状况的实证研究"（1310286085），指导徐彤彤等5位本科生进行了东南大学江苏省训练计划创新项目"关于我国高科技企业科技伦理状况的实证分析"（S2013069）的研究，两个项目均已结项。

第二阶段，潜心研究，以达到预期目标。课题组成员经过多次讨论，明确分工，分别研究了以下子课题：科技伦理的价值论研究（刘国云）、科学活动主体德性研究（刁传秀）、科技共同体集体行动的科技理论研究（李扬）、工程共同体集体行动的工程伦理研究（陈雯）、技术德性论研究（高尚荣）；课题的主体部分主要由笔者——

作为本项目主持人进行研究,其过程主要包括以下三个方面。其一,根据课题设计从哲学高度揭示科技伦理应然逻辑的内涵、特征和规律;通过与传统的"人伦"伦理应然逻辑的比较,辨析科技伦理应然逻辑生成的逻辑始点,伦理关系实体类型、运作机制、发展机理的异同,进而提出理论分析框架,拟定最终结项成果(专著)的写作提纲初稿。其二,据上述科技伦理应然逻辑运行的现实轨迹与原有理论建构的差异,通过调查研究、发表学术论文、参加国内外学术交流,充分汲取相关专家意见,根据进一步调研和检索相关文献,修正原有的理论研究框架,多次修订写作提纲。其三,运用思想构境论、症候阅读法和文本解释学等方法,解读马克思、恩格斯相关原著,解读与科技伦理应然逻辑研究相关的东西方代表性著作和文献,采用多学科交叉整合的方法,按照写作提纲,研究科技伦理应然逻辑内在的理论—实践逻辑。同时汲取以前多年研究的积淀和主持的多项课题研究的成果,终于形成了作为结项成果的《现代科技伦理的应然逻辑研究》文稿。

第三阶段,整合提升,进一步完善文本。成果结项后我们进行了进一步的研究和修改。一是根据成果结项中的不足,进一步深入研究。由于研究视域所限,本课题的研究成果主要从应然逻辑的视角和道德哲学的维度研究现代科技伦理应然逻辑何以可能,揭示现代科技伦理应然逻辑的理论可能性、实践必要性以及现实合理性。尚未对科技伦理学的分支如技术伦理、人工智能等方面展开具体的研究。因此,笔者指导了5名博士研究生和3名硕士研究生研究了与现代科技伦理应然逻辑相关的问题,比如,"科学—价值的伦理研究""技术德性论""科学活动主体德性研究""工程共同体集体行动的伦理研究""科学共同体集体行动的伦理研究"等,以及"技术的德性本质""科学与技术的伦理异同""人工智能的生命伦理悖论""多维审视人工智能现象"等。二是承接了江苏省文脉工程课题"江苏科技史"的研究,这样,从史学和实证的视域进一步深化了对科技伦理应然逻辑的认知。科技发展的应然逻辑与社会生产方式、人们的生活方式以及教育模式密切相关。正如马克思所说,"历史可以从两方面来考察，可以把它划分为自然史和人类史。但这两方面是密切相联的；只要有人存在，自然史和人类史就彼此相互制约"①。从科技发展的本然逻辑而言，源于人们生存与生活的需要。正如恩格斯所说："和其他一切科学一样，数学是从人的需要中产生的，如丈量土地和测量容积、计算时间和制造器械。"②

虽然"现代科技伦理的应然逻辑研究"经历了十年的历程，然而，笔者对于科技伦理的探索前后已经历了 39 年。尽管研究科技伦理，最初是萧焜焘教授根据笔者的工科背景和研究生政治理论课的教学需要，对笔者这一研究方向进行的因材施教安排，但是经过这 39 年的探索、研究，科技伦理已成为笔者学习、科研与教学、指导硕士研究生与博士研究生进行研究和生活—生命的不可或缺的组成部分，甚至可以看作笔者生命历程的展现。在这 39 年间，笔者的研究过程经历了四个时期。

第一时期，1984—1995 年在萧焜焘教授和王育殊教授的指导下，开始从事科技伦理研究。其中 1984—1988 年为起步阶段：主要在王育殊教授指导下对伦理学和科技伦理学的内涵进行了初步探索，其间得到了中国人民大学宋希仁教授的悉心指导；笔者还参与了由王育殊教授主编的《科学伦理学》（东南大学出版社 1988 年版）部分章节的写作、出版与教学工作。1988—1995 年经历了由专题性探索向系统性探索的转变。其一，笔者参与了由王育殊教授领衔的《伦理学探微》（中国矿业大学出版社 1992 年版）部分章节的写作，对于道德主体的道德认知、道德情感、道德意志的生成进行了初步探索。其二，参与了由吕乃基教授和樊和平教授领衔的《科学文化与中国现代化》（安徽教育出版社 1993 年版）部分章节的写作。在写作过程中，吕乃基教授和樊和平教授组织参与该书写作的作者对于写作提纲、写作内容以及写作体例进行了多次研讨。在研讨中，大家各抒己见，展开了激烈的学术争论和头脑风暴，这对于参著的每位作者都产生了强

---

① 《马克思恩格斯全集》第 3 卷，人民出版社 1960 年版，第 20 页注①。
② 《马克思恩格斯全集》第 26 卷，人民出版社 2014 年版，第 42 页。

烈的心灵震撼,最后达成学术共识。这不仅形成了写作共同体,也生成了日后学科发展的科学共同体。这些学术争论和头脑风暴尤其对于笔者的震撼是空前的,它不仅对笔者以往形成的思维方式、知识结构、表述方式形成了巨大的挑战,而且颠覆了笔者过去的单调式的线性思维模式和单一的知识结构。为了与写作内容同步,笔者不仅阅读了中西方哲学史、科技史,而且第一次系统地阅读了"四书""五经"等中国古典文献原著,对其中与写作相关的篇目进行了反复的解读,进而对中国传统人文精神、科学精神的生成、特征以及与西方的异同有了比较深入的了解。这不仅为该书的写作打下了文本基础,而且为日后的科技伦理学研究奠定了中国古典文献的基础。其三,写作并且发表了《试论科学活动的德性本质》(《哲学研究》1993年第9期,《人大复印报刊资料》1993年第11期全文转载,《道德与文明》1994年第1期转摘)等论文,逐渐形成了一定的研究特色。其四,根据伦理学研究生教学的需要笔者撰写了《现代科学伦理精神的历史生成》(东南大学出版社1995年版)。在该书的写作与研究过程中得到了北京大学周辅成先生和萧焜焘教授的悉心指导和大力支持。周辅成先生欣然为本书写序,萧焜焘教授在住院期间凌晨起床为本书写序,前辈融通中西的渊博学识、严谨治学的精神、全力扶持后学的精神,深深地感动了笔者,使笔者进一步明确并且坚定了科技伦理研究方向。

第二时期为拓展提升与深化期(1996—2007)。这一时期包含两个阶段:一是拓展提升阶段(1996—2001);二是理论的道路上艰难跋涉与深化阶段(2001—2007)。

第一阶段是笔者的拓展提升阶段(1996—2001)。其一,笔者首次主持省社科基金项目研究。1996年笔者主持了江苏省社科基金项目"科学精神人文精神与中国社会发展"的研究,该课题经过五年的艰辛探索,终于如期结项。这五年是笔者进一步拓展学术研究领域的五年,也是学术积累的五年:以马克思主义历史辩证法为指导,运用比较文化哲学的方法系统地探讨中西方科学精神与人文精神的历史生成、相互作用及其异同,探索当代科学精神与人文精神的契合——

科学伦理精神的历史生成及其对现代中国社会的市场经济、教育、就业、家庭文化建设等方面的影响。运用和借鉴其他学科如社会学、心理学、经济学、科学学、家庭学等的方法对这一课题进行了综合研究。其二,通过在职攻读马克思主义哲学专业的博士学位,笔者无论是在研究视域,还是在研究方法,特别是在文本解读方面都有了较大的提升。在导师张异宾教授的悉心指导下,笔者解读了马克思、恩格斯的多部经典著作和多部当代国外马克思主义的名著,加深了对马克思主义历史唯物主义和历史辩证法的理解;同时聆听了多位名师的课程:张异宾教授以其非凡的毅力、哲学的睿智和独特的文本解读法连续精心讲授了马克思原著导读和多部西方马克思主义原著,使我们在领略文本解读方法的同时,更深刻地领悟了马克思主义历史辩证法及其与西方马克思主义的异同;尤其是孙伯鍨先生虽然当时身患癌症,但仍以非凡的意志力和深厚的哲学功底,耐心细致地引导我们一遍遍地解读《马克思恩格斯全集》第46卷,并连续讲授了马克思主义与当代研究专题,使我们体悟到马克思主义的博大精深;侯惠勤教授在引导我们解读马克思原著的过程中给了我们诸多教诲、刘林元教授讲授的当代马克思主义研究专题开阔了我们的学术视野、林德宏教授的哲学方法论给予了我们诸多启示……正是在恩师们诲人不倦、敬业—勤业—精业的学者风范、渊博的学识、宽广的学术视野、鞠躬尽瘁忠诚于教育事业的精神的感召下,笔者不仅进一步提高了马克思主义的理论素养,而且获得了研究科技伦理、探索科学伦理精神的新视角并完成了博士学位论文《法兰克福科学伦理思想的演进》的写作与答辩。这五年又是笔者在行政工作、教学科研、在职攻读博士学位等多重压力下奋力拼搏的五年,还是笔者得到多位领导关心、同事支持、家人鼎力相助的五年,更是笔者心灵受到深深震撼而永志难忘的五年:就亲情关系来说,多年来一直支持、关心笔者事业和学业的,同时也是工作的模范、其学生的良师、其父母的孝子、其儿子的慈父、其妻子的好丈夫——笔者的同胞弟弟因患癌症医治无效,而匆匆离去。最令笔者难以忘怀的是,当他病情加重,笔者前去探望时,他忍着剧痛,做着读书笔记,准备参加最后一门自学考试。甚至在弥留之际，仍然不忘工作之事；在他去世前几小时，他以巨大的毅力，忍受着病魔夺命的折磨，参加了他所在党组织为他举行的党员发展大会。他为自己实现了多年来一直追求的人生目标——成为一名光荣的中国共产党党员而激动不已。笔者的父母——两位年逾八旬的老人忍着白发人送黑发人的巨大悲痛，要求笔者坚守工作、教学岗位和坚持学业。笔者的爱人不仅从生活上、心理上，而且从思想上、学术上默默地关怀、支持、激励着笔者。就师生关系而言，在笔者攻读博士学位期间，有幸得到多位名师的关心与指点，尤其是笔者的导师张异宾教授的悉心指导和学术研究的榜样示范。师长们诲人不倦的精神、渊博的学识、宽广的学术视野、鞠躬尽瘁忠诚于教育事业的学者风范深深地引领与鼓舞着笔者。就同事关系而言，笔者有幸处在一个蓬勃向上、团结拼搏的团队中，同事们的鼓励、激励与鞭策渗透在笔者的学业、工作、教学与科研及其成果之中。所有这一切，不仅使笔者进一步领悟了做人与做学问的内在关联性，更领略到一种活生生的人文精神和科学精神的契合——科学伦理精神。进而激励着笔者从理论到实践不断地探索科学精神、人文精神的契合与科学伦理精神内涵及其建构。在此基础上形成了《科学与人文的契合——科学伦理精神历史生成》的初稿。

第二阶段（2001—2007）是笔者在理论的道路上艰难跋涉的六年，进行"思想实验"、潜心进行理论磨砺的六年，同时也是取得了理论研究进展的六年。

其一，笔者于2001—2003年主持了江苏省社科基金重点工程项目的子课题："高科技与社会主义市场经济道德问题研究"。其间笔者涉猎了海德格尔哲学著作、黑格尔的美学、康德的《判断力批判》等多部近现代经典名著，大师的思想引发笔者更深入地对"科学伦理精神的历史生成"进行探索、思考，向科学伦理精神的前沿理论问题进发：科学与价值的问题、环境伦理何以可能、高技术的伦理风险与道德选择、当代科学伦理精神的真善美向度、科学革命及其伦理问题等。从而，进一步加深了《科学与人文的契合——科学伦理精神的历史生成》（吉林人民出版社2003年版）这部书稿的理论之维。在该书的写作过程中,笔者有幸得到了孙伯鍨先生、林德宏教授的亲切指点;樊和平教授从写作提纲到写作内容都提出了重要的修改意见;曹劲松、高月兰、徐放、刘艳光等在攻读硕士学位期间,曾与笔者探讨了其中相关问题。笔者的导师张异宾教授在百忙中抽空,亲自为本书写序。

其二,潜心进行"思想实验"和理论耕耘完成了《法兰克福学派科学伦理思想的历史逻辑》(中国社会科学出版社2007年版)一书的修改。笔者结合马克思主义经典著作、西方马克思主义哲学发展的教学与相关研究,借鉴了张异宾教授的文本解读法,在原来博士学位论文的基础上,从三个方面进一步深化了上述课题的研究。一是深化了支援背景研究:通过深入研读黑格尔的《精神现象学》《法哲学原理》,梳理黑格尔的理性伦理观及其对法兰克福学派科学伦理思想的影响;认真研读卢卡奇的《历史与阶级意识》,从伦理学的研究视域梳理卢卡奇的科学伦理观及其对法兰克福学派科学伦理思想的影响;在浏览了海德格尔主要著作的基础上,精心研读了海德格尔关于技术追问的相关论文,从方法论和伦理学的研究视域,梳理了海德格尔在科学沉思与技术的追问中,所隐含的科学伦理思想及其对法兰克福学派科学伦理思想的影响。二是对马克思有关经典著作进行深入解读,从伦理学的研究视域梳理马克思的科学伦理观与自然伦理观,以及与法兰克福学派的科学伦理思想的异同。三是对蕴含法兰克福学派科学伦理思想的有关文本进行再次精心而深入的研读,从伦理学的研究视域梳理其伦理观的历史逻辑、理论形态与特征,以及对于科学伦理学发展的贡献与理论局限。在该书的深入研究与修改过程中,有幸得到了张异宾教授的进一步指导,樊和平教授与田海平教授提出了重要的修改建议。最后,终于付梓。[1]

第三时期(2008—2012)为理论研究与应用研究结合时期。这五年不但是笔者系统解读马克思、恩格斯原著,进一步解读西方马

---

[1] 2007年10月笔者的母亲因病医治无效逝世;2009年7月笔者的父亲因病医治无效逝世。笔者怀着失去亲人的悲痛,全力投身科研和教学,以寄托哀思,报答父母的养育之恩与他们对笔者的殷切希望。

后　记

克思主义思想家著作，从中梳理其科技伦理思想、生态伦理思想的五年，也是进一步深化马克思主义原著、马克思主义哲学史、西方马克思主义原著选读等博士研究生、硕士研究生课程教学的五年，还是研究模式从纯理论研究型转向理论研究与实证研究相结合，并取得显著成效的五年，亦是将理论研究与实证研究相结合进行教学改革和指导学生参加挑战杯学术作品大赛，指导本科生、研究生参加辩论赛取得多项佳绩的五年。

其一，主持并完成了教育部人文社会科学研究项目"马克思科技伦理思想及其当代发展研究"（08JA720004）。在该课题历时三年多的研究过程中，首先，笔者通过认真研读马克思、恩格斯原著，孙先生的《探索者道路的探索》，张异宾教授的《回到马克思》，侯惠勤教授的《正确人生观价值观的磨砺》，孙先生、侯惠勤教授主编的《马克思主义哲学的历史与现状》等著作，从马克思、恩格斯的成长历程中梳理了其科技伦理思想的生成、发展过程。同时通过给硕士研究生和博士研究生开设马克思主义哲学发展史、马克思恩格斯经典著作选读等课程，真正让笔者进入了马克思、恩格斯的科技伦理思想世界，进行该课题的研究。在探索马克思、恩格斯科技伦理思想的生成、发展过程中，笔者深刻地领略了马克思主义历史唯物论与历史辩证法的密切联系；马克思、恩格斯科技伦理思想的演进与其方法论的演进密切相关。他们从运用黑格尔唯心主义思辨方法，到深入民众生活，借助于费尔巴哈人本主义方法和经济学社会唯物主义（张异宾语）方法论突破黑格尔唯心主义思辨方法的禁锢；在与青年黑格尔派等"德意志意识形态"的论战和参加工人运动的实践中生成了历史唯物论与历史辩证法，同时也形成了其生态伦理观（科技伦理的本体论）、科技伦理的方法论及相关的科技伦理思想。其次，在理论研究方面获得了可喜的进展。一是在马克思主义方法论演进的研究方面取得了新的进展，其中包括梳理马克思在《1844年经济学哲学手稿》中对黑格尔思辨方法的批判；通过解读《神圣家族》，了解马克思是如何解构思辨哲学逻辑的方法论范式、揭示"绝对的批判"的理论渊源，批判其英雄史观，初步阐述了唯物史观及其方法论；解读了

《德意志意识形态》中马克思关于市民社会理论的科学伦理意蕴；梳理了马克思经济视域中的科技伦理思想；梳理了从《1844年经济学哲学手稿》到《德意志意识形态》的生态伦理思想的演进。与此同时，研究了恩格斯科技伦理思想和生态伦理思想。二是梳理了西方马克思主义科技伦理思想，其中包括进一步厘清了卢卡奇、霍克海默、马尔库塞、哈贝马斯的科技伦理思想；在弗洛姆的科技伦理思想研究和鲍德里亚环境伦理思想研究方面取得了新的进展。最后，从科学发展观科技伦理精神的研究拓展到对低碳社会的能源——环境伦理审思、文化创意产业的伦理审思、现代服务业发展的伦理战略和城市现代化与发展的伦理战略研究。实现了从解读原著到面向现实问题的研究转型。另外，笔者在工程伦理研究等方面也取得了新的进展。上述研究成果分别发表在《马克思主义研究》《马克思主义与现实》等学术期刊上。

其二，参加了由樊和平教授领衔的全国哲学社会科学重大项目"构建社会主义和谐社会进程中的思想道德与和谐伦理建设的理论与实践研究"（05&ZD040）；本人承担了"关于当代中国和谐伦理建设的经验教训及其对策创新研究"。通过这一项目的研究，首次实现了由理论研究向实证研究的转型，其中包括问卷设计、问卷发放与回收，应用FoxPro软件进行数据录入、用SPSS软件进行数据整理和统计分析等环节，直至调研报告的撰写。这一研究模式的突破，对于笔者而言，受益匪浅，并且为以后实证研究与理论研究的结合奠定了基础。尽管最初适应这一研究方式用了几年时间，但事实表明，无论对于后来的各类课题研究还是教改项目的研究都取得了显著成效。

其三，主持了江苏省社科基金项目"培养创造性人才与教育改革研究"（07jyc007），应用了上述实证研究与理论研究相结合的方法进行研究。该项目的结项成果《关于培养创造性人才与教育改革的调查与思考》获江苏省社科联2010年度"社会科学应用精品工程"优秀成果奖一等奖。还主持了江苏省妇联、省妇女学研究会"改革开放与妇女发展"招标项目"社会主义核心价值体系对女性价值观的引领"（jssfl2008013），在研究过程中亦应用了上述实证研究与理论研究相结合的方法。该项目的结项成果《社会主义核心价值体系对女性价值观的引领》获江苏省 2011 年度全省社科类学术成果交流大会优秀成果奖一等奖。

其四，笔者应用上述实证研究与理论研究相结合的方法多次进行了教学改革项目的研究，其成果均获东南大学教学改革奖；多年来指导东南大学本科生的全国挑战杯大学生课外科技学术作品大赛的调查报告多次获奖；多年来指导本科生、研究生的辩论赛获佳绩。

第四时期（2013—2023）是理论与实证综合研究时期。这是深化对科技伦理认识的十多年，也是从科学德性本质的探索走向技术德性本质探索的十多年；这十多年笔者指导了多位博士研究生从不同视角研究科技伦理，与此同时，笔者自己也受益良多；在这期间笔者走出国门与国外同行交流科技伦理研究成果与最新进展；这十多年应邀参加了多项课题的研究，拓宽了原有的视域和研究方法，同时将研究成果运用于现实并取得了显著成效。

其一，主持并且完成了国家社科基金课题"现代科技伦理的应然逻辑研究"（12BZX078），结项时间为 2018 年 3 月。其主体研究部分，一是从应然逻辑的视角和道德哲学的维度研究现代科技伦理应然逻辑何以可能，揭示现代科技伦理应然逻辑的理论可能性与实践必要性以及现实合理性；在探索中，不仅关注科技活动个体道德建构，而且注重探索现代科技伦理实体集体行动的伦理治理机制，进而丰富科技伦理学理论的研究视域；从制度机制建构层面探索了科技伦理的治理机制。二是跨学科方法的整合，其中包括运用思想构境论、症候阅读法、文本解释学的方法和历史与逻辑相统一的方法。运用历史构境论方法和比较法，形成的成果包括导论、正文和结语三个部分。其中正文包括三篇八章，分别探讨了"应然"之底蕴——现代科技伦理应然逻辑的道德哲学、"应然"之实践——现代科技伦理应然逻辑的现实悖论及其超越、"应然"之机制——现代科技伦理应然逻辑伦理治理机制；结语阐述了现代科技伦理应然逻辑的生命德性本质。其附录是运用实证研究与理论研究相结合的方法撰写的"当前我国科技伦理现状调查研究报告"及其问卷。

其二,参加了与本课题相关的国家重大招标课题和江苏省专项委托课题的研究:由樊和平教授领衔的全国哲学社会科学重大招标项目"现代伦理学诸理论形态研究"(10&ZD072),本人承担了"西方马克思主义伦理—道德形态研究";2014年7—12月参加了由郭广银书记主持的《社会主义核心价值观研究丛书》第10卷《爱国篇》中第四章"马克思主义经典作家的爱国主义思想"书稿的撰写;2015年3—7月参加了由郭广银书记主持的江苏省社科基金重大委托项目《"四个全面"研究丛书》第5卷《全面从严治党》第二章"落实管党治党责任"的撰写。这些课题的研究不仅为本课题研究拓展了文本解读范围和研究方法的运用,而且推进了本课题"现代科技伦理实体的监督伦理机制与问责伦理机制"的探索。

其三,2013年6月25日至2013年6月30日去荷兰参加3TU-5TU科技伦理学术会议,与会期间向大会介绍了东南大学科技伦理学教学与研究概况,受到与会者的关注;在(2014年8月15日至9月14日)出国短访期间与国外学者交流科技伦理学博士研究生培养情况和现代科技伦理应然逻辑研究的新进展,受到与会者的关注。

其四,2012—2017年,指导5名博士研究生和3名硕士研究生研究了与现代科技伦理应然逻辑相关的问题,比如,"科学—价值的伦理研究""技术德性论""科学活动主体德性研究""工程共同体集体行动的伦理研究""科学共同体集体行动的伦理研究""贝尔纳科技伦理思想研究""约翰·齐曼的后学院科学范式的科学伦理研究"等,进一步丰富了本课题的研究内容与研究视域。

其五,2012—2022年将本课题研究的部分成果付诸实践,并取得了明显的实际成效,完成了"卓越工程师人才德性素质培养的研究与实践"的教改课题研究。2015年指导东南大学学生的调研报告"构建中国的'共同参与型'老年人健康管理新模式"获全国第十四届挑战杯大学生课外科技学术作品大赛一等奖;2016年指导本校辩论队参加第十二届长三角八高校辩论赛获金奖;2017年与有关教师共同指导我校本科生的调查报告"全面推进依法治国构建我国路内停车的'三位一体'协同治理模式"获江苏省挑战杯大学生课外科技学术作品大赛特等奖、全国第十五届挑战杯大学生课外科技学术作品大赛二等奖;2019年参与指导"护航'网生代'——Web3.0时代未成年人网络权益软性保护路径研究"获全国第十六届挑战杯大学生课外科技学术作品大赛特等奖;2022年参与指导"科学问诊'疫苗犹豫'——基于健康行为理论的中国居民疫苗犹豫"获全国第十七届挑战杯大学生课外科技学术作品大赛一等奖。

其六,2016—2023年笔者主持并且完成了江苏文脉工程项目"江苏科技史研究"(17WMB007)文稿。这一项目的研究,使笔者从科技史维度进一步深化了对现代科技伦理的应然逻辑的理解。

其七,2022年10月经申请,本项目获得"东南大学江苏高校优势学科建设工程项目三期——哲学"项目的资助,同时也得到评审专家对本书稿的进一步指导。由此,笔者对文稿进行了全面的修改。一是进一步厘清了"现代科技"与"高科技"两者的关系,以明确"现代科技"的概念。二是将本书正文的三篇八章构架即理论逻辑——实践逻辑——以理论与实践逻辑整合构建现代科技伦理的治理机制进一步清晰化。三是在现代科技伦理应然逻辑的理论底蕴探索中,进一步明确了现代科技伦理的三重逻辑即"本然逻辑""实然逻辑"与"应然逻辑"及之间的关系;在现代科技伦理应然逻辑的实践境遇的探索中,进一步梳理了其面临的三重伦理困境:正负伦理效应、多重伦理悖论与伦理风险;在现代科技伦理应然逻辑的治理机制探索中,进一步梳理了基于现代科技伦理实体伦理评价—伦理监督—伦理问责的三重伦理治理机制;在结论"现代科技伦理应然逻辑的生命德性"的探索中,进一步明确这一生命德性所蕴含的善的三重形态。四是根据上述探索进一步修改、补充和更新了相关章节的内容。修改文稿的过程虽然十分艰辛,但是笔者也因此收获了许多,思考了许多……这进一步说明"梅花香自苦寒来",文章是改出来的!

39年弹指一挥间,虽然探索科技伦理含辛茹苦、雪染青丝,甚至腰弯背驼,但义无反顾、无怨无悔。笔者历经十多年的思想游历,现在终于将本书付梓了。这也是对39年来关于科技伦理探索的总结。

最后,感谢樊和平教授在百忙之中为本书写序,并亲自指导书稿

后 记

修改；感谢郭广银书记对笔者参与相关课题研究时的精心指导；感谢张建军教授对笔者伦理悖论研究的指导；感谢杜国平教授、崔晋编辑、《医学哲学》编辑部对笔者研究人工智能伦理悖论及其伦理逻辑的指导；感谢王前教授在科技伦理与工程伦理研究及其走向国际化方面的支持与指导；感谢王珏教授、洪岩璧教授、夏保华教授多方面的支持、关心与帮助；感谢东南大学社会科学处的领导和老师的支持、关心与帮助；感谢东南大学研究生院、教务处和国际合作处的大力支持；感谢东南大学财务处、审计处的支持；感谢中国社会科学出版社和郝玉明编辑的精心指导与辛勤付出；感谢孙长虹教授、南亚伶博士、陈雯博士、陈灯杰博士在古籍文献等方面给予的支持与帮助；感谢李杨博士设计问卷，并与笔者多次讨论后，进一步修改和完善问卷设计，协助组织与发放并回收问卷；感谢陈雯博士不辞劳苦地组织问卷的数据统计；感谢刘国云博士、刁传秀博士、高尚荣博士、孙全胜博士、孙卫硕士、徐小多硕士等协助了问卷的发放与回收；感谢协助笔者开展实证调研的本科生们；感谢所有协助答问卷者；感谢何菁博士多次协助笔者查询相关资料；感谢牛俊美博士、刘国云博士、梁修德博士、刁传秀博士、高尚荣博士、陈雯博士、李扬博士等在攻读博士学位期间与笔者一起探索科技伦理问题；感谢沈云都教授在研究博士后项目期间与笔者一起探讨了与科技伦理相关的问题；感谢陈翔博士、孙长虹博士、周帼博士、魏晓燕博士、王建峰博士、孙全胜博士、陈灯杰博士等在攻读博士学位期间与笔者一起进行了与科技伦理相关的研究；感谢陈静处长在攻读博士学位期间对笔者多方面的支持与帮助；感谢曹劲松、黄瑞英、高月兰、徐放、刘艳光、祖伟、陈晶晶、牛庆燕、梁修德、方娟、冯树洋、朱培丽、郭倩华、何艳波、闫梦华、郝立杰、张路遥、乔利丽、王园、唐瑭、张志平、吴静静、王卉、江振丽、夏银银、翟红、夏静岚、余世建、周银珍、孙卫、徐小多、陈洁、沈丽娜、徐梦婷等多位同志在攻读硕士学位期间与笔者一起探索科技伦理及其相关问题；感谢本书参考文献的作者、主编和编辑，为本课题的研究提供了丰富的研究资源。

感谢父母亲和笔者爱人的父母亲及胞弟生前对笔者的关爱、关怀、关心、支持与理解；感谢笔者爱人多年来的关心、支持与多方面的帮助；感谢笔者孩子的关心、支持与理解。

特将此书献给教导笔者成长的师长、激励和关心笔者的领导和同事、与笔者共同探索科技伦理及进行相关研究的博士后、博士研究生、硕士研究生和一直支持与关心笔者成长、生活及教学科研的家人！

陈爱华

2025 年 5 月于南京江宁翠屏东南